化学データブック

I

無機・分析編

山崎　昶
［編集］

朝倉書店

ま　え　が　き

ここしばらく，いろいろな先生方の書かれた化学の書物類を拝見していると，しばらく前からの物理化学至上主義(ショーヴィニズム)が行き過ぎた結果でしょうが，鹿爪らしい式ばかりがならんでいる書物が多く見られます．必要に迫られて，望みの物性データをちょっと概観してみたいとなっても，ちっとも役に立ちそうもありません．

もちろんそのためには分厚いハンドブックや便覧，大事典類があるわけですが，これらも内容が豊富になりすぎて，手元にあってもちょっとページを繰るのが臆劫になるといわれるのも，別に若い学生諸君には限られなくなりました．

イギリスの高名なサイエンスライターであるジョン・エムズリー(John Emsley)は，「化学物質ウラの裏」「からだと化学物質」(いずれも渡辺正訳，丸善刊行)などの興味ある内容の本をいくつも執筆しています．彼は，これらとは別に，さまざまな元素について，それぞれ見開きにいろいろなデータを収めた「The Elements」というタイトルの本も刊行しています．現在入手可能なものは 1998 年に刊行された第 3 版ですが，実は一つ前の第 2 版 (1991 年刊) には，巻末にいろいろな元素についてそのデータの昇順や降順に並べた表がいくつも付いていました．これはなかなか便利だったのですが，第 3 版ではページ数の制限のためかずっと減らされています．

このような一見無味乾燥な数値データでも，並べ方によってはいろいろな興味あるイメージがその中から浮かび上がってくるというのは，当方にとっても得難い経験でありました．そこで他にも多数あるデータ類の表をつくり，よくある原子番号順の表(これは化学者にはお馴染みですが，これだけが唯一の並べ方ではないことは，さきのエムズリーも別の本 (Nature's Building Blocks, 拙訳により近刊の予定) の序文で記しています) のほかに，数値の昇順や降順にならべたものを併記した表をまとめてみました.

源泉となる数値はなるべく新しくて定評のあるもの，すなわち信用のおける参考文献類から選んだのですが，ミスプリントや欠落などが結構な数で存在していて，ほかのデータ集とつきあわせて欠落部を埋めたり，誤りを訂正しなくてはなりませんでした．ですから単一のデータソースのみのものはほとんどありません(もっとも大多数のものは，いくつかの異なった数値表でも，互いにほぼ一致した数値ばかりでした).

本書をまとめ上げるに際して，長年月に亘り一方ならぬ御厄介になりました朝倉書店編集部の諸氏に深甚の謝意を表するものであります.

2003年 2月

山 崎　昶

目　次

V　化合物の性質　101

VI　核種の性質　131

索　引　179

凡例・参考文献

凡　　例

ほとんどの数値は，表 A (原子番号順) と表 B (数値の順，大部分は下降順) に配列してあります．

数値欄が空欄になっているところは，報告例がないことを示します．

n. a.	信ずべきデータがまだない
nil	事実上皆無 (検出限界以下)
ca.	約
trace	痕跡量
est.	推定値
no data	データがない
?	不確実
calc.	計算値

に当たります．そのほかの，化学の書物類で普通に用いられている略記号は特に注記していません．

参考とした数値表の類

J. Emsley : The Elements 2nd ed. (Oxford Univ. Press, 1991)
　　3rd ed. (Oxford Univ. Press, 1998)
CRC Handbook of Chemistry and Physics 1997
Metal Price (USGS)
Merck Index 13th ed. (2001)
Hilfstabellen füer das chemischen Laboratorium (Merck, 1970)
R. T. Sanderson : Inorganic Chemistry (Reinhold, 1965)
藤原鎮男監訳：サンダーソン無機化学 (上・下) (廣川書店，1968，1969)
J. H. Kennedy : Analytical Chemistry (HBJ Inc., 1984)
日本化学会編：化学便覧基礎編改訂 4 版 (丸善，1993)
日本分析化学会編：分析化学便覧改訂 4 版 (丸善，1991)
日本分析化学会編：分析化学データブック改訂 2 版 (丸善，1973)
日本分析化学会編：分析化学データブック改訂 4 版 (丸善，1994)
奥野久輝，中埜邦夫編：無機・分析実験室ハンドブック (東京化学同人，1966)
日本化学会編：実験化学ガイドブック (丸善，1984)
高本進・稲本直樹・中原勝儼・山崎昶編：化合物の辞典 (朝倉書店，1997)
堀部純男編：海洋科学基礎講座 10 海水の化学 (東海大学出版会，1970)

I　元素の存在度

宇宙における元素の存在度 A

$_{14}$Si 10^6 個に対する原子数

$_{1}$H	3.2×10^{10}	$_{33}$As	4	$_{65}$Tb	0.1
$_{2}$He	4.1×10^{9}	$_{34}$Se	68	$_{66}$Dy	0.56
$_{3}$Li	100	$_{35}$Br	13	$_{67}$Ho	0.12
$_{4}$Be	20	$_{36}$Kr	51	$_{68}$Er	0.32
$_{5}$B	24	$_{37}$Rb	6.5	$_{69}$Tm	0.03
$_{6}$C	1.1×10^{7}	$_{38}$Sr	19	$_{70}$Yb	0.22
$_{7}$N	3.0×10^{6}	$_{39}$Y	9	$_{71}$Lu	0.05
$_{8}$O	3.1×10^{6}	$_{40}$Zr	55	$_{72}$Hf	0.44
$_{9}$F	1600	$_{41}$Nb	1.0	$_{73}$Ta	0.07
$_{10}$Ne	8.6×10^{6}	$_{42}$Mo	2.4	$_{74}$W	0.5
$_{11}$Na	4.4×10^{4}	$_{43}$Tc		$_{75}$Re	0.14
$_{12}$Mg	9.1×10^{5}	$_{44}$Ru	1.5	$_{76}$Os	1
$_{13}$Al	9.5×10^{4}	$_{45}$Rh	0.2	$_{77}$Ir	0.82
$_{14}$Si	1.0×10^{6}	$_{46}$Pd	0.7	$_{78}$Pt	1.63
$_{15}$P	9000	$_{47}$Ag	0.3	$_{79}$Au	0.15
$_{16}$S	4.3×10^{5}	$_{48}$Cd	0.9	$_{80}$Hg	0.02 ?
$_{17}$Cl	1.0×10^{5}	$_{49}$In	0.1	$_{81}$Tl	0.1 ?
$_{18}$Ar	1.5×10^{5}	$_{50}$Sn	1.3	$_{82}$Pb	0.1 ?
$_{19}$K	3200	$_{51}$Sb	0.25	$_{83}$Bi	0.01 ?
$_{20}$Ca	4.9×10^{4}	$_{52}$Te	4.7	$_{84}$Po	
$_{21}$Sc	28	$_{53}$I	0.5	$_{85}$At	
$_{22}$Ti	2400	$_{54}$Xe	4.0	$_{86}$Rn	
$_{23}$V	220	$_{55}$Cs	0.5	$_{87}$Fr	
$_{24}$Cr	7800	$_{56}$Ba	3.7	$_{88}$Ra	
$_{25}$Mn	6900	$_{57}$La	2.0	$_{89}$Ac	
$_{26}$Fe	6.0×10^{4}	$_{58}$Ce	2.3	$_{90}$Th	0.03
$_{27}$Co	1800	$_{59}$Pr	0.4	$_{91}$Pa	
$_{28}$Ni	2.7×10^{4}	$_{60}$Nd	1.4	$_{92}$U	0.018
$_{29}$Cu	212	$_{61}$Pm		$_{93}$Np	
$_{30}$Zn	490	$_{62}$Sm	0.7	$_{94}$Pu	
$_{31}$Ga	11.4	$_{63}$Eu	0.19		
$_{32}$Ge	50	$_{64}$Gd	0.68		

宇宙における元素の存在度 B

$_{14}$Si 10^6 個に対する原子数

$_{1}$H	3.2×10^{10}	$_{5}$B	24	$_{47}$Ag	0.3
$_{2}$He	4.1×10^{9}	$_{4}$Be	20	$_{51}$Sb	0.25
$_{6}$C	1.1×10^{7}	$_{38}$Sr	19	$_{70}$Yb	0.22
$_{10}$Ne	8.6×10^{6}	$_{35}$Br	13	$_{45}$Rh	0.2
$_{8}$O	3.1×10^{6}	$_{31}$Ga	11.4	$_{63}$Eu	0.19
$_{7}$N	3.0×10^{6}	$_{39}$Y	9	$_{79}$Au	0.15
$_{14}$Si	1.0×10^{6}	$_{37}$Rb	6.5	$_{75}$Re	0.14
$_{12}$Mg	9.1×10^{5}	$_{52}$Te	4.7	$_{67}$Ho	0.12
$_{16}$S	4.3×10^{5}	$_{33}$As	4	$_{49}$In	0.1
$_{18}$Ar	1.0×10^{5}	$_{54}$Xe	4.0	$_{65}$Tb	0.1
$_{17}$Cl	1.0×10^{5}	$_{56}$Ba	3.7	$_{81}$Tl	0.1 ?
$_{13}$Al	9.5×10^{4}	$_{42}$Mo	2.4	$_{82}$Pb	0.1 ?
$_{26}$Fe	6.0×10^{4}	$_{58}$Ce	2.3	$_{73}$Ta	0.07
$_{20}$Ca	4.9×10^{4}	$_{57}$La	2.0	$_{71}$Lu	0.05
$_{11}$Na	4.4×10^{4}	$_{78}$Pt	1.63	$_{69}$Tm	0.03
$_{28}$Ni	2.7×10^{4}	$_{44}$Ru	1.5	$_{90}$Th	0.03
$_{15}$P	9000	$_{60}$Nd	1.4	$_{80}$Hg	0.02 ?
$_{24}$Cr	7800	$_{50}$Sn	1.3	$_{92}$U	0.018
$_{25}$Mn	6900	$_{41}$Nb	1.0	$_{83}$Bi	0.01 ?
$_{19}$K	3200	$_{76}$Os	1	$_{43}$Tc	
$_{22}$Ti	2400	$_{48}$Cd	0.9	$_{61}$Pm	
$_{27}$Co	1800	$_{77}$Ir	0.82	$_{84}$Po	
$_{9}$F	1600	$_{46}$Pd	0.7	$_{85}$At	
$_{30}$Zn	490	$_{62}$Sm	0.7	$_{86}$Rn	
$_{23}$V	220	$_{64}$Gd	0.68	$_{87}$Fr	
$_{29}$Cu	212	$_{66}$Dy	0.56	$_{88}$Ra	
$_{3}$Li	100	$_{53}$I	0.5	$_{89}$Ac	
$_{34}$Se	68	$_{55}$Cs	0.5	$_{91}$Pa	
$_{40}$Zr	55	$_{74}$W	0.5	$_{93}$Np	
$_{36}$Kr	51	$_{72}$Hf	0.44	$_{94}$Pu	
$_{32}$Ge	50	$_{59}$Pr	0.4		
$_{21}$Sc	28	$_{68}$Er	0.32		

太陽における元素の存在度 A

$_{1}$H を 10^{12} 個としたときの相対原子数

$_{1}$H	1.0×10^{12}	$_{38}$Sr	790	$_{75}$Re	<2
$_{2}$He	6.31×10^{10}	$_{39}$Y	125	$_{76}$Os	5
$_{3}$Li	10	$_{40}$Zr	560	$_{77}$Ir	7.1
$_{4}$Be	14	$_{41}$Nb	79	$_{78}$Pt	56.2
$_{5}$B	2.63×10^{5}	$_{42}$Mo	145	$_{79}$Au	5.6
$_{6}$C	4.17×10^{8}	$_{43}$Tc	n. a.	$_{80}$Hg	<125
$_{7}$N	8.71×10^{7}	$_{44}$Ru	67.6	$_{81}$Tl	8
$_{8}$O	6.92×10^{8}	$_{45}$Rh	25.1	$_{82}$Pb	85.1
$_{9}$F	3.63×10^{-4}	$_{46}$Pd	32	$_{83}$Bi	<80
$_{10}$Ne	3.72×10^{7}	$_{47}$Ag	7.1	$_{84}$Po	n. a.
$_{11}$Na	1.91×10^{6}	$_{48}$Cd	71	$_{85}$At	n. a.
$_{12}$Mg	4.0×10^{7}	$_{49}$In	44.7	$_{86}$Rn	n. a.
$_{13}$Al	3.3×10^{6}	$_{50}$Sn	100	$_{87}$Fr	n. a.
$_{14}$Si	4.47×10^{7}	$_{51}$Sb	10	$_{88}$Ra	n. a.
$_{15}$P	3.16×10^{5}	$_{52}$Te	n. a.	$_{89}$Ac	n. a.
$_{16}$S	1.6×10^{7}	$_{53}$I	n. a.	$_{90}$Th	2
$_{17}$Cl	3.2×10^{5}	$_{54}$Xe	n. a.	$_{91}$Pa	n. a.
$_{18}$Ar	1.0×10^{6}	$_{55}$Cs	<80	$_{92}$U	<4
$_{19}$K	1.45×10^{5}	$_{56}$Ba	123	$_{93}$Np	n. a.
$_{20}$Ca	2.24×10^{6}	$_{57}$La	13.5	$_{94}$Pu	n. a.
$_{21}$Sc	1100	$_{58}$Ce	35.5	$_{95}$Am	n. a.
$_{22}$Ti	1.12×10^{-5}	$_{59}$Pr	4.6	$_{96}$Cm	n. a.
$_{23}$V	1.05×10^{4}	$_{60}$Nd	17	$_{97}$Bk	n. a.
$_{24}$Cr	5.13×10^{5}	$_{61}$Pm	n. a.	$_{98}$Cf	n. a.
$_{25}$Mn	2.63×10^{5}	$_{62}$Sm	5.2	$_{99}$Es	n. a.
$_{26}$Fe	3.16×10^{7}	$_{63}$Eu	5	$_{100}$Fm	n. a.
$_{27}$Co	7.94×10^{4}	$_{64}$Gd	13.2	$_{101}$Md	n. a.
$_{28}$Ni	1.91×10^{6}	$_{65}$Tb	n. a.	$_{102}$No	n. a.
$_{29}$Cu	1.15×10^{4}	$_{66}$Dy	11.5	$_{103}$Lr	n. a.
$_{30}$Zn	2.82×10^{4}	$_{67}$Ho	n. a.	$_{104}$Rf	n. a.
$_{31}$Ga	631	$_{68}$Er	5.8	$_{105}$Db	n. a.
$_{32}$Ge	3160	$_{69}$Tm	1.8	$_{106}$Sg	n. a.
$_{33}$As	n. a.	$_{70}$Yb	8	$_{107}$Bh	n. a.
$_{34}$Se	n. a.	$_{71}$Lu	5.8	$_{108}$Hs	n. a.
$_{35}$Br	n. a.	$_{72}$Hf	6	$_{109}$Mt	n. a.
$_{36}$Kr	n. a.	$_{73}$Ta	n. a.		
$_{37}$Rb	400	$_{74}$W	50		

太陽における元素の存在度 B

$_{1}$H を 10^{12} 個としたときの相対原子数

$_{1}$H	1.0×10^{12}	$_{55}$Cs	<80	$_{34}$Se	n. a.
$_{2}$He	6.31×10^{10}	$_{83}$Bi	<80	$_{35}$Br	n. a.
$_{8}$O	6.92×10^{8}	$_{41}$Nb	79	$_{36}$Kr	n. a.
$_{6}$C	4.17×10^{8}	$_{48}$Cd	71	$_{43}$Tc	n. a.
$_{7}$N	8.71×10^{7}	$_{44}$Ru	67.6	$_{52}$Te	n. a.
$_{14}$Si	4.47×10^{7}	$_{78}$Pt	56.2	$_{53}$I	n. a.
$_{12}$Mg	4.0×10^{7}	$_{74}$W	50	$_{54}$Xe	n. a.
$_{10}$Ne	3.72×10^{7}	$_{49}$In	44.7	$_{61}$Pm	n. a.
$_{26}$Fe	3.16×10^{7}	$_{58}$Ce	35.5	$_{65}$Tb	n. a.
$_{16}$S	1.6×10^{7}	$_{46}$Pd	32	$_{67}$Ho	n. a.
$_{13}$Al	3.3×10^{6}	$_{45}$Rh	25.1	$_{73}$Ta	n. a.
$_{20}$Ca	2.24×10^{6}	$_{60}$Nd	17	$_{84}$Po	n. a.
$_{11}$Na	1.91×10^{6}	$_{4}$Be	14	$_{85}$At	n. a.
$_{28}$Ni	1.91×10^{6}	$_{57}$La	13.5	$_{86}$Rn	n. a.
$_{18}$Ar	1.0×10^{6}	$_{64}$Gd	13.2	$_{87}$Fr	n. a.
$_{24}$Cr	5.13×10^{5}	$_{66}$Dy	11.5	$_{88}$Ra	n. a.
$_{17}$Cl	3.2×10^{5}	$_{3}$Li	10	$_{89}$Ac	n. a.
$_{15}$P	3.16×10^{5}	$_{51}$Sb	10	$_{91}$Pa	n. a.
$_{5}$B	2.63×10^{8}	$_{70}$Yb	8	$_{93}$Np	n. a.
$_{25}$Mn	2.63×10^{5}	$_{81}$Tl	8	$_{94}$Pu	n. a.
$_{19}$K	1.45×10^{5}	$_{47}$Ag	7.1	$_{95}$Am	n. a.
$_{27}$Co	7.94×10^{4}	$_{77}$Ir	7.1	$_{96}$Cm	n. a.
$_{30}$Zn	2.82×10^{4}	$_{72}$Hf	6	$_{97}$Bk	n. a.
$_{29}$Cu	1.15×10^{4}	$_{68}$Er	5.8	$_{98}$Cf	n. a.
$_{23}$V	1.05×10^{4}	$_{71}$Lu	5.8	$_{99}$Es	n. a.
$_{32}$Ge	3160	$_{79}$Au	5.6	$_{100}$Fm	n. a.
$_{21}$Sc	1100	$_{62}$Sm	5.2	$_{101}$Md	n. a.
$_{38}$Sr	790	$_{63}$Eu	5	$_{102}$No	n. a.
$_{31}$Ga	631	$_{76}$Os	5	$_{103}$Lr	n. a.
$_{40}$Zr	560	$_{59}$Pr	4.6	$_{104}$Rf	n. a.
$_{37}$Rb	400	$_{92}$U	<4	$_{105}$Db	n. a.
$_{42}$Mo	145	$_{90}$Th	2	$_{106}$Sg	n. a.
$_{39}$Y	125	$_{75}$Re	<2	$_{107}$Bh	n. a.
$_{80}$Hg	<125	$_{69}$Tm	1.8	$_{108}$Hs	n. a.
$_{56}$Ba	123	$_{9}$F	3.63×10^{-4}	$_{109}$Mt	n. a.
$_{50}$Sn	100	$_{22}$Ti	1.12×10^{-5}		
$_{82}$Pb	85.1	$_{33}$As	n. a.		

隕石（ケイ酸塩相）中の元素の存在度 A

百万分率

1 H	630 ?	33 As	20	65 Tb	0.6
2 He		34 Se	13	66 Dy	2.5
3 Li	3	35 Br	25	67 Ho	0.7
4 Be	1	36 Kr		68 Er	2.1
5 B	3	37 Rb	4.5	69 Tm	0.4
6 C	400	38 Sr	26	70 Yb	2
7 N	1	39 Y	6.5	71 Lu	0.7
8 O	4.0×10^5	40 Zr	100	72 Hf	1
9 F	40	41 Nb	0.5	73 Ta	0.4
10 Ne		42 Mo	2.5	74 W	18 ?
11 Na	7800	43 Tc		75 Re	
12 Mg	1.6×10^5	44 Ru		76 Os	
13 Al	1.7×10^4	45 Rh		77 Ir	
14 Si	2.1×10^5	46 Pd		78 Pt	0.1
15 P	1600	47 Ag		79 Au	0
16 S	1.8×10^5	48 Cd	1.6	80 Hg	0.01 ?
17 Cl	900	49 In	0.2	81 Tl	0.15 ?
18 Ar		50 Sn	3	82 Pb	2 ?
19 K	2000	51 Sb	0.1	83 Bi	
20 Ca	2.0×10^4	52 Te		84 Po	
21 Sc	5.8	53 I	1.3	85 At	
22 Ti	1000	54 Xe		86 Rn	
23 V	90	55 Cs	0.1	87 Fr	
24 Cr	3500	56 Ba	9	88 Ra	
25 Mn	3000	57 La	2.2	89 Ac	
26 Fe	1.6×10^4	58 Ce	2.5	90 Th	2
27 Co	200	59 Pr	1	91 Pa	
28 Ni	1400	60 Nd	3.7	92 U	0.4
29 Cu	1.6	61 Pm		93 Np	
30 Zn	3.4	62 Sm	1.3	94 Pu	
31 Ga	0.5	63 Eu	0.3		
32 Ge	10	64 Gd	2		

隕石（ケイ酸塩相）中の元素の存在度 B

百万分率

$_{8}$O	4.0×10^5	$_{30}$Zn	3.4	$_{51}$Sb	0.1
$_{14}$Si	2.1×10^5	$_{3}$Li	3	$_{55}$Cs	0.1
$_{16}$S	1.8×10^5	$_{5}$B	3	$_{78}$Pt	0.1
$_{12}$Mg	1.6×10^5	$_{50}$Sn	3	$_{80}$Hg	0.01 ?
$_{26}$Fe	1.6×10^5	$_{42}$Mo	2.5	$_{79}$Au	0
$_{20}$Ca	2.0×10^4	$_{58}$Ce	2.5	$_{2}$He	
$_{13}$Al	1.7×10^4	$_{66}$Dy	2.5	$_{10}$Ne	
$_{11}$Na	7800	$_{57}$La	2.2	$_{18}$Ar	
$_{24}$Cr	3500	$_{68}$Er	2.1	$_{36}$Kr	
$_{25}$Mn	3000	$_{64}$Gd	2	$_{43}$Tc	
$_{19}$K	2000	$_{70}$Yb	2	$_{44}$Ru	
$_{15}$P	1600	$_{82}$Pb	2 ?	$_{45}$Rh	
$_{28}$Ni	1400	$_{90}$Th	2	$_{46}$Pd	
$_{22}$Ti	1000	$_{29}$Cu	1.6	$_{47}$Ag	
$_{17}$Cl	900	$_{48}$Cd	1.6	$_{52}$Te	
$_{1}$H	630 ?	$_{53}$I	1.3	$_{54}$Xe	
$_{6}$C	400	$_{62}$Sm	1.3	$_{61}$Pm	
$_{27}$Co	200	$_{4}$Be	1	$_{75}$Re	
$_{40}$Zr	100	$_{7}$N	1	$_{76}$Os	
$_{23}$V	90	$_{59}$Pr	1	$_{77}$Ir	
$_{9}$F	40	$_{72}$Hf	1	$_{83}$Bi	
$_{38}$Sr	26	$_{67}$Ho	0.7	$_{84}$Po	
$_{34}$Br	25	$_{71}$Lu	0.7	$_{85}$At	
$_{33}$As	20	$_{65}$Tb	0.6	$_{86}$Rn	
$_{74}$W	18 ?	$_{31}$Ga	0.5	$_{87}$Fr	
$_{34}$Se	13	$_{41}$Nb	0.5	$_{88}$Ra	
$_{32}$Ge	10	$_{69}$Tm	0.4	$_{89}$Ac	
$_{56}$Ba	9	$_{73}$Ta	0.4	$_{91}$Pa	
$_{39}$Y	6.5	$_{92}$U	0.4	$_{93}$Np	
$_{21}$Sc	5.8	$_{63}$Eu	0.3	$_{94}$Pu	
$_{37}$Rb	4.5	$_{49}$In	0.2		
$_{60}$Nd	3.7	$_{81}$Tl	0.15 ?		

隕石（硫化物相）中の元素の存在度 A

百万分率

$_{15}$P	3100
$_{16}$S	3.4×10^{5}
$_{24}$Cr	1200
$_{25}$Mn	460
$_{26}$Fe	4.1×10^{5}
$_{27}$Co	100
$_{28}$Ni	1000
$_{29}$Cu	4200
$_{30}$Zn	1500
$_{31}$Ga	0.5
$_{32}$Ge	600
$_{33}$As	1000
$_{34}$Se	100
$_{42}$Mo	11
$_{44}$Ru	4.2
$_{45}$Rh	1
$_{46}$Pd	4.5
$_{47}$Ag	21
$_{48}$Cd	30
$_{49}$In	0.8
$_{50}$Sn	15
$_{51}$Sb	8
$_{52}$Te	17
$_{76}$Os	10
$_{77}$Ir	0.5
$_{78}$Pt	30
$_{79}$Au	0.5
$_{80}$Hg	0.2 ?
$_{81}$Tl	0.3 ?
$_{82}$Pb	20 ?
$_{83}$Bi	2

隕石（硫化物相）中の元素の存在度 B

百万分率

$_{26}$Fe	6.1×10^{5}
$_{16}$S	3.4×10^{5}
$_{29}$Gu	4200
$_{15}$P	3100
$_{30}$Zn	1500
$_{24}$Cr	1200
$_{28}$Ni	1000
$_{33}$As	1000
$_{32}$Ge	600
$_{25}$Mn	460
$_{27}$Co	100
$_{34}$Se	100
$_{48}$Cd	30
$_{78}$Pt	30
$_{47}$Ag	21
$_{82}$Pb	20 ?
$_{52}$Te	17
$_{50}$Sn	15
$_{42}$Mo	11
$_{76}$Os	10
$_{51}$Sb	8
$_{46}$Pd	4.5
$_{44}$Ru	4.2
$_{83}$Bi	2 ?
$_{45}$Rh	1
$_{49}$In	0.8
$_{31}$Ga	0.5
$_{77}$Ir	0.5
$_{79}$Au	0.5
$_{81}$Tl	0.3 ?
$_{80}$Hg	0.2 ?

隕石 (金属相) 中の元素の存在度 A

百万分率

$_{6}$C	1100	$_{41}$Nb	0.2
$_{12}$Mg	320	$_{42}$Mo	16
$_{13}$Al	40	$_{44}$Ru	10
$_{14}$Si	40	$_{45}$Rh	4
$_{15}$P	2200	$_{46}$Pd	3.7
$_{16}$S	360	$_{47}$Ag	3.3
$_{20}$Ca	500	$_{48}$Cd	8
$_{22}$Ti	100	$_{49}$In	1
$_{23}$V	6	$_{50}$Sn	80
$_{24}$Cr	240	$_{51}$Sb	2
$_{25}$Mn	300	$_{53}$I	0.6
$_{26}$Fe	9.1×10^{5}	$_{73}$Ta	0.1
$_{27}$Co	6300	$_{41}$W	8.2
$_{28}$Ni	8.6×10^{4}	$_{75}$Re	0.85
$_{29}$Cu	310	$_{76}$Os	7.6
$_{30}$Zn	110	$_{77}$Ir	3
$_{31}$Ga	50	$_{78}$Pt	19
$_{32}$Ge	190	$_{79}$Au	1.8
$_{33}$As	360	$_{82}$Pb	60 ?
$_{34}$Se	3	$_{83}$Bi	0.5 ?
$_{35}$Br	1	$_{90}$Th	0.04
$_{40}$Zr	8	$_{92}$U	0.01

隕石 (金属相) 中の元素の存在度 B

百万分率

$_{26}$Fe	9.1×10^{5}	$_{44}$Ru	10
$_{28}$Ni	8.6×10^{4}	$_{74}$W	8.2
$_{27}$Co	6300	$_{40}$Zr	8
$_{15}$P	2200	$_{48}$Cd	8
$_{6}$C	1100	$_{76}$Os	7.6
$_{20}$Ca	500	$_{23}$V	6
$_{16}$S	360	$_{45}$Rh	4
$_{33}$As	360	$_{46}$Pd	3.7
$_{12}$Mg	320	$_{47}$Ag	3.3
$_{29}$Cu	310	$_{34}$Se	3
$_{25}$Mn	300	$_{77}$Ir	3
$_{24}$Cr	240	$_{51}$Sb	2
$_{32}$Ge	190	$_{79}$Au	1.8
$_{30}$Zn	110	$_{35}$Br	1
$_{22}$Ti	100	$_{49}$In	1
$_{50}$Sn	80	$_{75}$Re	0.85
$_{82}$Pb	60 ?	$_{53}$I	0.6
$_{31}$Ga	50	$_{83}$Bi	0.5 ?
$_{13}$Al	40	$_{41}$Nb	0.2
$_{14}$Si	40	$_{73}$Ta	0.1
$_{78}$Pt	19	$_{90}$Th	0.04
$_{42}$Mo	16	$_{92}$U	0.01

大気中の元素の存在度 A

百万分率(圧力比)

1 H	0.5	10 Ne	18
2 He	5.2	18 Ar	9300
6 C	350 (CO_2)	36 Kr	1.14
7 N	7.809×10^{5}	55 Xe	0.086
8 O	2.095×10^{5}	86 Rn	1.0×10^{-15}
9 F	n. a.		

地殻中の元素の存在度 A

百万分率

1 H	1520	33 As	1.5	65 Tb	1.1
2 He	0.008	34 Se	0.05	66 Dy	6
3 Li	20	35 Br	0.37	67 Ho	1.4
4 Be	2.6	36 Kr	1.00×10^{-5}	68 Er	3.8
5 B	950	37 Rb	90	69 Tm	0.48
6 C	480	38 Sr	370	70 Yb	3.3
7 N	25	39 Y	30	71 Lu	0.51
8 O	4.74×10^{5}	40 Zr	190	72 Hf	5.3
9 F	950	41 Nb	20	73 Ta	2
10 Ne	7.00×10^{-5}	42 Mo	1.5	74 W	1
11 Na	2.3×10^{4}	43 Tc	nil	75 Re	4.00×10^{-4}
12 Mg	2.3×10^{4}	44 Ru	0.001	76 Os	1.00×10^{-4}
13 Al	8.3×10^{4}	45 Rh	2.00×10^{-4}	77 Ir	3.00×10^{-6}
14 Si	2.771×10^{5}	46 Pd	6.00×10^{-4}	78 Pt	0.001
15 P	1.00×10^{3}	47 Ag	0.07	79 Au	0.0011
16 S	260	48 Cd	0.11	80 Hg	0.05
17 Cl	130	49 In	0.049	81 Tl	0.6
18 Ar	1.2	50 Sn	2.2	82 Pb	14
19 K	2.1×10^{4}	51 Sb	0.2	83 Bi	0.048
20 Ca	4.1×10^{4}	52 Te	0.005	84 Po	nil
21 Sc	16	53 I	0.14	85 At	nil
22 Ti	5600	54 Xe	2.00×10^{-6}	86 Rn	nil
23 V	160	55 Cs	3	87 Fr	nil
24 Cr	100	56 Ba	500	88 Ra	6.00×10^{-7}
25 Mn	950	57 La	32	89 Ac	nil
26 Fe	4.1×10^{4}	58 Ce	68	90 Th	12
27 Co	20	59 Pr	9.5	91 Pa	trace
28 Ni	80	60 Nd	38	92 U	2.4
29 Cu	50	61 Pm	nil	93 Np	nil
30 Zn	75	62 Sm	7.9	94 Pu	nil
31 Ga	18	63 Eu	2.1		
32 Ge	1.8	64 Gd	7.7		

大気中の元素の存在度 B

百万分率(圧力比)

7 N	7.809×10^{5}	36 Kr	1.14
8 O	2.095×10^{5}	1 H	0.5
18 Ar	9300	54 Xe	0.086
6 C	350 (CO_2)	86 Rn	1.0×10^{-15}
10 Ne	18	9 F	n. a.
2 He	5.2		

地殻中の元素の存在度 B

百万分率

8 O	4.74×10^{5}	27 Co	20	48 Cd	0.11
14 Si	2.771×10^{5}	41 Nb	20	47 Ag	0.07
13 Al	8.3×10^{4}	31 Ga	18	34 Se	0.05
20 Ca	4.1×10^{4}	21 Sc	16	80 Hg	0.05
26 Fe	4.1×10^{4}	82 Pb	14	49 In	0.049
11 Na	2.3×10^{4}	90 Th	12	83 Bi	0.048
12 Mg	2.3×10^{4}	59 Pr	9.5	2 He	0.008
19 K	2.1×10^{4}	62 Sm	7.9	52 Te	0.005
22 Ti	5600	64 Gd	7.7	79 Au	0.0011
1 H	1520	66 Dy	6	44 Ru	0.001
15 P	1000	72 Hf	5.3	78 Pt	0.001
5 B	950	68 Er	3.8	46 Pd	6.00×10^{-4}
9 F	950	70 Yb	3.3	75 Re	4.00×10^{-4}
25 Mn	950	55 Cs	3	45 Rh	2.00×10^{-4}
56 Ba	500	4 Be	2.6	76 Os	1.00×10^{-4}
6 C	480	92 U	2.4	10 Ne	7.00×10^{-5}
38 Sr	370	50 Sn	2.2	36 Kr	1.00×10^{-5}
16 S	260	63 Eu	2.1	77 Ir	3.00×10^{-6}
40 Zr	190	73 Ta	2	54 Xe	2.00×10^{-6}
23 V	160	32 Ge	1.8	88 Ra	6.00×10^{-7}
17 Cl	130	33 As	1.5	91 Pa	trace
24 Cr	100	42 Mo	1.5	43 Tc	nil
37 Rb	90	67 Ho	1.4	61 Pm	nil
28 Ni	80	18 Ar	1.2	84 Po	nil
30 Zn	75	65 Tb	1.1	85 At	nil
58 Ce	68	74 W	1	86 Rn	nil
29 Cu	50	81 Tl	0.6	87 Fr	nil
60 Nd	38	71 Lu	0.51	89 Ac	nil
57 La	32	69 Tm	0.48	93 Np	nil
39 Y	30	35 Br	0.37	94 Pu	nil
7 N	25	51 Sb	0.2		
3 Li	20	53 I	0.14		

海水中の元素の存在度 A

百万分率

1 H	1.072×10^{5}	33 As	0.0026	65 Tb	1.4×10^{-7}
2 He	7.2×10^{-6}	34 Se	9.00×10^{-5}	66 Dy	9.1×10^{-7}
3 Li	0.17	35 Br	67.3	67 Ho	2.2×10^{-7}
4 Be	6.0×10^{-7}	36 Kr	2.1×10^{-4}	68 Er	8.7×10^{-7}
5 B	4.45	37 Rb	0.12	69 Tm	1.7×10^{-7}
6 C	28	38 Sr	8.1	70 Yb	8.2×10^{-7}
7 N	0.67	39 Y	1.3×10^{-5}	71 Lu	1.5×10^{-7}
8 O	8.594×10^{5}	40 Zr	2.6×10^{-5}	72 Hf	$<1.5\times10^{-6}$
9 F	1.3	41 Nb	1.5×10^{-5}	73 Ta	$<8.0\times10^{-6}$
10 Ne	1.2×10^{-4}	42 Mo	0.01	74 W	$<1.0\times10^{-6}$
11 Na	1.077×10^{4}	43 Tc	nil	75 Re	8.4×10^{-6}
12 Mg	1290	44 Ru	7.0×10^{-7}	76 Os	n. a.
13 Al	0.001	45 Rh	n. a.	77 Ir	n. a.
14 Si	0.0029	46 Pd	n. a.	78 Pt	n. a.
15 P	0.088	47 Ag	2.8×10^{-4}	79 Au	1.1×10^{-5}
16 S	904	48 Cd	1.1×10^{-4}	80 Hg	1.5×10^{-4}
17 Cl	1.935×10^{4}	49 In	n. a.	81 Tl	n. a.
18 Ar	0.64	50 Sn	8.1×10^{-4}	82 Pb	3.00×10^{-5}
19 K	391	51 Sb	3.3×10^{-4}	83 Bi	2.00×10^{-5}
20 Ca	412	52 Te	n. a.	84 Po	nil
21 Sc	$<4.0\times10^{-6}$	53 I	0.0064	85 At	nil
22 Ti	0.001	54 Xe	4.7×10^{-5}	86 Rn	nil
23 V	0.0019	55 Cs	3.00×10^{-4}	87 Fr	nil
24 Cr	2.00×10^{-4}	56 Ba	0.021	88 Ra	1.00×10^{-11}
25 Mn	4.00×10^{-4}	57 La	3.24×10^{-6}	89 Ac	nil
26 Fe	0.0034	58 Ce	1.2×10^{-6}	90 Th	4.00×10^{-7}
27 Co	3.9×10^{-4}	59 Pr	6.4×10^{-7}	91 Pa	2.00×10^{-11}
28 Ni	0.0066	60 Nd	2.8×10^{-6}	92 U	0.0033
29 Cu	9.00×10^{-4}	61 Pm	nil	93 Np	nil
30 Zn	0.005	62 Sm	4.5×10^{-7}	94 Pu	nil
31 Ga	3.00×10^{-5}	63 Eu	1.3×10^{-7}		
32 Ge	6.00×10^{-5}	64 Gd	7.0×10^{-7}		

海水中の元素の存在度 B

百万分率

$_{8}$O	8.594×10^{5}	$_{25}$Mn	4.00×10^{-4}	$_{44}$Ru	7.0×10^{-7}
$_{1}$H	1.072×10^{5}	$_{27}$Co	3.9×10^{-4}	$_{64}$Gd	7.0×10^{-7}
$_{17}$Cl	1.935×10^{4}	$_{51}$Sb	3.3×10^{-4}	$_{59}$Pr	6.4×10^{-7}
$_{11}$Na	1.077×10^{4}	$_{55}$Cs	3.00×10^{-4}	$_{4}$Be	6.0×10^{-7}
$_{12}$Mg	1290	$_{47}$Ag	2.8×10^{-4}	$_{62}$Sm	4.5×10^{-7}
$_{16}$S	904	$_{36}$Kr	2.1×10^{-4}	$_{90}$Th	4.00×10^{-7}
$_{20}$Ca	412	$_{24}$Cr	2.00×10^{-4}	$_{67}$Ho	2.2×10^{-7}
$_{19}$K	391	$_{80}$Hg	1.5×10^{-4}	$_{69}$Tm	1.7×10^{-7}
$_{35}$Br	67.3	$_{10}$Ne	1.2×10^{-4}	$_{71}$Lu	1.5×10^{-7}
$_{6}$C	28	$_{48}$Cd	1.1×10^{-4}	$_{65}$Tb	1.4×10^{-7}
$_{38}$Sr	8.1	$_{34}$Se	9.00×10^{-5}	$_{63}$Eu	1.3×10^{-7}
$_{5}$B	4.45	$_{32}$Ge	6.00×10^{-5}	$_{91}$Pa	2.00×10^{-11}
$_{9}$F	1.3	$_{54}$Xe	4.7×10^{-5}	$_{88}$Ra	1.00×10^{-11}
$_{7}$N	0.67	$_{31}$Ga	3.00×10^{-5}	$_{45}$Rh	n. a.
$_{18}$Ar	0.64	$_{82}$Pb	3.00×10^{-5}	$_{46}$Pd	n. a.
$_{3}$Li	0.17	$_{40}$Zr	2.6×10^{-5}	$_{49}$In	n. a.
$_{37}$Rb	0.12	$_{83}$Bi	2.00×10^{-5}	$_{52}$Te	n. a.
$_{15}$P	0.088	$_{41}$Nb	1.5×10^{-5}	$_{76}$Os	n. a.
$_{56}$Ba	0.021	$_{39}$Y	1.3×10^{-5}	$_{77}$Ir	n. a.
$_{42}$Mo	0.01	$_{79}$Au	1.1×10^{-5}	$_{78}$Pt	n. a.
$_{28}$Ni	0.0066	$_{75}$Re	8.4×10^{-6}	$_{81}$Tl	n. a.
$_{53}$I	0.0064	$_{73}$Ta	$<8.0\times10^{-6}$	$_{43}$Tc	nil
$_{30}$Zn	0.005	$_{2}$He	7.2×10^{-6}	$_{61}$Pm	nil
$_{26}$Fe	0.0034	$_{21}$Sc	$<4.0\times10^{-6}$	$_{84}$Po	nil
$_{92}$U	0.0033	$_{57}$La	3.24×10^{-6}	$_{85}$At	nil
$_{14}$Si	0.0029	$_{60}$Nd	2.8×10^{-6}	$_{86}$Rn	nil
$_{33}$As	0.0026	$_{72}$Hf	$<1.5\times10^{-6}$	$_{87}$Fr	nil
$_{23}$V	0.0019	$_{58}$Ce	1.2×10^{-6}	$_{89}$Ac	nil
$_{13}$Al	0.001	$_{74}$W	$<1.0\times10^{-6}$	$_{93}$Np	nil
$_{22}$Ti	0.001	$_{66}$Dy	9.1×10^{-7}	$_{94}$Pu	nil
$_{29}$Cu	9.00×10^{-4}	$_{68}$Er	8.7×10^{-7}		
$_{50}$Sn	8.1×10^{-4}	$_{70}$Yb	8.2×10^{-7}		

体量 70kg の人間の元素の平均含量 A

(mg)

$_{1}$H	7.0×10^{6}	$_{38}$Sr	320	$_{75}$Re	n. a.
$_{2}$He	n. a.	$_{39}$Y	0.6	$_{76}$Os	n. a.
$_{3}$Li	7	$_{40}$Zr	1	$_{77}$Ir	n. a.
$_{4}$Be	0.036	$_{41}$Nb	1.5	$_{78}$Pt	n. a.
$_{5}$B	18	$_{42}$Mo	5	$_{79}$Au	0.2
$_{6}$C	1.6×10^{7}	$_{43}$Tc	nil	$_{80}$Hg	6
$_{7}$N	1.8×10^{6}	$_{44}$Ru	n. a.	$_{81}$Tl	0.5
$_{8}$O	4.3×10^{7}	$_{45}$Rh	n. a.	$_{82}$Pb	120
$_{9}$F	2600	$_{46}$Pd	n. a.	$_{83}$Bi	<0.5
$_{10}$Ne	n. a.	$_{47}$Ag	2	$_{84}$Po	nil
$_{11}$Na	1.0×10^{5}	$_{48}$Cd	50	$_{85}$At	nil
$_{12}$Mg	1.9×10^{4}	$_{49}$In	ca. 0.4	$_{86}$Rn	nil
$_{13}$Al	60	$_{50}$Sn	20	$_{87}$Fr	nil
$_{14}$Si	ca. 1000	$_{51}$Sb	2	$_{88}$Ra	3.10×10^{-8}
$_{15}$P	780	$_{52}$Te	ca. 0.7	$_{89}$Ac	nil
$_{16}$S	1.4×10^{5}	$_{53}$I	12～20	$_{90}$Th	ca. 0.1
$_{17}$Cl	9.5×10^{4}	$_{54}$Xe	n. a.	$_{91}$Pa	nil
$_{18}$Ar	n. a.	$_{55}$Cs	ca. 6	$_{92}$U	0.1
$_{19}$K	1.4×10^{5}	$_{56}$Ba	22	$_{93}$Np	nil
$_{20}$Ca	1.0×10^{6}	$_{57}$La	ca. 0.8	$_{94}$Pu	nil
$_{21}$Sc	ca. 0.2	$_{58}$Ce	40	$_{95}$Am	nil
$_{22}$Ti	20	$_{59}$Pr	n. a.	$_{96}$Cm	nil
$_{23}$V	0.11	$_{60}$Nd	n. a.	$_{97}$Bk	nil
$_{24}$Cr	14	$_{61}$Pm	nil	$_{98}$Cf	nil
$_{25}$Mn	12	$_{62}$Sm	ca. 0.05	$_{99}$Es	nil
$_{26}$Fe	4200	$_{63}$Eu	n. a.	$_{100}$Fm	nil
$_{27}$Co	3	$_{64}$Gd	n. a.	$_{101}$Md	nil
$_{28}$Ni	15	$_{65}$Tb	n. a.	$_{102}$No	nil
$_{29}$Cu	72	$_{66}$Dy	n. a.	$_{103}$Lr	nil
$_{30}$Zn	2300	$_{67}$Ho	n. a.	$_{104}$Rf	nil
$_{31}$Ga	<0.7	$_{68}$Er	n. a.	$_{105}$Db	nil
$_{32}$Ge	5	$_{69}$Tm	n. a.	$_{106}$Sg	nil
$_{33}$As	7	$_{70}$Yb	n. a.	$_{107}$Bh	nil
$_{34}$Se	15	$_{71}$Lu	n. a.	$_{108}$Hs	nil
$_{35}$Br	260	$_{72}$Hf	n. a.	$_{109}$Mt	nil
$_{36}$Kr	n. a.	$_{73}$Ta	ca. 0.2		
$_{37}$Rb	680	$_{74}$W	<0.02		

体重 70kg の人間の元素の平均含量 B

(mg)

$_{8}$O	4.3×10^{7}	$_{42}$Mo	5	$_{67}$Ho	n. a.
$_{6}$C	1.6×10^{7}	$_{27}$Co	3	$_{68}$Er	n. a.
$_{1}$H	7.0×10^{6}	$_{47}$Ag	2	$_{69}$Tm	n. a.
$_{7}$N	1.8×10^{6}	$_{51}$Sb	2	$_{70}$Yb	n. a.
$_{20}$Ca	1.0×10^{6}	$_{41}$Nb	1.5	$_{71}$Lu	n. a.
$_{16}$S	1.4×10^{5}	$_{40}$Zr	1	$_{72}$Hf	n. a.
$_{19}$K	1.4×10^{5}	$_{57}$La	ca. 0.8	$_{75}$Re	n. a.
$_{11}$Na	1.0×10^{5}	$_{31}$Ga	<0.7	$_{76}$Os	n. a.
$_{17}$Cl	9.5×10^{4}	$_{52}$Te	ca. 0.7	$_{77}$Ir	n. a.
$_{12}$Mg	1.9×10^{4}	$_{39}$Y	0.6	$_{78}$Pt	n. a.
$_{26}$Fe	4200	$_{81}$Tl	0.5	$_{43}$Tc	nil
$_{9}$F	2600	$_{83}$Bi	<0.5	$_{61}$Pm	nil
$_{30}$Zn	2300	$_{49}$In	ca. 0.4	$_{84}$Po	nil
$_{14}$Si	ca. 1000	$_{21}$Sc	ca. 0.2	$_{85}$At	nil
$_{15}$P	780	$_{73}$Ta	ca. 0.2	$_{86}$Rn	nil
$_{37}$Rb	680	$_{79}$Au	0.2	$_{87}$Fr	nil
$_{38}$Sr	320	$_{23}$V	0.11	$_{99}$Ac	nil
$_{35}$Br	260	$_{90}$Th	ca. 0.1	$_{91}$Pa	nil
$_{82}$Pb	120	$_{92}$U	0.1	$_{93}$Np	nil
$_{29}$Cu	72	$_{62}$Sm	ca. 0.05	$_{94}$Pu	nil
$_{13}$Al	60	$_{4}$Be	0.036	$_{95}$Am	nil
$_{48}$Cd	50	$_{74}$W	<0.02	$_{96}$Cm	nil
$_{58}$Ce	40	$_{88}$Ra	3.10×10^{-8}	$_{97}$Bk	nil
$_{56}$Ba	22	$_{2}$He	n. a.	$_{98}$Cf	nil
$_{22}$Ti	20	$_{10}$Ne	n. a.	$_{99}$Es	nil
$_{50}$Sn	20	$_{18}$Ar	n. a.	$_{100}$Fm	nil
$_{53}$I	12～20	$_{36}$Kr	n. a.	$_{101}$Md	nil
$_{5}$B	18	$_{44}$Ru	n. a.	$_{102}$No	nil
$_{28}$Ni	15	$_{45}$Rh	n. a.	$_{103}$Lr	nil
$_{34}$Se	15	$_{46}$Pd	n. a.	$_{104}$Rf	nil
$_{24}$Cr	14	$_{54}$Xe	n. a.	$_{105}$Db	nil
$_{25}$Mn	12	$_{59}$Pr	n. a.	$_{106}$Sg	nil
$_{3}$Li	7	$_{60}$Nd	n. a.	$_{107}$Bh	nil
$_{33}$As	7	$_{63}$Eu	n. a.	$_{108}$Hs	nil
$_{55}$Cs	ca. 6	$_{64}$Gd	n. a.	$_{109}$Mt	nil
$_{80}$Hg	6	$_{65}$Tb	n. a.		
$_{32}$Ge	5	$_{66}$Dy	n. a.		

ヒト筋肉中の元素の存在度 A

(ppm)

$_{1}$H	9.3×10^{4}	$_{33}$As	0.009～0.65	$_{65}$Tb	n. a.
$_{2}$He	nil	$_{34}$Se	0.42～1.9	$_{66}$Dy	n. a.
$_{3}$Li	0.023	$_{35}$Br	7.7	$_{67}$Ho	n. a.
$_{4}$Be	7.5×10^{-4}	$_{36}$Kr	nil	$_{68}$Er	n. a.
$_{5}$B	0.33～1	$_{37}$Rb	20～70	$_{69}$Tm	n. a.
$_{6}$C	6.7×10^{5}	$_{38}$Sr	0.031	$_{70}$Yb	n. a.
$_{7}$N	7.2×10^{4}	$_{39}$Y	0.02	$_{71}$Lu	n. a.
$_{8}$O	1.6×10^{5}	$_{40}$Zr	0.08	$_{72}$Hf	n. a.
$_{9}$F	0.05	$_{41}$Nb	0.14	$_{73}$Ta	n. a.
$_{10}$Ne	nil	$_{42}$Mo	0.018	$_{74}$W	n. a.
$_{11}$Na	2600～7800	$_{43}$Tc	nil	$_{75}$Re	n. a.
$_{12}$Mg	900	$_{44}$Ru	n. a.	$_{76}$Os	n. a.
$_{13}$Al	0.7～20	$_{45}$Rh	n. a.	$_{77}$Ir	2.00×10^{-5}
$_{14}$Si	100～200	$_{46}$Pd	n. a.	$_{78}$Pt	n. a.
$_{15}$P	3000～8500	$_{47}$Ag	0.009～0.08	$_{79}$Au	n. a.
$_{16}$S	5000～11000	$_{48}$Cd	0.14～3.2	$_{80}$Hg	0.02～0.7
$_{17}$Cl	2000～5200	$_{49}$In	0.015	$_{81}$Tl	0.07
$_{18}$Ar	nil	$_{50}$Sn	0.33～0.4	$_{82}$Pb	0.23～3.3
$_{19}$K	1.6×10^{4}	$_{51}$Sb	0.042～0.191	$_{83}$Bi	0.032
$_{20}$Ca	140～700	$_{52}$Te	0.017	$_{84}$Po	nil
$_{21}$Sc	n. a.	$_{53}$I	0.05～0.5	$_{85}$At	nil
$_{22}$Ti	0.9～2.2	$_{54}$Xe	n. a.	$_{86}$Rn	nil
$_{23}$V	0.02	$_{55}$Cs	0.07～1.6	$_{87}$Fr	nil
$_{24}$Cr	0.024～0.84	$_{56}$Ba	0.09	$_{88}$Ra	2.30×10^{-10}
$_{25}$Mn	0.2～2.3	$_{57}$La	0.004	$_{89}$Ac	nil
$_{26}$Fe	180	$_{58}$Ce	n. a.	$_{90}$Th	n. a.
$_{27}$Co	0.028～0.65	$_{59}$Pr	n. a.	$_{91}$Pa	nil
$_{28}$Ni	1～2	$_{60}$Nd	n. a.	$_{92}$U	0.0009
$_{29}$Cu	10	$_{61}$Pm	nil	$_{93}$Np	nil
$_{30}$Zn	240	$_{62}$Sm	n. a.	$_{94}$Pu	nil
$_{31}$Ga	0.0014	$_{63}$Eu	n. a.		
$_{32}$Ge	0.14	$_{64}$Gd	n. a.		

ヒト筋肉中の元素の存在度 B

(ppm)

6 C	6.7×10^{5}	51 Sb	0.042～0.191	63 Eu	n. a.
8 O	1.6×10^{5}	41 Nb	0.14	64 Gd	n. a.
1 H	9.3×10^{4}	32 Ge	0.14	65 Tb	n. a.
7 N	7.2×10^{4}	56 Ba	0.09	66 Dy	n. a.
19 K	1.6×10^{4}	40 Zr	0.08	67 Ho	n. a.
16 S	5000～11000	47 Ag	0.009～0.08	68 Er	n. a.
15 P	3000～8500	81 Tl	0.07	69 Tm	n. a.
11 Na	2600～7800	9 F	0.05	70 Yb	n. a.
17 Cl	2000～5200	83 Bi	0.032	71 Lu	n. a.
12 Mg	900	38 Sr	0.031	72 Hf	n. a.
20 Ca	140～700	3 Li	0.023	73 Ta	n. a.
30 Zn	240	39 Y	0.02	74 W	n. a.
14 Si	100～200	23 V	0.02	75 Re	n. a.
26 Fe	180	42 Mo	0.018	76 Os	n. a.
37 Rb	20～70	52 Te	0.017	78 Pt	n. a.
13 Al	0.7～20	49 In	0.015	79 Au	n. a.
29 Cu	10	57 La	0.004	90 Th	n. a.
35 Br	7.7	31 Ga	0.0014	10 Ne	nil
82 Pb	0.23～3.3	92 U	0.0009	18 Ar	nil
48 Cd	0.14～3.2	4 Be	7.5×10^{-4}	36 Kr	nil
25 Mn	0.2～2.3	77 Ir	2.00×10^{-5}	43 Tc	nil
22 Ti	0.9～2.2	88 Ra	2.30×10^{-10}	61 Pm	nil
28 Ni	1～2	2 He	n. a.	84 Po	nil
34 Se	0.42～1.9	21 Sc	n. a.	85 At	nil
55 Cs	0.07～1.6	44 Ru	n. a.	86 Rn	nil
5 B	0.33～1	45 Rh	n. a.	87 Fr	nil
24 Cr	0.024～0.84	46 Pd	n. a.	89 Ac	nil
80 Hg	0.02～0.7	54 Xe	n. a.	91 Pa	nil
27 Co	0.028～0.65	58 Ce	n. a.	93 Np	nil
33 As	0.009～0.65	59 Pr	n. a.	94 Pu	nil
53 I	0.05～0.5	60 Nd	n. a.		
50 Sn	0.33～0.4	62 Sm	n. a.		

ヒト血液中の元素の存在度 A

(mg/l)

$_{1}$H	水の成分	$_{33}$As	0.0017～0.09	$_{65}$Tb	n. a.
$_{2}$He	n. a.	$_{34}$Se	0.171	$_{66}$Dy	n. a.
$_{3}$Li	0.004	$_{35}$Br	4.7	$_{67}$Ho	n. a.
$_{4}$Be	$<1.0\times10^{-5}$	$_{36}$Kr	n. a.	$_{68}$Er	n. a.
$_{5}$B	0.13	$_{37}$Rb	20～70	$_{69}$Tm	n. a.
$_{6}$C	変動する	$_{38}$Sr	0.12～0.35	$_{70}$Yb	n. a.
$_{7}$N	変動する	$_{39}$Y	0.0047	$_{71}$Lu	n. a.
$_{8}$O	水の成分	$_{40}$Zr	0.011	$_{72}$Hf	n. a.
$_{9}$F	0.5	$_{41}$Nb	0.0057	$_{73}$Ta	n. a.
$_{10}$Ne	n. a.	$_{42}$Mo	ca. 0.001	$_{74}$W	0.001
$_{11}$Na	1970	$_{43}$Tc	n. a.	$_{75}$Re	n. a.
$_{12}$Mg	37.8	$_{44}$Ru	n. a.	$_{76}$Os	n. a.
$_{13}$Al	0.39	$_{45}$Rh	n. a.	$_{77}$Ir	n. a.
$_{14}$Si	3.9	$_{46}$Pd	n. a.	$_{78}$Pt	n. a.
$_{15}$P	345	$_{47}$Ag	<0.003	$_{79}$Au	$(0.1\sim4.2)\times10^{-4}$
$_{16}$S	1800	$_{48}$Cd	0.0052	$_{80}$Hg	0.0078
$_{17}$Cl	2890	$_{49}$In	n. a.	$_{81}$Tl	4.8×10^{-4}
$_{18}$Ar	n. a.	$_{50}$Sn	0.38	$_{82}$Pb	0.21
$_{19}$K	1620	$_{51}$Sb	0.0033	$_{83}$Bi	ca. 0.016
$_{20}$Ca	60.5	$_{52}$Te	0.0055	$_{84}$Po	n. a.
$_{21}$Sc	0.008	$_{53}$I	0.057	$_{85}$At	n. a.
$_{22}$Ti	0.054	$_{54}$Xe	trace	$_{86}$Rn	n. a.
$_{23}$V	$<2.0\times10^{-4}$	$_{55}$Cs	0.0038	$_{87}$Fr	n. a.
$_{24}$Cr	0.006～0.011	$_{56}$Ba	0.068	$_{88}$Ra	6.6×10^{-9}
$_{25}$Mn	0.0016～0.075	$_{57}$La	n. a.	$_{89}$Ac	n. a.
$_{26}$Fe	447	$_{58}$Ce	0.002	$_{90}$Th	1.6×10^{-4}
$_{27}$Co	0.0002～0.04	$_{59}$Pr	n. a.	$_{91}$Pa	n. a.
$_{28}$Ni	0.01～0.05	$_{60}$Nd	n. a.	$_{92}$U	5.0×10^{-4}
$_{29}$Cu	1.01	$_{61}$Pm	nil	$_{93}$Np	n. a.
$_{30}$Zn	7	$_{62}$Sm	0.008	$_{94}$Pu	n. a.
$_{31}$Ga	<0.08	$_{63}$Eu	n. a.		
$_{32}$Ge	0.44	$_{64}$Gd	n. a.		

ヒト血液中の元素の存在度 B

(mg/l)

$_{8}$O	水の成分	$_{83}$Bi	ca. 0.016	$_{45}$Rh	n. a.
$_{1}$H	水の成分	$_{40}$Zr	0.011	$_{46}$Pd	n. a.
$_{6}$C	変動する	$_{24}$Cr	0.006～0.011	$_{49}$In	n. a.
$_{7}$N	変動する	$_{21}$Sc	0.008	$_{57}$La	n. a.
$_{17}$Cl	2890	$_{62}$Sm	0.008	$_{59}$Pr	n. a.
$_{11}$Na	1970	$_{80}$Hg	0.0078	$_{60}$Nd	n. a.
$_{16}$S	1800	$_{25}$Mn	0.0016～0.075	$_{61}$Pm	n. a.
$_{19}$K	1620	$_{41}$Nb	0.0057	$_{63}$Eu	n. a.
$_{26}$Fe	447	$_{52}$Te	0.0055	$_{64}$Gd	n. a.
$_{15}$P	345	$_{48}$Cd	0.0052	$_{65}$Tb	n. a.
$_{37}$Rb	20～70	$_{39}$Y	0.0047	$_{66}$Dy	n. a.
$_{20}$Ca	60.5	$_{3}$Li	0.004	$_{67}$Ho	n. a.
$_{12}$Mg	37.8	$_{55}$Cs	0.0038	$_{68}$Er	n. a.
$_{30}$Zn	7	$_{51}$Sb	0.0033	$_{69}$Tm	n. a.
$_{35}$Br	4.7	$_{47}$Ag	＜0.003	$_{70}$Yb	n. a.
$_{14}$Si	3.9	$_{58}$Ce	0.002	$_{71}$Lu	n. a.
$_{29}$Cu	1.01	$_{42}$Mo	ca. 0.001	$_{72}$Hf	n. a.
$_{9}$F	0.5	$_{74}$W	0.001	$_{73}$Ta	n. a.
$_{32}$Ge	0.44	$_{92}$U	5.0×10^{-4}	$_{75}$Re	n. a.
$_{13}$Al	0.39	$_{81}$Tl	4.8×10^{-4}	$_{76}$Os	n. a.
$_{50}$Sn	0.38	$_{23}$V	$<2.0\times10^{-4}$	$_{77}$Ir	n. a.
$_{82}$Pb	0.21	$_{79}$Au	$(0.1\sim4.2)\times10^{-4}$	$_{78}$Pt	n. a.
$_{34}$Se	0.171	$_{90}$Th	1.6×10^{-4}	$_{84}$Po	n. a.
$_{5}$B	0.13	$_{4}$Be	$<1.0\times10^{-5}$	$_{85}$At	n. a.
$_{38}$Sr	0.12～0.35	$_{88}$Ra	6.6×10^{-9}	$_{86}$Rn	n. a.
$_{33}$As	0.0017～0.09	$_{54}$Xe	trace	$_{87}$Fr	n. a.
$_{31}$Ga	＜0.08	$_{2}$He	n. a.	$_{89}$Ac	n. a.
$_{56}$Ba	0.068	$_{10}$Ne	n. a.	$_{91}$Pa	n. a.
$_{53}$I	0.057	$_{18}$Ar	n. a.	$_{93}$Np	n. a.
$_{22}$Ti	0.054	$_{36}$Kr	n. a.	$_{94}$Pu	n. a.
$_{28}$Ni	0.01～0.05	$_{43}$Tc	n. a.		
$_{27}$Co	0.0002～0.04	$_{44}$Ru	n. a.		

ヒト骨中の元素の存在度 A

(ppm)

1 H	5.2×10^{4}	33 As	0.08～1.6	65 Tb	n. a.
2 He	n. a.	34 Se	1～9	66 Dy	n. a.
3 Li	n. a.	35 Br	6.7	67 Ho	n. a.
4 Be	0.003	36 Kr	n. a.	68 Er	n. a.
5 B	1.1～3.3	37 Rb	0.1～5	69 Tm	n. a.
6 C	3.6×10^{5}	38 Sr	36～140	70 Yb	n. a.
7 N	4.3×10^{4}	39 Y	0.07	71 Lu	n. a.
8 O	2.85×10^{5}	40 Zr	0.1	72 Hf	n. a.
9 F	2000～12000	41 Nb	<0.07	73 Ta	ca. 0.03
10 Ne	n. a.	42 Mo	<0.7	74 W	2.5×10^{-4}
11 Na	1.0×10^{4}	43 Tc	nil	75 Re	n. a.
12 Mg	700～1800	44 Ru	n. a.	76 Os	n. a.
13 Al	4～27	45 Rh	n. a.	77 Ir	n. a.
14 Si	17	46 Pd	n. a.	78 Pt	n. a.
15 P	$(6.7\sim7.1)\times10^{4}$	47 Ag	0.01～0.44	79 Au	0.016
16 S	500～2400	48 Cd	1.8	80 Hg	0.45
17 Cl	900	49 In	n. a.	81 Tl	0.002
18 Ar	n. a.	50 Sn	1.4	82 Pb	3.6～30
19 K	2100	51 Sb	0.01～0.6	83 Bi	<0.2
20 Ca	1.7×10^{5}	52 Te	n. a.	84 Po	nil
21 Sc	0.001	53 I	0.27	85 At	nil
22 Ti	n. a.	54 Xe	n. a.	86 Rn	nil
23 V	0.0035	55 Cs	0.013～0.052	87 Fr	nil
24 Cr	0.1～33	56 Ba	3～70	88 Ra	4.0×10^{-9}
25 Mn	0.2～100	57 La	<0.08	89 Ac	n. a.
26 Fe	3～380	58 Ce	2.7	90 Th	0.002～0.012
27 Co	0.01～0.04	59 Pr	n. a.	91 Pa	nil
28 Ni	<0.7	60 Nd	n. a.	92 U	0.00016～0.07
29 Cu	1～26	61 Pm	n. a.	93 Np	nil
30 Zn	75～170	62 Sm	n. a.	94 Pu	nil
31 Ga	n. a.	63 Eu	n. a.		
32 Ge	n. a.	64 Gd	n. a.		

ヒト骨中の元素の存在度 B

(ppm)

$_{6}$C	3.6×10^{5}	$_{51}$Sb	0.01～0.6	$_{46}$Pd	n. a.
$_{8}$O	2.85×10^{5}	$_{55}$Cs	0.013～0.052	$_{49}$In	n. a.
$_{20}$Ca	1.7×10^{5}	$_{80}$Hg	0.45	$_{52}$Te	n. a.
$_{15}$P	$(6.7\sim7.1)\times10^{4}$	$_{47}$Ag	0.01～0.44	$_{54}$Xe	n. a.
$_{1}$H	5.2×10^{4}	$_{53}$I	0.27	$_{59}$Pr	n. a.
$_{7}$N	4.3×10^{4}	$_{83}$Bi	<0.2	$_{60}$Nd	n. a.
$_{9}$F	2000～12000	$_{40}$Zr	0.1	$_{61}$Pm	n. a.
$_{11}$Na	1.0×10^{4}	$_{57}$La	<0.08	$_{62}$Sm	n. a.
$_{16}$S	500～2400	$_{92}$U	0.00016～0.07	$_{63}$Eu	n. a.
$_{19}$K	2100	$_{39}$Y	0.07	$_{64}$Gd	n. a.
$_{12}$Mg	700～1800	$_{41}$Nb	<0.07	$_{65}$Tb	n. a.
$_{17}$Cl	900	$_{27}$Co	0.01～0.04	$_{66}$Dy	n. a.
$_{26}$Fe	3～380	$_{73}$Ta	ca. 0.03	$_{67}$Ho	n. a.
$_{30}$Zn	75～170	$_{79}$Au	0.016	$_{68}$Er	n. a.
$_{38}$Sr	36～140	$_{90}$Th	0.002～0.012	$_{69}$Tm	n. a.
$_{25}$Mn	0.2～100	$_{23}$V	0.0035	$_{70}$Yb	n. a.
$_{56}$Ba	3～70	$_{4}$Be	0.003	$_{71}$Lu	n. a.
$_{24}$Cr	0.1～33	$_{81}$Tl	0.002	$_{72}$Hf	n. a.
$_{82}$Pb	3.6～30	$_{21}$Sc	0.001	$_{75}$Re	n. a.
$_{13}$Al	4～27	$_{74}$W	2.5×10^{-4}	$_{76}$Os	n. a.
$_{29}$Cu	1～26	$_{88}$Ra	4.0×10^{-9}	$_{77}$Ir	n. a.
$_{14}$Si	17	$_{2}$He	n. a.	$_{78}$Pt	n. a.
$_{34}$Se	1～9	$_{3}$Li	n. a.	$_{84}$Po	nil
$_{35}$Br	6.7	$_{10}$Ne	n. a.	$_{85}$At	nil
$_{37}$Rb	0.1～5	$_{18}$Ar	n. a.	$_{86}$Rn	nil
$_{5}$B	1.1～3.3	$_{22}$Ti	n. a.	$_{87}$Fr	nil
$_{58}$Ce	2.7	$_{31}$Ga	n. a.	$_{89}$Ac	nil
$_{48}$Cd	1.8	$_{32}$Ge	n. a.	$_{91}$Pa	nil
$_{33}$As	0.08～1.6	$_{36}$Kr	n. a.	$_{93}$Np	nil
$_{50}$Sn	1.4	$_{43}$Tc	n. a.	$_{94}$Pu	nil
$_{42}$Mo	<0.7	$_{44}$Ru	n. a.		
$_{28}$Ni	<0.7	$_{45}$Rh	n. a.		

ヒトの元素一日摂取量 A

(mg)

1 H	2.5×10^{5}	33 As	0.04~1.4	65 Tb	n. a.
2 He	n. a.	34 Se	0.006~0.2	66 Dy	n. a.
3 Li	0.1~2.0	35 Br	0.6~24	67 Ho	n. a.
4 Be	0.01	36 Kr	n. a.	68 Er	n. a.
5 B	1~3	37 Rb	1.5~6	69 Tm	n. a.
6 C	3.0×10^{5}	38 Sr	0.8~5	70 Yb	n. a.
7 N	1.3×10^{4}	39 Y	0.016	71 Lu	n. a.
8 O	2.02×10^{6}	40 Zr	0.05	72 Hf	n. a.
9 F	0.3~0.5	41 Nb	0.06~0.6	73 Ta	0.001
10 Ne	n. a.	42 Mo	0.05~0.35	74 W	0.001~0.015
11 Na	2000~15000	43 Tc	nil	75 Re	n. a.
12 Mg	250~380	44 Ru	n. a.	76 Os	n. a.
13 Al	2.45	45 Rh	n. a.	77 Ir	n. a.
14 Si	18~1800	46 Pd	n. a.	78 Pt	n. a.
15 P	900~1400	47 Ag	0.0014~0.08	79 Au	n. a.
16 S	850~930	48 Cd	0.007~3	80 Hg	0.004~0.02
17 Cl	3000~6600	49 In	n. a.	81 Tl	0.0015
18 Ar	n. a.	50 Sn	0.2~3.5	82 Pb	0.06~0.5
19 K	1400~7400	51 Sb	0.002~1.3	83 Bi	0.005~0.02
20 Ca	600~1400	52 Te	ca. 0.6	84 Po	nil
21 Sc	5.0×10^{-5}	53 I	0.1~0.2	85 At	nil
22 Ti	0.8	54 Xe	n. a.	86 Rn	nil
23 V	0.04	55 Cs	0.004~0.03	87 Fr	nil
24 Cr	0.01~1.2	56 Ba	0.60~1.7	88 Ra	2.0×10^{-9}
25 Mn	0.4~10	57 La	n. a.	89 Ac	nil
26 Fe	6~40	58 Ce	n. a.	90 Th	0.00005~0.003
27 Co	0.005~1.8	59 Pr	n. a.	91 Pa	nil
28 Ni	0.3~0.5	60 Nd	n. a.	92 U	0.001~0.002
29 Cu	0.50~6	61 Pm	nil	93 Np	nil
30 Zn	5~40	62 Sm	n. a.	94 Pu	nil
31 Ga	n. a.	63 Eu	n. a.		
32 Ge	0.4~1.5	64 Gd	n. a.		

ヒトの元素一日摂取量 B

(mg)

8 O	2.02×10^{6}	41 Nb	0.06～0.6	57 La	n. a.
6 C	3.0×10^{5}	9 F	0.3～0.5	58 Ce	n. a.
1 H	2.5×10^{5}	28 Ni	0.3～0.5	59 Pr	n. a.
11 Na	2000～15000	82 Pb	0.06～0.5	60 Nd	n. a.
7 N	1.3×10^{4}	42 Mo	0.05～0.35	62 Sm	n. a.
19 K	1400～7400	53 I	0.1～0.2	63 Eu	n. a.
17 Cl	3000～6600	34 Se	0.006～0.2	64 Gd	n. a.
14 Si	18～1800	47 Ag	0.0014～0.08	65 Tb	n. a.
15 P	900～1400	40 Zr	0.05	66 Dy	n. a.
20 Ca	600～1400	23 V	0.04	67 Ho	n. a.
16 S	850～930	55 Cs	0.004～0.03	68 Er	n. a.
12 Mg	250～380	83 Bi	0.005～0.02	69 Tm	n. a.
26 Fe	6～40	80 Hg	0.004～0.02	70 Yb	n. a.
30 Zn	5～40	39 Y	0.016	71 Lu	n. a.
35 Br	0.6～24	74 W	0.001～0.015	72 Hf	n. a.
25 Mn	0.4～10	4 Be	0.01	75 Re	n. a.
37 Rb	1.5～6	90 Th	0.00005～0.003	76 Os	n. a.
38 Sr	0.8～5	92 U	0.001～0.002	77 Ir	n. a.
29 Cu	0.50～6	81 Tl	0.0015	78 Pt	n. a.
50 Sn	0.2～3.5	73 Ta	0.001	79 Au	n. a.
5 B	1～3	21 Sc	5.0×10^{-5}	43 Tc	nil
48 Cd	0.007～3	88 Ra	2.0×10^{-9}	61 Pm	nil
13 Al	2.45	2 He	n. a.	84 Po	nil
3 Li	0.1～2.0	10 Ne	n. a.	85 At	nil
27 Co	0.005～1.8	18 Ar	n. a.	86 Rn	nil
56 Ba	0.60～1.7	31 Ga	n. a.	87 Fr	nil
32 Ge	0.4～1.5	36 Kr	n. a.	89 Ac	nil
33 As	0.04～1.4	44 Ru	n. a.	91 Pa	nil
51 Sb	0.002～1.3	45 Rh	n. a.	93 Np	nil
24 Cr	0.01～1.2	46 Pd	n. a.	94 Pu	nil
22 Ti	0.8	49 In	n. a.		
52 Te	ca. 0.6	54 Xe	n. a.		

元素の全世界年間生産量 A

（トン）

1 H[1)]	3.5×10^{11}	32 Ge	80	71 Lu	10
2 He	4500	33 As	4.7×10^{4}	72 Hf	50
3 Li	3.9×10^{4}	34 Se	1600	73 Ta	840
4 Be	364	35 Br	3.3×10^{5}	74 W	4.51×10^{4}
5 B[2)]	1.0×10^{6}	36 Kr	8	75 Re	4.5
6 C[3)]	8.6×10^{9}	37 Rb	n. a.	76 Os	0.06
7 N	4.0×10^{7}	38 Sr[14)]	1.37×10^{5}	77 Ir	3
8 O	1.0×10^{8}	39 Y	400	78 Pt	30
9 F	2400	40 Zr	7000	79 Au	1400
9 F[4)]	4.7×10^{6}	40 Zr[15)]	7.0×10^{5}	80 Hg	8400
10 Ne	1	41 Nb	1.5×10^{4}	81 Tl	30
11 Na	2.0×10^{5}	42 Mo	8.0×10^{4}	82 Pb	2.8×10^{6}
11 Na[5)]	1.68×10^{8}	43 Tc	ca. 1kg	83 Bi	3000
11 Na[6)]	2.9×10^{7}	44 Ru	0.12	84 Po	ca. 100g
12 Mg	3.25×10^{5}	45 Rh	3	85 At	nil
13 Al	1.5×10^{7}	46 Pd	24	86 Rn	n. a.
14 Si[7)]	5000	47 Ag	9950	87 Fr	nil
14 Si[8)]	4.8×10^{5}	48 Cd	1.39×10^{4}	88 Ra	n. a.
14 Si[9)]	3.4×10^{6}	49 In	75	89 Ac	<1 g
15 P	1.53×10^{8}	50 Sn	1.65×10^{5}	90 Th	3.1×10^{4}
16 S	5.4×10^{7}	51 Sb	5.3×10^{4}	91 Pa	n. a.
17 Cl	1.68×10^{8}	52 Te	215	92 U	3.5×10^{4}
18 Ar	7.0×10^{5}	53 I	1.2×10^{4}	93 Np	数 kg
19 K	200	54 Xe	0.6	94 Pu	20
19 K[10)]	5.1×10^{7}	55 Cs	20	95 Am	数 kg
20 Ca	2000	56 Ba[16)]	6.0×10^{6}	96 Cm	数 kg
20 Ca[11)]	1.12×10^{8}	57 La	1.25×10^{4}	97 Bk	<1 g
21 Sc	0.05	58 Ce	2.4×10^{4}	98 Cf	数 g
22 Ti	9.9×10^{4}	59 Pr	2400	99 Es	<1 g
22 Ti[12)]	3.0×10^{6}	60 Nd	7600	100 Fm	nil
23 V	7000	61 Pm	mg 量	101 Md	nil
24 Cr	2.0×10^{4}	62 Sm	700	102 No	nil
24 Cr[13)]	9.6×10^{6}	63 Eu	400	103 Lr	nil
25 Mn	6.22×10^{6}	64 Gd	400	104 Rf	nil
26 Fe	7.46×10^{8}	65 Tb	10	105 Db	nil
27 Co	1.7×10^{4}	66 Dy	100	106 Sg	nil
28 Ni	5.1×10^{4}	67 Ho	10	107 Bh	nil
29 Cu	6.54×10^{6}	68 Er	500	108 Hs	nil
30 Zn	5.02×10^{6}	69 Tm	50	109 Mt	nil
31 Ga	30	70 Yb	50		

1) 水素ガス，2) 酸化ホウ素 (B_2O_3)，3) 化石燃料炭素，4) フッ化カルシウム (CaF_2)，5) 食塩，6) 炭酸ナトリウム (ソーダ灰)，7) エレクトロニクス用，8) 冶金用，9) フェロシリコン，10) カリウム塩類，11) 酸化カルシウム (生石灰)，12) 二酸化チタン，13) クロム鉄鉱，14) Sr 原鉱石，15) ジルコン，16) Ba 原鉱石

元素の全世界年間生産量 B

（トン）

1 H[1)]	3.5×10^{11}	58 Ce	2.4×10^{4}	94 Pu	20
6 C[3)]	8.6×10^{9}	24 Cr	2.0×10^{4}	65 Tb	10
26 Fe	7.46×10^{8}	27 Co	1.7×10^{4}	67 Ho	10
11 Na[5)]	1.68×10^{8}	41 Nb	1.5×10^{4}	71 Lu	10
17 Cl	1.68×10^{8}	48 Cd	1.39×10^{4}	36 Kr	8
15 P	1.53×10^{8}	57 La	1.25×10^{4}	75 Re	4.5
20 Ca[11)]	1.12×10^{8}	53 I	1.2×10^{4}	45 Rh	3
8 O	1.0×10^{8}	47 Ag	9950	77 Ir	3
16 S	5.4×10^{7}	80 Hg	8400	10 Ne	1
19 K[10)]	5.1×10^{7}	60 Nd	7600	54 Xe	0.6
7 N	4.0×10^{7}	23 V	7000	44 Ru	0.12
11 Na[6)]	2.9×10^{7}	40 Zr	7000	76 Os	0.06
13 Al	1.5×10^{7}	14 Si[7)]	5000	21 Sc	0.05
24 Cr[13)]	9.6×10^{6}	2 He	4500	96 Cm	数 kg
29 Cu	6.54×10^{6}	86 Bi	3000	93 Np	数 kg
25 Mn	6.22×10^{6}	9 F	2400	95 Am	数 kg
56 Ba[16)]	6.0×10^{6}	59 Pr	2400	43 Tc	ca. 1 kg
30 Zn	5.02×10^{6}	20 Ca	2000	84 Po	ca. 100 g
9 F[4)]	4.7×10^{6}	34 Se	1600	98 Cf	数 g
14 Si[9)]	3.4×10^{6}	79 Au	1400	89 Ac	<1 g
22 Ti[12)]	3.0×10^{6}	73 Ta	840	97 Bk	<1 g
82 Pb	2.8×10^{6}	62 Sm	700	99 Es	<1 g
5 B[2)]	1.0×10^{6}	68 Er	500	61 Pm	mg 量
18 Ar	7.0×10^{5}	39 Y	400	37 Rb	n. a.
40 Zr[15)]	7.0×10^{5}	63 Eu	400	86 Rn	n. a.
14 Si[8)]	4.8×10^{5}	64 Gd	400	88 Ra	n. a.
35 Br	3.3×10^{5}	4 Be	364	91 Pa	n. a.
12 Mg	3.25×10^{5}	52 Te	215	85 At	nil
11 Na	2.0×10^{5}	19 K	200	87 Fr	nil
50 Sn	1.65×10^{5}	66 Dy	100	100 Fm	nil
38 Sr[14)]	1.37×10^{5}	32 Ge	80	101 Md	nil
22 Ti	9.9×10^{4}	49 In	75	102 No	nil
42 Mo	8.0×10^{4}	69 Tm	50	103 Lr	nil
51 Sb	5.3×10^{4}	70 Yb	50	104 Rf	nil
28 Ni	5.1×10^{4}	72 Hf	50	105 Db	nil
33 As	4.7×10^{4}	31 Ga	30	106 Sg	nil
74 W	4.51×10^{4}	78 Pt	30	107 Bh	nil
3 Li	3.9×10^{4}	81 Tl	30	108 Hs	nil
92 U	3.5×10^{4}	46 Pd	24	109 Mt	nil
90 Th	3.1×10^{4}	55 Cs	20		

元素の価格A

元　素	US $	単　位	単体の価格		US $/g
$_{1}$H					
$_{1}$D	$ 1.00	liter			$ 12.50
$_{2}$He	$ 70.00	8.5 m^3			$ 0.05
$_{3}$Li	$ 500.00	kg		*	$ 0.50
$_{4}$Be	$ 2.50	g	99.5		$ 2.50
$_{5}$B	$ 8.00	g	99		$ 8.00
$_{6}$C					
$_{7}$N	$ 0.02	2.83 m^3			$ 0.00
$_{8}$O	$ 1.75	m^3			$ 0.00
$_{9}$F					
$_{10}$Ne	$ 800.00	2265 liter			$ 0.44
$_{11}$Na	$ 250.00	kg	99.95		$ 0.25
$_{12}$Mg	$ 170.00	kg	99.99		$ 0.17
$_{13}$Al	$ 1.70	kg		¥8,800	$ 0.00
$_{14}$Si	$ 140.00	kg	99.5		$ 0.14
$_{14}$Si	$ 250.00	kg	99.96		$ 0.25
$_{14}$Si	$ 400.00	kg	超高純度		$ 0.40
$_{15}$P	$ 60.00	kg	赤リン		$ 0.06
$_{16}$S	$ 500.00	kg	99.999＋	*	$ 0.50
$_{17}$Cl					
$_{18}$Ar	$ 70.00	8.5 m^3			$ 0.01
$_{19}$K	$ 650.00	kg	98	*	$ 0.65
$_{19}$K	$ 10.00	g	99.95		$ 10.00
$_{20}$Ca	$ 200.00	kg	99.5		$ 0.20
$_{21}$Sc	$ 120.00	g	99.9		$ 120.00
$_{22}$Ti	$ 550.00	kg	99.8	*	$ 0.55
$_{23}$V	$ 700.00	kg	99.7	*	$ 0.70
$_{24}$Cr	$ 200.00	kg	99.99	¥49,200	$ 0.20
$_{25}$Mn	$ 60.00	kg	99.6		$ 0.06
$_{25}$Mn	$ 400.00	kg	99.95	*	$ 0.40
$_{26}$Fe	$ 0.30	kg			$ 0.00
$_{26}$Fe	$ 70.00	kg	99.98	¥14,600	$ 0.07
$_{27}$Co	$ 300.00	kg	99.5	¥61,600	$ 0.30
$_{28}$Ni	$ 100.00	kg	99.9	¥21,200	$ 0.10
$_{29}$Cu	$ 50.00	kg	99.5	¥11,100	$ 0.05
$_{30}$Zn	$ 1.10	kg			$ 0.00
$_{30}$Zn	$ 0.50	g	99.9999		$ 0.50
$_{31}$Ga	$ 4.00	g	99.99999		$ 4.00
$_{32}$Ge	$ 3.00	g	99.999		$ 3.00

$_{33}$As	$ 175.00	kg	99		$ 0.18
$_{33}$As	$ 2.00	g	99.9995		$ 2.00
$_{34}$Se	$ 150.00	kg			$ 0.15
$_{34}$Se	$ 250.00	kg	99.999		$ 0.25
$_{35}$Br	$ 100.00	kg			$ 0.10
$_{36}$Kr	$ 690.00	100 liter			$ 2.06
$_{37}$Rb	$ 79.70	g	99.8		$ 79.70
$_{38}$Sr	$ 1.00	g	99		$ 1.00
$_{38}$Sr	$ 10.00	g	99.95		$ 10.00
$_{39}$Y	$ 4.00	g	99.9		$ 4.00
$_{40}$Zr	$ 170.00	kg	99.8		$ 0.17
$_{41}$Nb	$ 400.00	kg	99.9	*	$ 0.40
$_{42}$Mo	$ 200.00	kg	99.9		$ 0.20
$_{42}$Mo	$ 1.00	g	99.999		$ 1.00
$_{43}$Tc	$ 2,800.00	g			$ 2,800.00
$_{44}$Ru	$ 30.00	g	99.95		$ 30.00
$_{45}$Rh	$ 300.00	g	99.9		$ 300.00
$_{46}$Pd	$ 4.50	g			$ 4.50
$_{47}$Ag	$ 0.17	g			$ 0.17
$_{48}$Cd	$ 100.00	kg	99.5		$ 0.10
$_{49}$In	$ 10.00	g			$ 10.00
$_{50}$Sn	$ 9.50	kg			$ 0.01
$_{50}$Sn	$ 4.00	g	99.9999		$ 4.00
$_{51}$Sb	$ 80.00	kg	99.5	¥18,400	$ 0.08
$_{51}$Sb	$ 0.75	g	99.999	¥366,000	$ 0.75
$_{52}$Te	$ 0.20	g	99.5		$ 0.20
$_{52}$Te	$ 2.00	g	99.9999		$ 2.00
$_{53}$I	$ 0.75	g			$ 0.75
$_{54}$Xe	$ 20.00	liter			$ 3.82
$_{55}$Cs	$ 63.30	g	99.98		$ 63.30
$_{56}$Ba	$ 0.40	g	99.7		$ 0.40
$_{57}$La	$ 2.00	g	99.9		$ 2.00
$_{58}$Ce	$ 4.00	g	99.9		$ 4.00
$_{59}$Pr	$ 2.00	g	99.9		$ 2.00
$_{60}$Nd	$ 2.00	g			$ 2.00
$_{61}$Pm					
$_{62}$Sm	$ 2.00	g	99.9		$ 2.00
$_{63}$Eu	$ 50.00	g	99.9		$ 50.00
$_{64}$Gd	$ 2.00	g	99.9		$ 2.00
$_{65}$Tb	$ 30.00	g	99.9		$ 30.00
$_{66}$Dy	$ 4.00	g	99.9		$ 4.00
$_{67}$Ho	$ 15.00	g	99.9		$ 15.00
$_{68}$Er	$ 4.00	g	99.9		$ 4.00

$_{69}$Tm	$ 60.00	g	99.9		$ 60.00
$_{70}$Yb	$ 5.00	g	99.9		$ 5.00
$_{71}$Lu	$ 100.00	g			$ 100.00
$_{72}$Hf	$ 3.00	g			$ 3.00
$_{73}$Ta	$ 900.00	kg	99.9	*	$ 0.90
$_{73}$Ta	$ 2.00	g	99.995		$ 2.00
$_{74}$W	$ 325.00	kg	99.95		$ 0.33
$_{75}$Re	$ 12.00	g	99.99		$ 12.00
$_{76}$Os	$ 100.00	g			$ 100.00
$_{77}$Ir	$ 50.00	g			$ 50.00
$_{78}$Pt	$ 13.00	g			$ 13.00
$_{79}$Au	$ 12.50	g			$ 12.50
$_{80}$Hg	$ 250.00	34.46 kg			$ 0.01
$_{81}$Tl	$ 1.00	g	99.999		$ 1.00
$_{82}$Pb	$ 1.00	kg			$ 0.00
$_{83}$Bi	$ 90.00	kg	99.999		$ 0.09
$_{84}$Po	$ 3,195.00	μCi			$ 50700.00
$_{85}$At					
$_{86}$Rn					
$_{87}$Fr					
$_{88}$Ra					$ 10,000.00
$_{89}$Ac					
$_{90}$Th	$ 15.00	g	99.8		$ 15.00
$_{91}$Pa					
$_{92}$U	$ 200.00	kg	99.7		$ 0.30
$_{93}$Np	$ 660.00	g	Np-237		$ 660.00
$_{94}$Pu	$ 7.50	mg	Pu-238 (97%)		$ 7,500.00
$_{95}$Am	$ 160.00	mg	Am-243		$ 160,000.00
$_{96}$Cm	$ 160.00	mg	Cm-244		$ 160,000.00
$_{96}$Cm	$ 160.00	μg	Cm-248		$ 160,000,000.00
$_{97}$Bk	$ 160.00	μg	Bk-249		$ 160,000,000.00
$_{98}$Cf	$ 50.00	μg	Cf-252		$ 50,000,000.00
$_{98}$Cf	$ 50.00	μg	Cf-249		$ 50,000,000.00
$_{99}$Es					
$_{100}$Fm					

* 実際はこれに包装料が加算される.

元 素 の 価 格 B

元　素	単体の価格	US $	単位	US $/g	金との価格比
$_{96}$Cm	Cm-248	$ 160.00	μg	$ 160,000,000.00	12800000
$_{97}$Bk	Bk-249	$ 160.00	μg	$ 160,000,000.00	12800000
$_{98}$Cf	Cf-252	$ 50.00	μg	$ 50,000,000.00	4000000
$_{98}$Cf	Cf-249	$ 50.00	μg	$ 50,000,000.00	4000000
$_{95}$Am	Am-243	$ 160.00	mg	$ 160,000.00	12800
$_{96}$Cm	Cm-244	$ 160.00	mg	$ 160,000.00	12800
$_{84}$Po	Po-209	$ 3,195.00	μCi	$ 50,700.00	4056
$_{88}$Ra	Ra-226	$ 10,000.00		$ 10,000.00	800
$_{94}$Pu	Pu-238 (97%)	$ 7.50	mg	$ 7,500.00	600
$_{43}$Tc		$ 2,800.00	g	$ 2,800.00	224
$_{93}$Np	Np-237	$ 660.00	g	$ 660.00	52.8
$_{45}$Rh	99.9	$ 300.00	g	$ 300.00	24.0
$_{21}$Sc	99.9	$ 120.00	g	$ 120.00	9.6
$_{71}$Lu		$ 100.00	g	$ 100.00	8.0
$_{76}$Os		$ 100.00	g	$ 100.00	8.0
$_{55}$Cs	99.98	$ 63.30	g	$ 63.30	5.1
$_{69}$Tm	99.9	$ 60.00	g	$ 60.00	4.8
$_{63}$Eu	99.9	$ 50.00	g	$ 50.00	4.0
$_{77}$Ir		$ 50.00	g	$ 50.00	4.0
$_{44}$Ru	99.95	$ 30.00	g	$ 30.00	2.4
$_{65}$Tb	99.9	$ 30.00	g	$ 30.00	2.4
$_{37}$Rb	99.8	$ 79.70	g	$ 20.00	1.6
$_{67}$Ho	99.9	$ 15.00	g	$ 15.00	1.2
$_{90}$Th	99.8	$ 15.00	g	$ 15.00	1.2
$_{78}$Pt		$ 13.00	g	$ 13.00	1.04
$_{1}$D		$ 1.00	liter	$ 12.50	1.00
$_{79}$Au		$ 12.50	g	$ 12.50	1.00
$_{75}$Re	99.99	$ 12.00	g	$ 12.00	0.96
$_{19}$K	99.95	$ 10.00	g	$ 10.00	0.80
$_{38}$Sr	99.95	$ 10.00	g	$ 10.00	0.80
$_{49}$In		$ 10.00	g	$ 10.00	0.80
$_{5}$B	99	$ 8.00	g	$ 8.00	0.64
$_{70}$Yb	99.9	$ 5.00	g	$ 5.00	0.40
$_{46}$Pd		$ 4.50	g	$ 4.50	0.36
$_{31}$Ga	99.99999	$ 4.00	g	$ 4.00	0.32
$_{39}$Y	99.9	$ 4.00	g	$ 4.00	0.32
$_{50}$Sn	99.9999	$ 4.00	g	$ 4.00	0.32
$_{58}$Ce	99.9	$ 4.00	g	$ 4.00	0.32
$_{66}$Dy	99.9	$ 4.00	g	$ 4.00	0.32

$_{68}Er$	99.9	$ 4.00	g	$ 4.00	0.32
$_{54}Xe$		$ 20.00	liter	$ 3.82	0.31
$_{32}Ge$	99.999	$ 3.00	g	$ 3.00	0.24
$_{72}Hf$		$ 3.00	g	$ 3.00	0.24
$_{4}Be$	99.5	$ 2.50	g	$ 2.50	0.20
$_{36}Kr$		$ 690.00	100 liter	$ 2.06	0.165
$_{33}As$	99.9995	$ 2.00	g	$ 2.00	0.160
$_{52}Te$	99.9999	$ 2.00	g	$ 2.00	0.160
$_{57}La$	99.9	$ 2.00	g	$ 2.00	0.160
$_{59}Pr$	99.9	$ 2.00	g	$ 2.00	0.160
$_{60}Nd$		$ 2.00	g	$ 2.00	0.160
$_{62}Sm$	99.9	$ 2.00	g	$ 2.00	0.160
$_{64}Gd$	99.9	$ 2.00	g	$ 2.00	0.160
$_{73}Ta$	99.995	$ 2.00	g	$ 2.00	0.160
$_{38}Sr$	99	$ 1.00	g	$ 1.00	0.080
$_{42}Mo$	99.999	$ 1.00	g	$ 1.00	0.080
$_{81}Tl$	99.999	$ 1.00	g	$ 1.00	0.080
$_{73}Ta$	99.9	$ 900.00	kg	$ 0.90	0.072
$_{51}Sb$	99.999	$ 0.75	g	$ 0.75	0.060
$_{53}I$		$ 0.75	g	$ 0.75	0.060
$_{23}V$	99.7	$ 700.00	kg	$ 0.70	0.056
$_{19}K$	98	$ 650.00	kg	$ 0.65	0.052
$_{22}Ti$	99.8	$ 550.00	kg	$ 0.55	0.044
$_{3}Li$		$ 500.00	kg	$ 0.50	0.040
$_{16}S$	99.999＋	$ 500.00	kg	$ 0.50	0.040
$_{30}Zn$	99.9999	$ 0.50	g	$ 0.50	0.040
$_{10}Ne$	ネオンガス	$ 800.00	2265 liter	$ 0.44	0.035
$_{14}Si$	超高純度	$ 400.00	kg	$ 0.40	0.032
$_{25}Mn$	99.95	$ 400.00	kg	$ 0.40	0.032
$_{41}Nb$	99.9	$ 400.00	kg	$ 0.40	0.032
$_{56}Ba$	99.7	$ 0.40	g	$ 0.40	0.032
$_{74}W$	99.95	$ 325.00	kg	$ 0.33	0.026
$_{27}Co$	99.5	$ 300.00	kg	$ 0.30	0.024
$_{11}Na$	99.95	$ 250.00	kg	$ 0.25	0.020
$_{14}Si$	99.96	$ 250.00	kg	$ 0.25	0.020
$_{34}Se$	99.999	$ 250.00	kg	$ 0.25	0.020
$_{20}Ca$	99.5	$ 200.00	kg	$ 0.20	0.016
$_{24}Cr$	99.99	$ 200.00	kg	$ 0.20	0.016
$_{42}Mo$	99.9	$ 200.00	kg	$ 0.20	0.016
$_{52}Te$	99.5	$ 0.20	g	$ 0.20	0.016
$_{92}U$	99.7	$ 200.00	kg	$ 0.20	0.016
$_{33}As$	99	$ 175.00	kg	$ 0.18	0.014
$_{12}Mg$	99.99	$ 170.00	kg	$ 0.17	0.014

$_{40}$Zr	99.8	$ 170.00	kg	$ 0.17	0.014
$_{47}$Ag	地金の価格	$ 0.17	g	$ 0.17	0.014
$_{34}$Se		$ 150.00	kg	$ 0.15	0.012
$_{14}$Si	99.5	$ 140.00	kg	$ 0.14	0.011
$_{28}$Ni	99.9	$ 100.00	kg	0.1000	0.0080
$_{35}$Br		$ 100.00	kg	0.1000	0.0080
$_{48}$Cd	99.5	$ 100.00	kg	0.1000	0.0080
$_{83}$Bi	99.999	$ 90.00	kg	0.0900	0.0072
$_{51}$Sb	99.5	$ 80.00	kg	0.0800	0.0064
$_{26}$Fe	99.98	$ 70.00	kg	0.0700	0.0056
$_{15}$P	赤リン	$ 60.00	kg	0.0600	0.0048
$_{25}$Mn	99.6	$ 60.00	kg	0.0600	0.0048
$_{2}$He		$ 70.00	8.5 m^3	0.0515	0.0041
$_{29}$Cu	99.5	$ 50.00	kg	0.0500	0.0040
$_{50}$Sn		$ 9.50	kg	0.0095000	0.00076
$_{80}$Hg		$ 250.00	34.46 kg	0.0072548	0.00058
$_{18}$Ar	アルゴンガス	$ 70.00	8.5 m^3	0.0051471	0.00041
$_{13}$Al		$ 1.70	kg	0.0017000	0.00014
$_{8}$O	酸素ガス	$ 1.75	m^3	0.0013672	0.00011
$_{30}$Zn		$ 1.10	kg	0.0011000	0.00009
$_{82}$Pb		$ 1.00	kg	0.0010000	0.00008
$_{26}$Fe	鉄鋼	$ 0.30	kg	0.0003000	0.00002
$_{7}$N	窒素ガス	$ 0.02	2.83 m^3	0.0000063	0.0000005
$_{61}$Pm	Pm-147				特注品
$_{86}$Rn	Rn-222				特注品
$_{89}$Ac	Ac-227				特注品
$_{91}$Pa	Pa-231				特注品
$_{1}$H	水素ガス				工業用
$_{6}$C					工業用
$_{9}$F	フッ素ガス				工業用
$_{17}$Cl	塩素ガス				工業用

元素発見の歴史

元素記号	発見年代	元素記号	発見年代	元素記号	発見年代
C	有史以前	Ce	1803	F	1886
S	有史以前	Rh	1803	Ge	1886
Cu	ca. 5000 B.C.	Pd	1803	Ar	1894
Ag	ca. 3000 B.C.	Na	1807	He	1895***
Au	ca. 3000 B.C.	K	1807	Po	1898
Fe	ca. 2500 B.C.	B	1808	Xe	1898
Sn	ca. 2100 B.C.	Ba	1808	Kr	1898
Sb	ca. 1600 B.C.	Ca	1808	Ra	1898
Hg	ca. 1500 B.C.	Ru	1808	Ne	1898
Pb	ca. 1000 B.C.	Sr	1808	Ac	1899
As	ca. 1250	I	1811	Rn	1900
Zn	ca. 1500	Th	1815	Eu	1901
Bi	ca. 1500	Li	1817	Lu	1907
P	1669	Se	1817	Pa	1917
Pt	ca. 1700*	Cd	1817	Tc	1937
Co	1735	Hf	1823	Fr	1939
Ni	1751	Si	1824	Pu	1940
Mg	1755	Re	1825	At	1940
H	1766	Al	1825	Np	1940
N	1772	Br	1826	Am	1944
O	1772**	La	1839	Cm	1944
Mn	1774	Er	1842	Pm	1945
Cl	1774	Tb	1843	Bk	1949
Cr	1780	Cs	1860	Cf	1950
Mo	1781	Tl	1861	Es	1952
W	1783	Rb	1861	Fm	1952
Te	1783	In	1863	Md	1955
Zr	1789	Ga	1875	No	1958
U	1789	Yb	1878	Lr	1961
Ti	1791	Ho	1878	Rf	1969
Y	1794	Sc	1879	Db	1970
Be	1797	Sm	1879	Sg	1974
Nb	1801	Tm	1879	Bh	1981
V	1801	Gd	1880	Hs	1984
Ta	1802	Nd	1885	Mt	1984
Os	1803	Pr	1885		
Ir	1803	Dy	1886		

* 西欧に知られたのがこのころだが，南米ではもっと以前から知られていたし，エジプトの遺跡からも発見されている．

** これはシェーレの発見の年で，プリーストリーやラヴォアジェが発見した 1774 年を採用している書物もある．

*** ジャンセンとロッキャーが太陽スペクトル中の輝線を見出した 1868 年を発見年とする書物もある．

II 原子の性質

原子半径A

(pm)

1 H	78	38 Sr	215	75 Re	137
2 He	128	39 Y	181	76 Os	135
3 Li	152	40 Zr	160	77 Ir	136
4 Be	113	41 Nb	143	78 Pt	138
5 B	83	42 Mo	136	79 Au	144
6 C	77	43 Tc	136	80 Hg	160
7 N	71	44 Ru	134	81 Tl	170
8 O		45 Rh	134	82 Pb	175
9 F	70.9	46 Pd	138	83 Bi	155
10 Ne		47 Ag	144	84 Po	167
11 Na	154	48 Cd	149	85 At	
12 Mg	160	49 In	163	86 Rn	n. a.
13 Al	143	50 Sn	141	87 Fr	ca. 220
14 Si	117	51 Sb	182	88 Ra	223
15 P	93	52 Te	143	89 Ac	188
16 S	104	53 I		90 Th	180
17 Cl		54 Xe	218	91 Pa	161
18 Ar	174	55 Cs	265.4	92 U	154
19 K	227	56 Ba	217	93 Np	150
20 Ca	197	57 La	188	94 Pu	
21 Sc	161	58 Ce	182.5	95 Am	173
22 Ti	145	59 Pr	183	96 Cm	174
23 V	132	60 Nd	182	97 Bk	170
24 Cr	125	61 Pm	181	98 Cf	169
25 Mn	124	62 Sm	180	99 Es	203
26 Fe	124	63 Eu	204	100 Fm	n. a.
27 Co	125	64 Gd	180	101 Md	
28 Ni	125	65 Tb	178	102 No	
29 Cu	128	66 Dy	177	103 Lr	n. a.
30 Zn	133	67 Ho	177	104 Rf	150 (est.)
31 Ga	122	68 Er	176	105 Db	139 (est.)
32 Ge	123	69 Tm	175	106 Sg	132 (est.)
33 As	125	70 Yb	194	107 Bh	128 (est.)
34 Se	215	71 Lu	173	108 Hs	126 (est.)
35 Br		72 Hf	156	109 Mt	
36 Kr		73 Ta	143		
37 Rb	247.5	74 W	137		

原 子 半 径 B

(pm)

$_{55}$Cs	265.4	$_{84}$Po	167	$_{2}$He	128
$_{37}$Rb	247.5	$_{49}$In	163	$_{29}$Cu	128
$_{19}$K	227	$_{21}$Sc	161	$_{107}$Bh	128 (est.)
$_{88}$Ra	223	$_{91}$Pa	161	$_{108}$Hs	126 (est.)
$_{87}$Fr	ca. 220	$_{12}$Mg	160	$_{24}$Cr	125
$_{54}$Xe	218	$_{40}$Zr	160	$_{27}$Co	125
$_{56}$Ba	217	$_{80}$Hg	160	$_{28}$Ni	125
$_{34}$Se	215	$_{72}$Hf	156	$_{33}$As	125
$_{38}$Sr	215	$_{83}$Bi	155	$_{25}$Mn	124
$_{63}$Eu	204	$_{11}$Na	154	$_{26}$Fe	124
$_{99}$Es	203	$_{92}$U	154	$_{32}$Ge	123
$_{20}$Ca	197	$_{3}$Li	152	$_{31}$Ga	122
$_{70}$Yb	194	$_{93}$Np	150	$_{14}$Si	117
$_{57}$La	188	$_{104}$Rf	150 (est.)	$_{4}$Be	113
$_{89}$Ac	188	$_{48}$Cd	149	$_{16}$S	104
$_{59}$Pr	183	$_{22}$Ti	145	$_{15}$P	93
$_{58}$Ce	182.5	$_{47}$Ag	144	$_{5}$B	83
$_{51}$Sb	182	$_{79}$Au	144	$_{1}$H	78
$_{60}$Nd	182	$_{13}$Al	143	$_{6}$C	77
$_{39}$Y	181	$_{41}$Nb	143	$_{7}$N	71
$_{61}$Pm	181	$_{52}$Te	143	$_{9}$F	70.9
$_{62}$Sm	180	$_{73}$Ta	143	$_{86}$Rn	n. a.
$_{64}$Gd	180	$_{50}$Sn	141	$_{100}$Fm	n. a.
$_{90}$Th	180	$_{105}$Db	139 (est.)	$_{103}$Lr	n. a.
$_{65}$Tb	178	$_{46}$Pd	138	$_{8}$O	
$_{66}$Dy	177	$_{78}$Pt	138	$_{10}$Ne	
$_{67}$Ho	177	$_{74}$W	137	$_{17}$Cl	
$_{68}$Er	176	$_{75}$Re	137	$_{35}$Br	
$_{69}$Tm	175	$_{42}$Mo	136	$_{36}$Kr	
$_{82}$Pb	175	$_{43}$Tc	136	$_{53}$I	
$_{18}$Ar	174	$_{77}$Ir	136	$_{85}$At	
$_{96}$Cm	174	$_{76}$Os	135	$_{94}$Pu	
$_{71}$Lu	173	$_{44}$Ru	134	$_{101}$Md	
$_{95}$Am	173	$_{45}$Rh	134	$_{102}$No	
$_{81}$Tl	170	$_{30}$Zn	133	$_{109}$Mt	
$_{97}$Bk	170	$_{23}$V	132		
$_{98}$Cf	169	$_{106}$Sg	132 (est.)		

共有結合半径 A

(pm)

1 H	30	38 Sr	192	75 Re	128
2 He		39 Y	162	76 Os	126
3 Li	123	40 Zr	145	77 Ir	126
4 Be	89	41 Nb	134	78 Pt	129
5 B	88	42 Mo	129	79 Au	134
6 C	77	43 Tc	n. a.	80 Hg	144
7 N	70	44 Ru	124	81 Tl	155
8 O	66	45 Rh	125	82 Pb	154
9 F	58	46 Pd	128	83 Bi	152
10 Ne		47 Ag	134	84 Po	153
11 Na	n. a.	48 Cd	141	85 At	n. a.
12 Mg	136	49 In	150	86 Rn	n. a.
13 Al	125	50 Sn	140	87 Fr	n. a.
14 Si	117	51 Sb	141	88 Ra	n. a.
15 P	110	52 Te	137	89 Ac	n. a.
16 S	104	53 I	133	90 Th	n. a.
17 Cl	99	54 Xe	209	91 Pa	n. a.
18 Ar		55 Cs	235	92 U	n. a.
19 K	203	56 Ba	198	93 Np	n. a.
20 Ca	174	57 La	169	94 Pu	n. a.
21 Sc	144	58 Ce	165	95 Am	n. a.
22 Ti	132	59 Pr	165	96 Cm	n. a.
23 V	n. a.	60 Nd	164	97 Bk	n. a.
24 Cr	n. a.	61 Pm	n. a.	98 Cf	n. a.
25 Mn	117	62 Sm	166	99 Es	n. a.
26 Fe	116	63 Eu	185	100 Fm	n. a.
27 Co	116	64 Gd	161	101 Md	n. a.
28 Ni	115	65 Tb	159	102 No	n. a.
29 Cu	117	66 Dy	159	103 Lr	n. a.
30 Zn	125	67 Ho	158	104 Rf	n. a.
31 Ga	125	68 Er	157	105 Db	n. a.
32 Ge	122	69 Tm	156	106 Sg	n. a.
33 As	121	70 Yb	170	107 Bh	n. a.
34 Se	117	71 Lu	153	108 Hs	n. a.
35 Br	114	72 Hf	144	109 Mt	n. a.
36 Kr	189	73 Ta	134		
37 Rb	n. a.	74 W	130		

共有結合半径 B

(pm)

$_{55}$Cs	235	$_{47}$Ag	134	$_{9}$F	58
$_{54}$Xe	209	$_{73}$Ta	134	$_{11}$Na	n. a.
$_{19}$K	203	$_{79}$Au	134	$_{23}$V	n. a.
$_{56}$Ba	198	$_{53}$I	133	$_{24}$Cr	n. a.
$_{38}$Sr	192	$_{22}$Ti	132	$_{37}$Rb	n. a.
$_{36}$Kr	189	$_{74}$W	130	$_{43}$Tc	n. a.
$_{63}$Eu	185	$_{42}$Mo	129	$_{61}$Pm	n. a.
$_{20}$Ca	174	$_{78}$Pt	129	$_{85}$At	n. a.
$_{70}$Yb	170	$_{46}$Pd	128	$_{86}$Rn	n. a.
$_{57}$La	169	$_{75}$Re	128	$_{87}$Fr	n. a.
$_{62}$Sm	166	$_{76}$Os	126	$_{88}$Ra	n. a.
$_{58}$Ce	165	$_{77}$Ir	126	$_{89}$Ac	n. a.
$_{59}$Pr	165	$_{13}$Al	125	$_{90}$Th	n. a.
$_{60}$Nd	164	$_{30}$Zn	125	$_{91}$Pa	n. a.
$_{39}$Y	162	$_{31}$Ga	125	$_{92}$U	n. a.
$_{64}$Gd	161	$_{45}$Rh	125	$_{93}$Np	n. a.
$_{65}$Tb	159	$_{44}$Ru	124	$_{94}$Pu	n. a.
$_{66}$Dy	159	$_{3}$Li	123	$_{95}$Am	n. a.
$_{67}$Ho	158	$_{32}$Ge	122	$_{96}$Cm	n. a.
$_{68}$Er	157	$_{33}$As	121	$_{97}$Bk	n. a.
$_{69}$Tm	156	$_{14}$Si	117	$_{98}$Cf	n. a.
$_{81}$Tl	155	$_{25}$Mn	117	$_{99}$Es	n. a.
$_{82}$Pb	154	$_{29}$Cu	117	$_{100}$Fm	n. a.
$_{71}$Lu	153	$_{34}$Se	117	$_{101}$Md	n. a.
$_{84}$Po	153	$_{26}$Fe	116	$_{102}$No	n. a.
$_{83}$Bi	152	$_{27}$Co	116	$_{103}$Lr	n. a.
$_{49}$In	150	$_{28}$Ni	115	$_{104}$Rf	n. a.
$_{40}$Zr	145	$_{35}$Br	114	$_{105}$Db	n. a.
$_{21}$Sc	144	$_{15}$P	110	$_{106}$Sg	n. a.
$_{72}$Hf	144	$_{16}$S	104	$_{107}$Bh	n. a.
$_{80}$Hg	144	$_{17}$Cl	99	$_{108}$Hs	n. a.
$_{48}$Cd	141	$_{4}$Be	89	$_{109}$Mt	n. a.
$_{51}$Sb	141	$_{5}$B	88	$_{2}$He	
$_{50}$Sn	140	$_{6}$C	77	$_{10}$Ne	
$_{52}$Te	137	$_{7}$N	70	$_{18}$Ar	
$_{12}$Mg	136	$_{8}$O	66		
$_{41}$Nb	134	$_{1}$H	30		

ファンデルワールス半径 A

(pm)

1 H	120	38 Sr		75 Os	
2 He	122	39 Y		76 Ir	
3 Li		40 Zr		77 Pt	
4 Be		41 Nb		78 Au	
5 B	208	42 Mo		79 Hg	
6 C	185	43 Tc		80 Tl	
7 N	154	44 Ru		81 Pb	
8 O	140	45 Rh		82 Bi	240
9 F	135	46 Ag		83 Po	
10 Ne	160	47 Cd		84 At	
11 Na	231	48 In		85 Rn	
12 Mg		49 Sn	200	86 Fr	
13 Al	205	50 Sb	220	87 Ra	
14 Si	200	51 Te	220	88 Ac	
15 P	190	52 I	215	89 Th	
16 S	185	53 Xe	216	90 Pa	
17 Cl	181	54 Cs	262	91 Pd	
18 Ar	191	55 Ba		92 U	
19 K	231	56 La		93 Np	
20 Ca		57 Ce		94 Pu	
21 Sc		58 Pr		95 Am	
22 Ti		59 Nd		96 Cm	
23 V		60 Pm		97 Bk	
24 Cr		61 Sm		98 Cf	
25 Mn		62 Eu		99 Es	
26 Fe		63 Gd		100 Fm	
27 Co		64 Tb		101 Md	
28 Ni		65 Dy		102 No	
29 Cu		66 Ho		103 Lr	
30 Zn		67 Er		104 Rf	
31 Ga		68 Tm		105 Db	
32 Ge		69 Yb		106 Sg	
33 As	200	70 Lu		107 Bh	
34 Se	200	71 Hf		108 Hs	
35 Br	195	72 Ta		109 Mt	
36 Kr	198	73 W			
37 Rb	244	74 Re			

ファンデルワールス半径 B

(pm)

$_{54}$Cs	262	$_{26}$Fe	$_{68}$W
$_{37}$Rb	244	$_{27}$Co	$_{69}$Re
$_{82}$Bi	240	$_{28}$Ni	$_{70}$Os
$_{11}$Na	231	$_{29}$Cu	$_{71}$Ir
$_{19}$K	231	$_{30}$Zn	$_{72}$Pt
$_{50}$Sb	220	$_{31}$Ga	$_{73}$Au
$_{51}$Te	220	$_{32}$Ge	$_{74}$Hg
$_{53}$Xe	216	$_{38}$Sr	$_{75}$Tl
$_{52}$I	215	$_{39}$Y	$_{76}$Pb
$_{5}$B	208	$_{40}$Zr	$_{77}$Po
$_{13}$Al	205	$_{41}$Nb	$_{78}$At
$_{14}$Si	200	$_{42}$Mo	$_{79}$Rn
$_{33}$As	200	$_{43}$Tc	$_{80}$Fr
$_{34}$Se	200	$_{44}$Ru	$_{81}$Ra
$_{49}$Sn	200	$_{45}$Rh	$_{82}$Ac
$_{36}$Kr	198	$_{46}$Pd	$_{83}$Th
$_{35}$Br	195	$_{47}$Ag	$_{84}$Pa
$_{18}$Ar	191	$_{48}$Cd	$_{85}$U
$_{15}$P	190	$_{49}$In	$_{93}$Np
$_{6}$C	185	$_{50}$Ba	$_{94}$Pu
$_{16}$S	185	$_{51}$La	$_{95}$Am
$_{17}$Cl	181	$_{52}$Ce	$_{96}$Cm
$_{10}$Ne	160	$_{53}$Pr	$_{97}$Bk
$_{7}$N	154	$_{54}$Nd	$_{98}$Cf
$_{8}$O	140	$_{55}$Pm	$_{99}$Es
$_{9}$F	135	$_{56}$Sm	$_{100}$Fm
$_{2}$He	122	$_{57}$Eu	$_{101}$Md
$_{1}$H	120	$_{58}$Gd	$_{102}$No
$_{3}$Li		$_{59}$Tb	$_{103}$Lr
$_{4}$Be		$_{60}$Dy	$_{104}$Rf
$_{12}$Mg		$_{61}$Ho	$_{105}$Db
$_{20}$Ca		$_{62}$Er	$_{106}$Sg
$_{21}$Sc		$_{63}$Tm	$_{107}$Bh
$_{22}$Ti		$_{64}$Yb	$_{108}$Hs
$_{23}$V		$_{65}$Lu	$_{109}$Mt
$_{24}$Cr		$_{66}$Hf	
$_{25}$Mn		$_{67}$Ta	

イオン半径A

(pm)

酸化数	+8	+7	+6	+5	+4	+3	+2	+1	0	−1	−2	−3	−4
$_{1}$H								<1	78	154			
$_{2}$He									128				
$_{3}$Li								78	152				
$_{4}$Be							34		113				
$_{5}$B						23			83				
$_{6}$C					15								260
$_{7}$N				13					71			146	
$_{8}$O								22			132		
$_{9}$F									70.9	133			
$_{10}$Ne									160				
$_{11}$Na								98	154				
$_{12}$Mg							79		160				
$_{13}$Al						57			143				
$_{14}$Si					26				117				271
$_{15}$P				17		44						212	
$_{16}$S			29		37				104		184		
$_{17}$Cl		8		12						181			
$_{18}$Ar									174				
$_{19}$K								133	227				
$_{20}$Ca							106		197				
$_{21}$Sc						83			161				
$_{22}$Ti					69		80		145				
$_{23}$V				59	61	65	72		132				
$_{24}$Cr			26		56	64	84		125				
$_{25}$Mn		25	26		52	70	91		124				
$_{26}$Fe						67	82		124				
$_{27}$Co						64	82		116				
$_{28}$Ni						62	78		125				
$_{29}$Cu							72	96	128				

酸化数	+8	+7	+6	+5	+4	+3	+2	+1	0	−1	−2	−3	−4
$_{30}$Zn							83		133				
$_{31}$Ga						62		113	122				
$_{32}$Ge					90		73		123				272
$_{33}$As				46		69			125			220 ?	
$_{34}$Se			28		69				215		191		
$_{35}$Br		25								196			
$_{36}$Kr									198				
$_{37}$Rb								149	247.5				
$_{38}$Sr							127		215				
$_{39}$Y						106			181				
$_{40}$Zr					87		109		160				
$_{41}$Nb				64	70	74			143				
$_{42}$Mo			59	61	65	69	92		136				
$_{43}$Tc		56			72		95		136				
$_{44}$Ru				54	65	77			134				
$_{45}$Rh					67	75	86		134				
$_{46}$Pd					64	76	86		138				
$_{47}$Ag						67	89	113	144				
$_{48}$Cd							103		149				
$_{49}$In						92		132	163				
$_{50}$Sn					74		96		141				294
$_{51}$Sb				62		89			182			245	
$_{52}$Te			56		97				143		211		
$_{53}$I		44		46						196			
$_{54}$Xe								190	218				
$_{55}$Cs								165	265.4				
$_{56}$Ba							143		217				
$_{57}$La						122			188				
$_{58}$Ce					94	107			182.5				
$_{59}$Pr					92	106			183				
$_{60}$Nd						104			182				

酸化数	+8	+7	+6	+5	+4	+3	+2	+1	0	−1	−2	−3	−4
$_{61}$Pm						106			181				
$_{62}$Sm						100	118		180				
$_{63}$Eu						98	117		204				
$_{64}$Gd						97			180				
$_{65}$Tb					81	97			178				
$_{66}$Dy						91			177				
$_{67}$Ho						89			177				
$_{68}$Er						89			176				
$_{69}$Tm					87	94			175				
$_{70}$Yb						86	113		194				
$_{71}$Lu						85			173				
$_{72}$Hf					84				156				
$_{73}$Ta				64	68	72			143				
$_{74}$W			60	62	68				137				
$_{75}$Re		53	61		72				137				
$_{76}$Os				67	81	89			135				
$_{77}$Ir					63	68			136				
$_{78}$Pt					63		80		138				
$_{79}$Au						91		137	144				
$_{80}$Hg							112	127	160				
$_{81}$Tl						105		149	170				
$_{82}$Pb					84		132		175				
$_{83}$Bi				74		96			155				
$_{84}$Po					65				167		230		
$_{85}$At				57						227			
$_{86}$Rn													
$_{87}$Fr								180	270				
$_{88}$Ra							152		223				
$_{89}$Ac						118			188				
$_{90}$Th					99	101			180				
$_{91}$Pa				89	98	113			161				

酸化数	+8	+7	+6	+5	+4	+3	+2	+1	0	−1	−2	−3	−4
$_{92}\mathrm{U}$			80	89	97	103			154				
$_{93}\mathrm{Np}$			82	88	95	110			150				
$_{94}\mathrm{Pu}$			81	87	93	108							
$_{95}\mathrm{Am}$			80	86	92	107			173				
$_{96}\mathrm{Cm}$					88	99	119		174				
$_{97}\mathrm{Bk}$					87	98	118		170				
$_{98}\mathrm{Cf}$					86	98	117		169				
$_{99}\mathrm{Es}$					85	98	117		203				
$_{100}\mathrm{Fm}$					84	91	115						
$_{101}\mathrm{Md}$					84	90	114						
$_{102}\mathrm{No}$					83	95	113						
$_{103}\mathrm{Lr}$					83	88	112						
$_{104}\mathrm{Rf}$					67				150				
$_{105}\mathrm{Db}$				68					139				
$_{106}\mathrm{Sg}$				86					132				
$_{107}\mathrm{Bh}$				83					128				
$_{108}\mathrm{Hs}$					80				126				
$_{109}\mathrm{Mt}$						83							

イオン半径B

(pm)

酸化数 +1

Xe (I)	190
Fr (I)	180
Cs (I)	165
Rb (I)	149
Tl (I)	149
Au (I)	137
K (I)	133
In (I)	132
Hg (I)	127
Ga (I)	113
Ag (I)	113
Na (I)	98
Cu (I)	96
Li (I)	78
O (I)	22
H (I)	<1

酸化数 +2

Ra (II)	152
Ba (II)	143
Pb (II)	132
Sr (II)	127
Cm (II)	119
Sm (II)	118
Bk (II)	118
Eu (II)	117
Cf (II)	117
Es (II)	117
Fm (II)	115
Md (II)	114
Yd (II)	113
No (II)	113
Hg (II)	112
Lr (II)	112
Zr (II)	109
Ca (II)	106
Cd (II)	103
Sn (II)	96
Tc (II)	95
Mo (II)	92
Mn (II)	91
Ag (II)	89
Rh (II)	86
Pd (II)	86
Cr (II)	84
Zn (II)	83
Fe (II)	82
Co (II)	82
Ti (II)	80
Pt (II)	80
Mg (II)	79
Ni (II)	78
Ge (II)	73
V (II)	72
Cu (II)	72
Be (II)	34

酸化数 +3

La (III)	122
Ac (III)	118
Pa (III)	113
Np (III)	110
Pu (III)	108
Ce (III)	107
Am (III)	107
Y (III)	106
Pr (III)	106
Pm (III)	106
Tl (III)	105
Nd (III)	104
U (III)	103
Th (III)	101
Sm (III)	100
Cm (III)	99
Eu (III)	98
Bk (III)	98
Cf (III)	98
Es (III)	98
Gd (III)	97
Tb (III)	97
Bi (III)	96
No (III)	95
Tm (III)	94
In (III)	92
Dy (III)	91
Au (III)	91
Fm (III)	91
Md (III)	90
Sb (III)	89
Ho (III)	89
Er (III)	89
Os (III)	89
Lr (III)	88
Yb (III)	86
Lu (III)	85
Sc (III)	83
Mt (III)	83
Ru (III)	77
Pd (III)	76
Rh (III)	75
Nb (III)	74
Ta (III)	72
Mn (III)	70
As (III)	69
Mo (III)	69
Ir (III)	68
Fe (III)	67
Ag (III)	67
V (III)	65
Cr (III)	64
Co (III)	64
Ni (III)	62
Ga (III)	62
Al (III)	57
P (III)	44
B (III)	23

酸化数　+4	
Th (IV)	99
Pa (IV)	98
Te (IV)	97
U (IV)	97
Np (IV)	95
Ce (IV)	94
Pu (IV)	93
Pr (IV)	92
Am (IV)	92
Ge (IV)	90
Cm (IV)	88
Zr (IV)	87
Tm (IV)	87
Bk (IV)	87
Cf (IV)	86
Es (IV)	85
Hf (IV)	84
Pb (IV)	84
Fm (IV)	84
Md (IV)	84
No (IV)	83
Lr (IV)	83
Tb (IV)	81
Os (IV)	81
Hs (IV)	80
Sn (IV)	74
Tc (IV)	72
Re (IV)	72
Nb (IV)	70
Ti (IV)	69
Se (IV)	69
Ta (IV)	68
W (IV)	68
Rh (IV)	67
Rf (IV)	67
Mo (IV)	65
Ru (IV)	65
Po (IV)	65
Pd (IV)	64
Ir (IV)	63
Pt (IV)	63
V (IV)	61
Cr (IV)	56
Mn (IV)	52
S (IV)	37
Si (IV)	26
C (IV)	15
酸化数　+5	
Pa (V)	89
U (V)	89
Np (V)	88
Pu (V)	87
Am (V)	86
Sg (V)	86
Bh (V)	83
Bi (V)	74
Db (V)	68
Os (V)	67
Nb (V)	64
Ta (V)	64
Sb (V)	62
W (V)	62
Mo (V)	61
V (V)	59
At (V)	57
Ru (V)	54
As (V)	46
I (V)	46
P (V)	17
N (V)	13
Cl (V)	12
酸化数　+6	
Np (VI)	82
Pu (VI)	81
U (VI)	80
Am (VI)	80
Re (VI)	61
W (VI)	60
Mo (VI)	59
Te (VI)	56
S (VI)	29
Se (VI)	28
Cr (VI)	26
Mn (VI)	26
酸化数　+7	
Tc (VII)	56
Re (VII)	53
I (VII)	44
Mn (VII)	25
Br (VII)	25
Cl (VII)	8
酸化数　−4	
Sn (−IV)	294
Ge (−IV)	272
Si (−IV)	271
C (−IV)	260
酸化数　−3	
Sb (−III)	245
As (−III)	220 ?
P (−III)	212
N (−III)	146
酸化数　−2	
Po (−II)	230
Te (−II)	211
Se (−II)	191
S (−II)	184
O (−II)	132
酸化数　−1	
At (−I)	227
Br (−I)	196
I (−I)	196
Cl (−I)	181
H (−I)	154
F (−I)	133

電気陰性度（ポーリング）A

(eV)

$_{1}$H	2.20	$_{38}$Sr	0.95	$_{75}$Re	1.90
$_{2}$He	n. a.	$_{39}$Y	1.22	$_{76}$Os	2.20
$_{3}$Li	0.98	$_{40}$Zr	1.33	$_{77}$Ir	2.20
$_{4}$Be	1.57	$_{41}$Nb	1.60	$_{78}$Pt	2.28
$_{5}$B	2.04	$_{42}$Mo	2.16	$_{79}$Au	2.54
$_{6}$C	2.55	$_{43}$Tc	1.90	$_{80}$Hg	2.00
$_{7}$N	3.04	$_{44}$Ru	2.20	$_{81}$Tl	1.62
$_{8}$O	3.44	$_{45}$Rh	2.28	$_{82}$Pb	2.33
$_{9}$F	3.98	$_{46}$Pd	2.20	$_{83}$Bi	2.02
$_{10}$Ne	n. a.	$_{47}$Ag	1.93	$_{84}$Po	2.00
$_{11}$Na	0.93	$_{48}$Cd	1.69	$_{85}$At	2.20
$_{12}$Mg	1.31	$_{49}$In	1.78	$_{86}$Rn	n. a.
$_{13}$Al	1.61	$_{50}$Sn	1.96	$_{87}$Fr	0.70
$_{14}$Si	1.90	$_{51}$Sb	2.05	$_{88}$Ra	0.89
$_{15}$P	2.19	$_{52}$Te	2.10	$_{89}$Ac	1.10
$_{16}$S	2.58	$_{53}$I	2.66	$_{90}$Th	1.30
$_{17}$Cl	3.16	$_{54}$Xe	2.60	$_{91}$Pa	1.50
$_{18}$Ar	n. a.	$_{55}$Cs	0.79	$_{92}$U	1.38
$_{19}$K	0.82	$_{56}$Ba	0.89	$_{93}$Np	1.36
$_{20}$Ca	1.00	$_{57}$La	1.10	$_{94}$Pu	1.28
$_{21}$Sc	1.36	$_{58}$Ce	1.12	$_{95}$Am	1.30
$_{22}$Ti	1.54	$_{59}$Pr	1.13	$_{96}$Cm	1.30
$_{23}$V	1.63	$_{60}$Nd	1.14	$_{97}$Bk	1.30
$_{24}$Cr	1.66	$_{61}$Pm	n. a.	$_{98}$Cf	1.30
$_{25}$Mn	1.55	$_{62}$Sm	1.17	$_{99}$Es	1.30
$_{26}$Fe	1.83	$_{63}$Eu	n. a.	$_{100}$Fm	1.30
$_{27}$Co	1.88	$_{64}$Gd	1.20	$_{101}$Md	1.30
$_{28}$Ni	1.91	$_{65}$Tb	n. a.	$_{102}$No	1.30
$_{29}$Cu	1.90	$_{66}$Dy	1.22	$_{103}$Lr	1.30
$_{30}$Zn	1.65	$_{67}$Ho	1.23	$_{104}$Rf	n. a.
$_{31}$Ga	1.81	$_{68}$Er	1.24	$_{105}$Db	n. a.
$_{32}$Ge	2.01	$_{69}$Tm	1.25	$_{106}$Sg	n. a.
$_{33}$As	2.18	$_{70}$Yb	n. a.	$_{107}$Bh	n. a.
$_{34}$Se	2.55	$_{71}$Lu	1.27	$_{108}$Hs	n. a.
$_{35}$Br	2.96	$_{72}$Hf	1.30	$_{109}$Mt	n. a.
$_{36}$Kr	n. a.	$_{73}$Ta	1.50		
$_{37}$Rb	0.82	$_{74}$W	2.36		

電気陰性度(ポーリング)B

(eV)

9 F	3.98	75 Re	1.90	67 Ho	1.23
8 O	3.44	27 Co	1.88	39 Y	1.22
17 Cl	3.16	26 Fe	1.83	66 Dy	1.22
7 N	3.04	31 Ga	1.81	64 Gd	1.20
35 Br	2.96	49 In	1.78	62 Sm	1.17
53 I	2.66	48 Cd	1.69	60 Nd	1.14
54 Xe	2.60	24 Cr	1.66	59 Pr	1.13
16 S	2.58	30 Zn	1.65	58 Ce	1.12
6 C	2.55	23 V	1.63	57 La	1.10
34 Se	2.55	81 Tl	1.62	89 Ac	1.10
79 Au	2.54	13 Al	1.61	20 Ca	1.00
74 W	2.36	41 Nb	1.60	3 Li	0.98
82 Pb	2.33	4 Be	1.57	38 Sr	0.95
45 Rh	2.28	25 Mn	1.55	11 Na	0.93
78 Pt	2.28	22 Ti	1.54	56 Ba	0.89
1 H	2.20	73 Ta	1.50	88 Ra	0.89
44 Ru	2.20	91 Pa	1.50	19 K	0.82
46 Pd	2.20	92 U	1.38	37 Rb	0.82
76 Os	2.20	21 Sc	1.36	55 Cs	0.79
77 Ir	2.20	93 Np	1.36	87 Fr	0.70
85 At	2.20	40 Zr	1.33	2 He	n. a.
15 P	2.19	12 Mg	1.31	10 Ne	n. a.
33 As	2.18	72 Hf	1.30	18 Ar	n. a.
42 Mo	2.16	90 Th	1.30	36 Kr	n. a.
52 Te	2.10	95 Am	1.30	61 Pm	n. a.
51 Sb	2.05	96 Cm	1.30	63 Eu	n. a.
5 B	2.04	97 Bk	1.30	65 Tb	n. a.
83 Bi	2.02	98 Cf	1.30	70 Yb	n. a.
32 Ge	2.01	99 Es	1.30	86 Rn	n. a.
80 Hg	2.00	100 Fm	1.30	104 Rf	n. a.
84 Po	2.00	101 Md	1.30	105 Db	n. a.
50 Sn	1.96	102 No	1.30	106 Sg	n. a.
47 Ag	1.93	103 Lr	1.30	107 Bh	n. a.
28 Ni	1.91	94 Pu	1.28	108 Hs	n. a.
14 Si	1.90	71 Lu	1.27	109 Mt	n. a.
29 Cu	1.90	69 Tm	1.25		
43 Tc	1.90	68 Er	1.24		

電気陰性度（オールレッド）A

(eV)

1 H	2.20	38 Sr	0.99	75 Re	1.46
2 He	5.50	39 Y	1.11	76 Os	1.52
3 Li	0.97	40 Zr	1.22	77 Ir	1.55
4 Be	1.47	41 Nb	1.23	78 Pt	1.44
5 B	2.01	42 Mo	1.30	79 Au	1.42
6 C	2.60	43 Tc	1.36	80 Hg	1.44
7 N	3.07	44 Ru	1.42	81 Tl	1.44
8 O	3.50	45 Rh	1.45	82 Pb	1.55
9 F	4.10	46 Pd	1.35	83 Bi	1.67
10 Ne	4.84	47 Ag	1.42	84 Po	1.76
11 Na	1.01	48 Cd	1.46	85 At	1.96
12 Mg	1.23	49 In	1.49	86 Rn	2.06
13 Al	1.47	50 Sn	1.72	87 Fr	0.86
14 Si	1.74	51 Sb	1.82	88 Ra	0.97
15 P	2.06	52 Te	2.01	89 Ac	1.00
16 S	2.44	53 I	2.21	90 Th	1.11
17 Cl	2.83	54 Xe	2.40	91 Pa	1.014
18 Ar	3.20	55 Cs	0.86	92 U	1.22
19 K	0.91	56 Ba	0.97	93 Np	1.22
20 Ca	1.04	57 La	1.08	94 Pu	1.22
21 Sc	1.20	58 Ce	1.06	95 Am	1.2 (est.)
22 Ti	1.32	59 Pr	1.07	96 Cm	1.2 (est.)
23 V	1.45	60 Nd	1.07	97 Bk	1.2 (est.)
24 Cr	1.56	61 Pm	1.07	98 Cf	1.2 (est.)
25 Mn	1.60	62 Sm	1.07	99 Es	1.2 (est.)
26 Fe	1.64	63 Eu	1.01	100 Fm	1.2 (est.)
27 Co	1.70	64 Gd	1.11	101 Md	1.2 (est.)
28 Ni	1.75	65 Tb	1.10	102 No	1.2 (est.)
29 Cu	1.75	66 Dy	1.10	103 Lr	n. a.
30 Zn	1.66	67 Ho	1.10	104 Rf	n. a.
31 Ga	1.82	68 Er	1.14	105 Db	n. a.
32 Ge	2.02	69 Tm	1.11	106 Sg	n. a.
33 As	2.20	70 Yb	1.06	107 Bh	n. a.
34 Se	2.48	71 Lu	1.14	108 Hs	n. a.
35 Br	2.74	72 Hf	1.23	109 Mt	n. a.
36 Kr	2.94	73 Ta	1.33		
37 Rb	0.89	74 W	1.40		

電気陰性度（オールレッド）B

(eV)

2 He	5.50	76 Os	1.52	71 Lu	1.14
10 Ne	4.84	49 In	1.49	39 Y	1.11
9 F	4.10	4 Be	1.47	64 Gd	1.11
8 O	3.50	13 Al	1.47	69 Tm	1.11
18 Ar	3.20	48 Cd	1.46	90 Th	1.11
7 N	3.07	75 Re	1.46	65 Tb	1.10
36 Kr	2.94	23 V	1.45	66 Dy	1.10
17 Cl	2.83	45 Rh	1.45	67 Ho	1.10
35 Br	2.74	78 Pt	1.44	57 La	1.08
6 C	2.60	80 Hg	1.44	59 Pr	1.07
34 Se	2.48	81 Tl	1.44	60 Nd	1.07
16 S	2.44	44 Ru	1.42	61 Pm	1.07
54 Xe	2.40	47 Ag	1.42	62 Sm	1.07
53 I	2.21	79 Au	1.42	58 Ce	1.06
1 H	2.20	74 W	1.40	70 Yb	1.06
33 As	2.20	43 Tc	1.36	20 Ca	1.04
15 P	2.06	46 Pd	1.35	91 Pa	1.014
86 Rn	2.06	73 Ta	1.33	11 Na	1.01
32 Ge	2.02	22 Ti	1.32	63 Eu	1.01
5 B	2.01	42 Mo	1.30	89 Ac	1.00
52 Te	2.01	12 Mg	1.23	38 Sr	0.99
85 At	1.96	41 Nb	1.23	3 Li	0.97
31 Ga	1.82	72 Hf	1.23	56 Ba	0.97
51 Sb	1.82	40 Zr	1.22	88 Ra	0.97
84 Po	1.76	92 U	1.22	19 K	0.91
28 Ni	1.75	93 Np	1.22	37 Rb	0.89
29 Cu	1.75	94 Pu	1.22	55 Cs	0.86
14 Si	1.74	21 Sc	1.20	87 Fr	0.86
50 Sn	1.72	95 Am	1.2 (est.)	103 Lr	n. a.
27 Co	1.70	96 Cm	1.2 (est.)	104 Rf	n. a.
83 Bi	1.67	97 Bk	1.2 (est.)	105 Db	n. a.
30 Zn	1.66	98 Cf	1.2 (est.)	106 Sg	n. a.
26 Fe	1.64	99 Es	1.2 (est.)	107 Bh	n. a.
25 Mn	1.60	100 Fm	1.2 (est.)	108 Hs	n. a.
24 Cr	1.56	101 Md	1.2 (est.)	109 Mt	n. a.
77 Ir	1.55	102 No	1.2 (est.)		
82 Pb	1.55	68 Er	1.14		

電気陰性度（ピアソン〔絶対陰性度〕）A

(eV)

1 H	7.18	33 As	5.30	65 Tb	<3.2
2 He	12.30	34 Se	5.89	66 Dy	n. a.
3 Li	3.01	35 Br	7.59	67 Ho	<3.3
4 Be	4.90	36 Kr	6.80	68 Er	<3.3
5 B	4.29	37 Rb	2.34	69 Tm	<3.4
6 C	6.27	38 Sr	2.00	70 Yb	<3.5
7 N	7.30	39 Y	3.19	71 Lu	<3.0
8 O	7.54	40 Zr	3.64	72 Hf	3.80
9 F	10.41	41 Nb	4.00	73 Ta	4.11
10 Ne	10.60	42 Mo	3.90	74 W	4.40
11 Na	2.85	43 Tc	3.91	75 Re	4.02
12 Mg	3.75	44 Ru	4.50	76 Os	4.90
13 Al	3.23	45 Rh	4.30	77 Ir	5.40
14 Si	4.77	46 Pd	4.45	78 Pt	5.60
15 P	5.62	47 Ag	4.44	79 Au	5.77
16 S	6.22	48 Cd	4.33	80 Hg	4.91
17 Cl	8.30	49 In	3.10	81 Tl	3.20
18 Ar	7.70	50 Sn	4.30	82 Pb	3.90
19 K	2.42	51 Sb	4.85	83 Bi	4.69
20 Ca	2.20	52 Te	5.49	84 Po	5.16
21 Sc	3.34	53 I	6.76	85 At	6.20
22 Ti	3.45	54 Xe	5.85	86 Rn	5.10
23 V	3.60	55 Cs	2.18	87 Fr	n. a.
24 Cr	3.72	56 Ba	2.40	88 Ra	n. a.
25 Mn	3.72	57 La	3.10	89 Ac	5.30
26 Fe	4.06	58 Ce	<3.0	90 Th	n. a.
27 Co	4.30	59 Pr	<3.0	91 Pa	n. a.
28 Ni	4.40	60 Nd	<3.0	92 U	n. a.
29 Cu	4.48	61 Pm	<3.0	93 Np	n. a.
30 Zn	4.45	62 Sm	<3.1	94 Pu	n. a.
31 Ga	3.20	63 Eu	<3.1	99 Es	<3.5
32 Ge	4.60	64 Gd	n. a.	100 Fm	<3.5

電気陰性度（ピアソン〔絶対陰性度〕）B

(eV)

${}_{2}$He	12.30	${}_{44}$Ru	4.50	${}_{68}$Er	<3.3
${}_{10}$Ne	10.60	${}_{29}$Cu	4.48	${}_{13}$Al	3.23
${}_{9}$F	10.41	${}_{30}$Zn	4.45	${}_{31}$Ga	3.20
${}_{17}$Cl	8.30	${}_{46}$Pd	4.45	${}_{65}$Tb	<3.2
${}_{18}$Ar	7.70	${}_{47}$Ag	4.44	${}_{81}$Tl	3.20
${}_{35}$Br	7.59	${}_{28}$Ni	4.40	${}_{39}$Y	3.19
${}_{8}$O	7.54	${}_{74}$W	4.40	${}_{49}$In	3.10
${}_{7}$N	7.30	${}_{48}$Cd	4.33	${}_{57}$La	3.10
${}_{1}$H	7.18	${}_{27}$Co	4.30	${}_{62}$Sm	<3.1
${}_{36}$Kr	6.80	${}_{45}$Rh	4.30	${}_{63}$Eu	<3.1
${}_{53}$I	6.76	${}_{50}$Sn	4.30	${}_{3}$Li	3.01
${}_{6}$C	6.27	${}_{5}$B	4.29	${}_{58}$Ce	<3.0
${}_{16}$S	6.22	${}_{73}$Ta	4.11	${}_{59}$Pr	<3.0
${}_{85}$At	6.20	${}_{26}$Fe	4.06	${}_{60}$Nd	<3.0
${}_{34}$Se	5.89	${}_{75}$Re	4.02	${}_{61}$Pm	<3.0
${}_{54}$Xe	5.85	${}_{41}$Nb	4.00	${}_{71}$Lu	<3.0
${}_{79}$Au	5.77	${}_{43}$Tc	3.91	${}_{11}$Na	2.85
${}_{15}$P	5.62	${}_{42}$Mo	3.90	${}_{19}$K	2.42
${}_{78}$Pt	5.60	${}_{82}$Pb	3.90	${}_{56}$Ba	2.40
${}_{52}$Te	5.49	${}_{72}$Hf	3.80	${}_{37}$Rb	2.34
${}_{77}$Ir	5.40	${}_{12}$Mg	3.75	${}_{20}$Ca	2.20
${}_{33}$As	5.30	${}_{24}$Cr	3.72	${}_{55}$Cs	2.18
${}_{89}$Ac	5.30	${}_{25}$Mn	3.72	${}_{38}$Sr	2.00
${}_{84}$Po	5.16	${}_{40}$Zr	3.64	${}_{64}$Gd	n. a.
${}_{86}$Rn	5.10	${}_{23}$V	3.60	${}_{66}$Dy	n. a.
${}_{80}$Hg	4.91	${}_{70}$Yb	<3.5	${}_{87}$Fr	n. a.
${}_{4}$Be	4.90	${}_{99}$Es	<3.5	${}_{88}$Ra	n. a.
${}_{76}$Os	4.90	${}_{100}$Fm	<3.5	${}_{90}$Th	n. a.
${}_{51}$Sb	4.85	${}_{22}$Ti	3.45	${}_{91}$Pa	n. a.
${}_{14}$Si	4.77	${}_{69}$Tm	<3.4	${}_{92}$U	n. a.
${}_{83}$Bi	4.69	${}_{21}$Sc	3.34	${}_{93}$Np	n. a.
${}_{32}$Ge	4.60	${}_{67}$Ho	<3.3	${}_{94}$Pu	n. a.

電気陰性度(サンダーソン)A

(e/Å^3)

1 H	3.55	33 As	3.91	65 Tb	0.97
2 He	n. a.	34 Se	4.25	66 Dy	0.98
3 Li	0.74	35 Br	4.53	67 Ho	0.98
4 Be	2.39	36 Kr	4.81	68 Er	0.99
5 B	2.84	37 Rb	0.33	69 Tm	0.99
6 C	3.79	38 Sr	1.00	70 Yb	0.99
7 N	4.49	39 Y	1.05	71 Lu	1.00
8 O	5.21	40 Zr	1.10	72 Hf	1.05
9 F	5.75	41 Nb	1.36	73 La	1.21
10 Ne	n. a.	42 Mo	1.62	74 W	1.39
11 Na	0.70	43 Tc	1.80	75 Re	1.53
12 Mg	1.99	44 Ru	1.95	76 Os	1.67
13 Al	2.25	45 Rh	2.10	77 Ir	1.78
14 Si	2.62	46 Pd	2.29	78 Pt	1.91
15 P	3.34	47 Ag	2.57	79 Au	2.57
16 S	4.11	48 Cd	2.59	80 Hg	2.93
17 Cl	4.93	49 In	2.86	81 Tl	3.02
18 Ar	n. a.	50 Sn	3.10	82 Pb	3.08
19 K	0.41	51 Sb	3.37	83 Bi	3.16
20 Ca	1.22	52 Te	3.62	84 Po	n. a.
21 Sc	1.30	53 I	3.84	85 At	n. a.
22 Ti	1.40	54 Xe	4.06	86 Rn	n. a.
23 V	1.60	55 Cs	0.29	87 Fr	n. a.
24 Cr	1.88	56 Ba	0.78	88 Ra	n. a.
25 Mn	2.07	57 La	0.88	89 Ac	n. a.
26 Fe	2.10	58 Ce	0.90	90 Th	n. a.
27 Co	2.10	59 Pr	0.91	91 Pa	n. a.
28 Ni	2.10	60 Nd	0.92	92 U	n. a.
29 Cu	2.60	61 Pm	0.93	93 Np	n. a.
30 Zn	2.84	62 Sm	0.94	94 Pu	n. a.
31 Ga	3.23	63 Eu	0.95		
32 Ge	3.59	64 Gd	0.96		

電気陰性度（サンダーソン）B

(e/Å³)

$_{9}$F	5.75	$_{46}$Pd	2.29	$_{67}$Ho	0.98
$_{8}$O	5.21	$_{13}$Al	2.25	$_{65}$Tb	0.97
$_{17}$Cl	4.93	$_{26}$Fe	2.10	$_{64}$Gd	0.96
$_{36}$Kr	4.81	$_{27}$Co	2.10	$_{63}$Eu	0.95
$_{35}$Br	4.53	$_{28}$Ni	2.10	$_{62}$Sm	0.94
$_{7}$N	4.49	$_{45}$Rh	2.10	$_{61}$Pm	0.93
$_{34}$Se	4.25	$_{25}$Mn	2.07	$_{60}$Nd	0.92
$_{16}$S	4.11	$_{12}$Mg	1.99	$_{59}$Pr	0.91
$_{54}$Xe	4.06	$_{44}$Ru	1.95	$_{58}$Ce	0.90
$_{33}$As	3.91	$_{78}$Pt	1.91	$_{57}$La	0.88
$_{53}$I	3.84	$_{24}$Cr	1.88	$_{56}$Ba	0.78
$_{6}$C	3.79	$_{43}$Tc	1.80	$_{3}$Li	0.74
$_{52}$Te	3.62	$_{77}$Ir	1.78	$_{11}$Na	0.70
$_{32}$Ge	3.59	$_{76}$Os	1.67	$_{19}$K	0.41
$_{1}$H	3.55	$_{42}$Mo	1.62	$_{37}$Rb	0.33
$_{51}$Sb	3.37	$_{23}$V	1.60	$_{55}$Cs	0.29
$_{15}$P	3.34	$_{75}$Re	1.53	$_{2}$He	n. a.
$_{31}$Ga	3.23	$_{22}$Ti	1.40	$_{10}$Ne	n. a.
$_{83}$Bi	3.16	$_{74}$W	1.39	$_{18}$Ar	n. a.
$_{50}$Sn	3.10	$_{41}$Nb	1.36	$_{84}$Po	n. a.
$_{82}$Pb	3.08	$_{21}$Sc	1.30	$_{85}$At	n. a.
$_{81}$Tl	3.02	$_{20}$Ca	1.22	$_{86}$Rn	n. a.
$_{80}$Hg	2.93	$_{73}$Ta	1.21	$_{87}$Fr	n. a.
$_{49}$In	2.86	$_{40}$Zr	1.10	$_{88}$Ra	n. a.
$_{5}$B	2.84	$_{39}$Y	1.05	$_{89}$Ac	n. a.
$_{30}$Zn	2.84	$_{72}$Hf	1.05	$_{90}$Th	n. a.
$_{14}$Si	2.62	$_{38}$Sr	1.00	$_{91}$Pa	n. a.
$_{29}$Cu	2.60	$_{71}$Lu	1.00	$_{92}$U	n. a.
$_{48}$Cd	2.59	$_{68}$Er	0.99	$_{93}$Np	n. a.
$_{47}$Ag	2.57	$_{69}$Tm	0.99	$_{94}$Pu	n. a.
$_{79}$Au	2.57	$_{70}$Yb	0.99		
$_{4}$Be	2.39	$_{66}$Dy	0.98		

電子親和力 A

(kJ/mol)

1 H	72.8	38 Sr	−146	75 Re	14
2 He	0.0	39 Y	29.6	76 Os	106
3 Li	59.6	40 Zr	41.1	77 Ir	151
4 Be	−18	41 Nb	86.2	78 Pt	205.3
5 B	26.7	42 Mo	72.0	79 Au	222.8
6 C	121.9	43 Tc	96	80 Hg	−18
7 N	−7	44 Ru	101	81 Tl	ca. 20
8 O	141	45 Rh	109.7	82 Pb	35.1
9 F	328	46 Pd	53.7	83 Bi	91.3
10 Ne	−29 (calc.)	47 Ag	125.7	84 Po	183
11 Na	52.9	48 Cd	−26	85 At	270
12 Mg	−21	49 In	ca. 30	86 Rn	−41 (calc.)
13 Al	44	50 Sn	116	87 Fr	44 (calc.)
14 Si	133.6	51 Sb	101	88 Ra	n. a.
15 P	72	52 Te	190.2	89 Ac	n. a.
16 S	200.4	53 I	259.2	90 Th	n. a.
17 Cl	349.0	54 Xe	−41 (calc.)	91 Pa	n. a.
18 Ar	−35 (calc.)	55 Cs	45.5	92 U	n. a.
19 K	48.4	56 Ba	−46	93 Np	n. a.
20 Ca	−186	57 La	ca. 50	94 Pu	n. a.
21 Sc	18.1	58 Ce	<50	95 Am	n. a.
22 Ti	7.6	59 Pr	<50	96 Cm	n. a.
23 V	50.7	60 Nd	<50	97 Bk	n. a.
24 Cr	64.3	61 Pm	<50	98 Cf	n. a.
25 Mn	<0	62 Sm	<50	99 Es	n. a.
26 Fe	15.7	63 Eu	<50	100 Fm	n. a.
27 Co	63.8	64 Gd	<50	101 Md	n. a.
28 Ni	156	65 Tb	<50	102 No	n. a.
29 Cu	118.5	66 Dy	n. a.	103 Lr	n. a.
30 Zn	9	67 Ho	<50	104 Rf	n. a.
31 Ga	30	68 Er	<50	105 Db	n. a.
32 Ge	116	69 Tm	<50	106 Sg	n. a.
33 As	78	70 Yb	<50	107 Bh	n. a.
34 Se	195	71 Lu	<50	108 Hs	n. a.
35 Br	324.7	72 Hf	ca. 0	109 Mt	n. a.
36 Kr	−39 (calc.)	73 Ta	14		
37 Rb	46.9	74 W	78.6		

電子親和力B

(kJ/mol)

$_{17}$Cl	349.0	$_{23}$V	50.7	$_{4}$Be	−18
$_{9}$F	328	$_{57}$La	ca. 50	$_{80}$Hg	−18
$_{35}$Br	324.7	$_{58}$Ce	<50	$_{12}$Mg	−21
$_{85}$At	270	$_{59}$Pr	<50	$_{48}$Cd	−26
$_{53}$I	259.2	$_{60}$Nd	<50	$_{10}$Ne	−29 (calc.)
$_{79}$Au	222.8	$_{61}$Pm	<50	$_{18}$Ar	−35 (calc.)
$_{78}$Pt	205.3	$_{62}$Sm	<50	$_{36}$Kr	−39 (calc.)
$_{16}$S	200.4	$_{63}$Eu	<50	$_{54}$Xe	−41 (calc.)
$_{34}$Se	195	$_{64}$Gd	<50	$_{86}$Rn	−41 (calc.)
$_{52}$Te	190.2	$_{65}$Tb	<50	$_{56}$Ba	−46
$_{84}$Po	183	$_{67}$Ho	<50	$_{38}$Sr	−146
$_{28}$Ni	156	$_{68}$Er	<50	$_{20}$Ca	−186
$_{77}$Ir	151	$_{69}$Tm	<50	$_{66}$Dy	n. a.
$_{8}$O	141	$_{70}$Yb	<50	$_{88}$Ra	n. a.
$_{14}$Si	133.6	$_{71}$Lu	<50	$_{89}$Ac	n. a.
$_{47}$Ag	125.7	$_{19}$K	48.4	$_{90}$Th	n. a.
$_{6}$C	121.9	$_{37}$Rb	46.9	$_{91}$Pa	n. a.
$_{29}$Cu	118.5	$_{55}$Cs	45.5	$_{92}$U	n. a.
$_{32}$Ge	116	$_{13}$Al	44	$_{93}$Np	n. a.
$_{50}$Sn	116	$_{87}$Fr	44 (calc.)	$_{94}$Pu	n. a.
$_{45}$Rh	109.7	$_{40}$Zr	41.1	$_{95}$Am	n. a.
$_{76}$Os	106	$_{82}$Pb	35.1	$_{96}$Cm	n. a.
$_{44}$Ru	101	$_{31}$Ga	30	$_{97}$Bk	n. a.
$_{51}$Sb	101	$_{49}$In	ca. 30	$_{98}$Cf	n. a.
$_{43}$Tc	96	$_{39}$Y	29.6	$_{99}$Es	n. a.
$_{83}$Bi	91.3	$_{5}$B	26.7	$_{100}$Fm	n. a.
$_{41}$Nb	86.2	$_{81}$Tl	ca. 20	$_{101}$Md	n. a.
$_{74}$W	78.6	$_{21}$Sc	18.1	$_{102}$No	n. a.
$_{33}$As	78	$_{26}$Fe	15.7	$_{103}$Lr	n. a.
$_{1}$H	72.8	$_{73}$Ta	14	$_{104}$Rf	n. a.
$_{15}$P	72	$_{75}$Re	14	$_{105}$Db	n. a.
$_{42}$Mo	72.0	$_{30}$Zn	9	$_{106}$Sg	n. a.
$_{24}$Cr	64.3	$_{22}$Ti	7.6	$_{107}$Bh	n. a.
$_{27}$Co	63.8	$_{2}$He	0.0	$_{108}$Hs	n. a.
$_{3}$Li	59.6	$_{72}$Hf	ca. 0	$_{109}$Mt	n. a.
$_{46}$Pd	53.7	$_{25}$Mn	<0		
$_{11}$Na	52.9	$_{7}$N	−7		

第一イオン化エネルギー A

(kJ/mol)

1 H	1312.0	38 Sr	549.5	75 Re	760
2 He	2372.3	39 Y	616	76 Os	840
3 Li	513.3	40 Zr	660	77 Ir	880
4 Be	899.4	41 Nb	664	78 Pt	870
5 B	800.6	42 Mo	685	79 Au	890.1
6 C	1086.2	43 Tc	702	80 Hg	1007.0
7 N	1402.3	44 Ru	711	81 Tl	589.3
8 O	1313.9	45 Rh	720	82 Pb	715.5
9 F	1681	46 Pd	805	83 Bi	703.2
10 Ne	2080.6	47 Ag	731	84 Po	812
11 Na	495.8	48 Cd	878.6	85 At	930
12 Mg	737.7	49 In	558.3	86 Rn	1037
13 Al	577.4	50 Sn	708.6	87 Fr	400
14 Si	786.5	51 Sb	833.7	88 Ra	509.3
15 P	1011.7	52 Te	869.2	89 Ac	499
16 S	999.6	53 I	1008.4	90 Th	587
17 Cl	1251.1	54 Xe	1170.4	91 Pa	568
18 Ar	1520.4	55 Cs	375.7	92 U	584
19 K	418.8	56 Ba	502.8	93 Np	597
20 Ca	589.7	57 La	538.1	94 Pu	585
21 Sc	631	58 Ce	527.4	95 Am	578.2
22 Ti	658	59 Pr	523.1	96 Cm	581
23 V	650	60 Nd	529.6	97 Bk	601
24 Cr	652.7	61 Pm	535.9	98 Cf	608
25 Mn	717.4	62 Sm	543.3	99 Es	619
26 Fe	759.3	63 Eu	546.7	100 Fm	627
27 Co	760.0	64 Gd	592.5	101 Md	635
28 Ni	736.7	65 Tb	564.6	102 No	642
29 Cu	745.4	66 Dy	571.9	103 Lr	n. a.
30 Zn	906.34	67 Ho	580.7	104 Rf	490 (est.)
31 Ga	578.8	68 Er	588.7	105 Db	640 (est.)
32 Ge	762.1	69 Tm	596.7	106 Sg	730 (est.)
33 As	947.0	70 Yb	603.4	107 Bh	660 (est.)
34 Se	940.9	71 Lu	523.5	108 Hs	750 (est.)
35 Br	1139.9	72 Hf	642	109 Mt	840 (est.)
36 Kr	1350.7	73 Ta	761		
37 Rb	403.0	74 W	770		

第一イオン化エネルギー B

(kJ/mol)

$_{2}$He	2372.3	$_{27}$Co	760.0	$_{20}$Ca	589.7
$_{10}$Ne	2080.6	$_{75}$Re	760	$_{81}$Tl	589.3
$_{9}$F	1681	$_{26}$Fe	759.3	$_{68}$Er	588.7
$_{18}$Ar	1520.4	$_{108}$Hs	750 (est.)	$_{90}$Th	587
$_{7}$N	1402.3	$_{29}$Cu	745.4	$_{94}$Pu	585
$_{36}$Kr	1350.7	$_{12}$Mg	737.7	$_{92}$U	584
$_{8}$O	1313.9	$_{28}$Ni	736.7	$_{96}$Cm	581
$_{1}$H	1312.0	$_{47}$Ag	731	$_{67}$Ho	580.7
$_{17}$Cl	1251.1	$_{106}$Sg	730 (est.)	$_{31}$Ga	578.8
$_{54}$Xe	1170.4	$_{45}$Rh	720	$_{95}$Am	578.2
$_{35}$Br	1139.9	$_{25}$Mn	717.4	$_{13}$Al	577.4
$_{6}$C	1086.2	$_{82}$Pb	715.5	$_{66}$Dy	571.9
$_{86}$Rn	1040	$_{44}$Ru	711	$_{91}$Pa	568
$_{15}$P	1011.7	$_{50}$Sn	708.6	$_{65}$Tb	564.6
$_{53}$I	1008.4	$_{83}$Bi	703.2	$_{49}$In	558.3
$_{80}$Hg	1007.0	$_{43}$Tc	702	$_{38}$Sr	549.5
$_{16}$S	999.6	$_{42}$Mo	685	$_{63}$Eu	546.7
$_{33}$As	947.0	$_{41}$Nb	664	$_{62}$Sm	543.3
$_{34}$Se	940.9	$_{40}$Zr	660	$_{57}$La	538.1
$_{85}$At	930	$_{107}$Bh	660 (est.)	$_{61}$Pm	535.9
$_{30}$Zn	906.34	$_{22}$Ti	658	$_{60}$Nd	529.6
$_{4}$Be	899.4	$_{24}$Cr	652.7	$_{58}$Ce	527.4
$_{79}$Au	890.1	$_{23}$V	650	$_{71}$Lu	523.5
$_{77}$Ir	880	$_{72}$Hf	642	$_{59}$Pr	523.1
$_{48}$Cd	878.6	$_{102}$No	642	$_{3}$Li	513.3
$_{78}$Pt	870	$_{105}$Db	640 (est.)	$_{88}$Ra	509.3
$_{52}$Te	869.2	$_{101}$Md	635	$_{56}$Ba	502.8
$_{76}$Os	840	$_{21}$Sc	631	$_{89}$Ac	499
$_{109}$Mt	840 (est.)	$_{100}$Fm	627	$_{11}$Na	495.8
$_{51}$Sb	833.7	$_{99}$Es	619	$_{104}$Rf	490 (est.)
$_{84}$Po	812	$_{39}$Y	616	$_{19}$K	418.8
$_{46}$Pd	805	$_{98}$Cf	608	$_{37}$Rb	403.0
$_{5}$B	800.6	$_{70}$Yb	603.4	$_{87}$Fr	400
$_{14}$Si	786.5	$_{97}$Bk	601	$_{55}$Cs	375.7
$_{74}$W	770	$_{93}$Np	597	$_{103}$Lr	n. a.
$_{32}$Ge	762.1	$_{69}$Tm	596.7		
$_{73}$Ta	761	$_{64}$Gd	592.5		

元素記号および原子量表（^{12}C の原子質量＝12）

安定同位体がなく，特定の天然同位体組成を示さない元素については，その元素の代表的な放射性同位体の中から１種を選んでその質量数を（ ）の中に表示してある（したがってその値を他の元素の原子量と同等に取扱うことはできない点に注意）．

原子番号	元素名	元素記号	原子量
1	水素	H	1.007 94
2	ヘリウム	He	4.002 602
3	リチウム	Li	6.941
4	ベリリウム	Be	9.012 182
5	ホウ素	B	10.811
6	炭素	C	12.010 7
7	窒素	N	14.006 7
8	酸素	O	15.999 4
9	フッ素	F	18.998 403 2
10	ネオン	Ne	20.179 7
11	ナトリウム	Na	22.989 770
12	マグネシウム	Mg	24.305 0
13	アルミニウム	Al	26.981 538
14	ケイ素	Si	28.085 5
15	リン	P	30.973 761
16	硫黄	S	32.065
17	塩素	Cl	35.453
18	アルゴン	Ar	39.948
19	カリウム	K	39.098 3
20	カルシウム	Ca	40.078
21	スカンジウム	Sc	44.955 910
22	チタン	Ti	47.867
23	バナジウム	V	50.941 5
24	クロム	Cr	51.996 1
25	マンガン	Mn	54.938 049
26	鉄	Fe	55.845
27	コバルト	Co	58.933 200
28	ニッケル	Ni	58.693 4
29	銅	Cu	63.546
30	亜鉛	Zn	65.409
31	ガリウム	Ga	69.723
32	ゲルマニウム	Ge	72.64
33	ヒ素	As	74.921 60
34	セレン	Se	78.96
35	臭素	Br	79.904
36	クリプトン	Kr	83.798
37	ルビジウム	Rb	85.467 8
38	ストロンチウム	Sr	87.62
39	イットリウム	Y	88.905 85
40	ジルコニウム	Zr	91.224
41	ニオブ	Nb	92.906 38
42	モリブデン	Mo	95.94
43	テクネチウム	Tc	(99)
44	ルテニウム	Ru	101.07
45	ロジウム	Rh	102.905 50
46	パラジウム	Pd	106.42
47	銀	Ag	107.868 2
48	カドミウム	Cd	112.411
49	インジウム	In	114.818
50	スズ	Sn	118.710
51	アンチモン	Sb	121.760
52	テルル	Te	127.60
53	ヨウ素	I	126.904 47
54	キセノン	Xe	131.293
55	セシウム	Cs	132.905 45
56	バリウム	Ba	132.327
57	ランタン	La	138.905 5
58	セリウム	Ce	140.116
59	プラセオジム	Pr	140.907 65
60	ネオジム	Nd	144.24
61	プロメチウム	Pm	(145)
62	サマリウム	Sm	150.36
63	ユウロピウム	Eu	151.964
64	ガドリニウム	Gd	157.25
65	テルビウム	Tb	158.925 34
66	ジスプロシウム	Dy	162.500
67	ホルミウム	Ho	164.930 32
68	エルビウム	Er	167.259
69	ツリウム	Tm	168.934 21
70	イッテルビウム	Yb	173.04
71	ルテチウム	Lu	174.967
72	ハフニウム	Hf	178.49
73	タンタル	Ta	180.947 9
74	タングステン	W	183.84
75	レニウム	Re	186.207
76	オスミウム	Os	190.23
77	イリジウム	Ir	192.217
78	白金	Pt	195.078
79	金	Au	196.966 55
80	水銀	Hg	200.59
81	タリウム	Tl	204.383 3
82	鉛	Pb	207.2
83	ビスマス	Bi	208.980 38
84	ポロニウム	Po	(210)
85	アスタチン	At	(210)
86	ラドン	Rn	(222)
87	フランシウム	Fr	(223)
88	ラジウム	Ra	(226)
89	アクチニウム	Ac	(227)
90	トリウム	Th	232.038 1
91	プロトアクチニウム	Pa	231.035 88
92	ウラン	U	238.028 91
93	ネプツニウム	Np	(237)
94	プルトニウム	Pu	(239)
95	アメリシウム	Am	(243)
96	キュリウム	Cm	(247)
97	バークリウム	Bk	(247)
98	カリホルニウム	Cf	(252)
99	アインスタイニウム	Es	(252)
100	フェルミウム	Fm	(257)
101	メンデレビウム	Md	(258)
102	ノーベリウム	No	(259)
103	ローレンシウム	Lr	(262)

化学と工業，**55**(4)，(2002) より

III　単体の性質

密　　度 A

(kg/m³)

1 H	76.0	38 Sr	2540	75 Re	21020
2 He (4K, 液相)	124.8	39 Y	4469	76 Os	22590
3 Li	534	40 Zr	6506	77 Ir	22420
4 Be	1847.7	41 Nb	8570	78 Pt	21450
5 B	2340	42 Mo	10220	79 Au	19320
6 C (diamond)	3513	43 Tc	11500	80 Hg	13546
7 N (21 K)	1026	44 Ru	12370	81 Tl	11850
8 O (55 K)	2000	45 Rh	12410	82 Pb	11350
9 F (85 K, 液相)	1516	46 Pd	12020	83 Bi	9747
10 Ne (24 K)	1444	47 Ag	10500	84 Po	9320
11 Na	971	48 Cd	8650	85 At	n. a.
12 Mg	1738	49 In	7310	86 Rn (211 K, 液相)	4400
13 Al	2698	50 Sn (β)	7310	87 Fr	n. a.
14 Si	2329	51 Sb	6691	88 Ra	ca. 5000
15 P (P_4)	1820	52 Te	6240	89 Ac	10060
16 S	2070	53 I	4930	90 Th	11720
17 Cl (113 K)	2030	54 Xe	3540	91 Pa	15370 (est.)
18 Ar (40 K)	1656	55 Cs	1873	92 U	18950
19 K	862	56 Ba	3594	93 Np	20250
20 Ca	1550	57 La	6145	94 Pu	19840
21 Sc	2989	58 Ce	8240	95 Am	13670
22 Ti	454	59 Pr	6773	96 Cm	13300
23 V	6110	60 Nd	7007	97 Bk	14790
24 Cr	7190	61 Pm	7220	98 Cf	n. a.
25 Mn	7440	62 Sm	7520	99 Es	n. a.
26 Fe	7874	63 Eu	5243	100 Fm	n. a.
27 Co	8900	64 Gd	7900.4	101 Md	n. a.
28 Ni	8902	65 Tb	8229	102 No	n. a.
29 Cu	8960	66 Dy	8550	103 Lr	n. a.
30 Zn	7133	67 Ho	8795	104 Rf	23000 (est.)
31 Ga	8907	68 Er	9066	105 Db	29000
32 Ge	5323	69 Tm	9321	106 Sg	35000 (est.)
33 As (α)	5780	70 Yb	6965	107 Bh	37000 (est.)
34 Se	4790	71 Lu	9840	108 Hs	41000 (est.)
35 Br (123 K)	4050	72 Hf	13310	109 Mt	n. a.
36 Kr (117 K)	2823	73 Ta	16654		
37 Rb	1532	74 W	19300		

密　　度 B

(kg/m³)

108 Hs	41000 (est.)	31 Ga	8907	6 C (diamond)	3513
107 Bh	37000 (est.)	28 Ni	8902	21 Sc	2989
106 Sg	35000 (est.)	27 Co	8900	36 Kr (117 K)	2823
105 Db	29000	67 Ho	8795	13 Al	2698
104 Rf	23000 (est.)	48 Cd	8650	38 Sr	2540
76 Os	22590	41 Nb	8570	5 B	2340
77 Ir	22420	66 Dy	8550	14 Si	2329
78 Pt	21450	58 Ce	8240	16 S	2070
75 Re	21020	65 Tb	8229	17 Cl (113 K)	2030
93 Np	20250	64 Gd	7900.4	8 O (55 K)	2000
94 Pu	19840	26 Fe	7874	55 Cs	1873
79 Au	19320	62 Sm	7520	4 Be	1847.7
74 W	19300	25 Mn	7440	15 P (P_4)	1820
92 U	18950	49 In	7310	12 Mg	1738
73 Ta	16654	50 Sn (β)	7310	18 Ar (40 K)	1656
91 Pa	15370 (est.)	61 Pm	7220	20 Ca	1550
97 Bk	14790	24 Cr	7190	37 Rb	1532
95 Am	13670	30 Zn	7133	9 F (85 K, 液相)	1516
80 Hg	13546	60 Nd	7007	10 Ne (24 K)	1444
72 Hf	13310	70 Vb	6965	7 N (21 K)	1026
96 Cm	13300	59 Pr	6773	11 Na	971
45 Rh	12410	51 Sb	6691	19 K	862
44 Ru	12370	40 Zr	6506	3 Li	534
46 Pd	12020	52 Te	6240	22 Ti	454
81 Tl	11850	57 La	6145	2 He (4 K, 液相)	124.8
90 Th	11720	23 V	6110	1 H	76.0
43 Tc	11500	33 As (α)	5780	85 At	n. a.
82 Pb	11350	32 Ge	5323	67 Fr	n. a.
47 Ag	10500	63 Eu	5243	98 Cf	n. a.
42 Mo	10220	88 Ra	ca. 5000	99 Es	n. a.
89 Ac	10060	53 I	4930	100 Fm	n. a.
71 Lu	9840	34 Se	4790	101 Md	n. a.
83 Bi	9747	39 Y	4469	102 No	n. a.
69 Tm	9321	86 Rn (211K, 液相)	4400	103 Lr	n. a.
84 Po	9320	35 Br (123 K)	4050	109 Mt	n. a.
68 Er	9066	56 Ba	3594		
29 Cu	8960	54 Xe	3540		

融　　点 A

(K)

1 H	14.01	38 Sr	1042	75 Re	3453
2 He	0.95	39 Y	1795	76 Os	3327
3 Li	453.69	40 Zr	2125	77 Ir	2683
4 Be	1551	41 Nb	2741	78 Pt	2045
5 B	2573	42 Mo	2890	79 Au	1337.58
6 C	3820	43 Tc	2445	80 Hg	234.28
7 N	63.29	44 Ru	2583	81 Tl	576.6
8 O	54.8	45 Rh	2239	82 Pb	600.65
9 F	53.53	46 Pd	1825	83 Bi	544.5
10 Ne	24.48	47 Ag	1235.1	84 Po	527
11 Na	370.96	48 Cd	594.1	85 At	575
12 Mg	922.0	49 In	429.32	86 Rn	202
13 Al	966.5	50 Sn	505.118	87 Fr	300
14 Si	1683	51 Sb	903.9	88 Ra	973
15 P	317.3	52 Te	722.7	89 Ac	1320
16 S	386.0	53 I	386.7	90 Th	2023
17 Cl	172.2	54 Xe	161.3	91 Pa	2113
18 Ar	83.8	55 Cs	301.6	92 U	1405.5
19 K	336.8	56 Ba	1002	93 Np	913
20 Ca	1112	57 La	1194	94 Pu	914
21 Sc	1814	58 Ce	1072	95 Am	1267
22 Ti	1933	59 Pr	1204	96 Cm	1610
23 V	2160	60 Nd	1294	97 Bk	1320
24 Cr	2130	61 Pm	1441	98 Cf	1170
25 Mn	1517	62 Sm	1350	99 Es	1130
26 Fe	1808	63 Eu	1095	100 Fm	n. a.
27 Co	1768	64 Gd	1586	101 Md	n. a.
28 Ni	1726	65 Tb	1629	102 No	n. a.
29 Cu	1356.6	66 Dy	1685	103 Lr	n. a.
30 Zn	692.73	67 Ho	1747	104 Rf	n. a.
31 Ga	302.93	68 Er	1802	105 Db	n. a.
32 Ge	1210.6	69 Tm	1818	106 Sg	n. a.
33 As	1090	70 Yb	1097	107 Bh	n. a.
34 Se	490	71 Lu	1936	108 Hs	n. a.
35 Br	265.9	72 Hf	2503	109 Mt	n. a.
36 Kr	116.6	73 Ta	3269		
37 Rb	312.2	74 W	3680		

融　　　点 B

(K)

$_{6}$C	3820	$_{61}$Pm	1441	$_{34}$Se	490
$_{74}$W	3680	$_{92}$U	1405.5	$_{3}$Li	453.69
$_{75}$Re	3453	$_{29}$Cu	1356.6	$_{49}$In	429.32
$_{76}$Os	3327	$_{62}$Sm	1350	$_{53}$I	386.7
$_{73}$Ta	3269	$_{79}$Au	1337.58	$_{16}$S	386.0
$_{42}$Mo	2890	$_{89}$Ac	1320	$_{11}$Na	370.96
$_{41}$Nb	2741	$_{97}$Bk	1320	$_{19}$K	336.8
$_{77}$Ir	2683	$_{60}$Nd	1294	$_{15}$P	317.3
$_{44}$Ru	2583	$_{95}$Am	1267	$_{37}$Rb	312.2
$_{5}$B	2573	$_{47}$Ag	1235.1	$_{31}$Ga	302.93
$_{72}$Hf	2503	$_{32}$Ge	1210.6	$_{55}$Cs	301.6
$_{43}$Tc	2445	$_{59}$Pr	1204	$_{87}$Fr	300
$_{45}$Rh	2239	$_{57}$La	1194	$_{35}$Br	265.9
$_{23}$V	2160	$_{98}$Cf	1170	$_{80}$Hg	234.28
$_{24}$Cr	2130	$_{99}$Es	1130	$_{86}$Rn	202
$_{40}$Zr	2125	$_{20}$Ca	1112	$_{17}$Cl	172.2
$_{91}$Pa	2113	$_{70}$Yb	1097	$_{54}$Xe	161.3
$_{78}$Pt	2045	$_{63}$Eu	1095	$_{36}$Kr	116.6
$_{90}$Th	2023	$_{33}$As	1090	$_{18}$Ar	83.8
$_{71}$Lu	1936	$_{58}$Ce	1072	$_{7}$N	63.29
$_{22}$Ti	1933	$_{38}$Sr	1042	$_{8}$O	54.8
$_{46}$Pd	1825	$_{56}$Ba	1002	$_{9}$F	53.53
$_{69}$Tm	1818	$_{88}$Ra	973	$_{10}$Ne	24.48
$_{21}$Sc	1814	$_{13}$Al	966.5	$_{1}$H	14.01
$_{26}$Fe	1808	$_{12}$Mg	922.0	$_{2}$He	0.95
$_{68}$Er	1802	$_{94}$Pu	914	$_{100}$Fm	n. a.
$_{39}$Y	1795	$_{93}$Np	913	$_{101}$Md	n. a.
$_{27}$Co	1768	$_{51}$Sb	903.9	$_{102}$No	n. a.
$_{67}$Ho	1747	$_{52}$Te	722.7	$_{103}$Lr	n. a.
$_{28}$Ni	1726	$_{30}$Zn	692.73	$_{104}$Rf	n. a.
$_{66}$Dy	1685	$_{82}$Pb	600.65	$_{105}$Db	n. a.
$_{14}$Si	1683	$_{48}$Cd	594.1	$_{106}$Sg	n. a.
$_{65}$Tb	1629	$_{81}$Tl	576.6	$_{107}$Bh	n. a.
$_{96}$Cm	1610	$_{85}$At	575	$_{108}$Hs	n. a.
$_{64}$Gd	1586	$_{83}$Bi	544.5	$_{109}$Mt	n. a.
$_{4}$Be	1551	$_{84}$Po	527		
$_{25}$Mn	1517	$_{50}$Sn	505.118		

沸　　点 A

(K)

$_{1}$H	20.28	$_{38}$Sr	1657	$_{75}$Re	5900
$_{2}$He	4.216	$_{39}$Y	3611	$_{76}$Os	5300
$_{3}$Li	1620	$_{40}$Zr	4650	$_{77}$Ir	4403
$_{4}$Be	3243	$_{41}$Nb	5015	$_{78}$Pt	4100
$_{5}$B	3931	$_{42}$Mo	4885	$_{79}$Au	3080
$_{6}$C	5100	$_{43}$Tc	5150	$_{80}$Hg	629.73
$_{7}$N	77.4	$_{44}$Ru	4173	$_{81}$Tl	1730
$_{8}$O	90.19	$_{45}$Rh	4000	$_{82}$Pb	2013
$_{9}$F	85.01	$_{46}$Pd	3413	$_{83}$Bi	1883
$_{10}$Ne	27.1	$_{47}$Ag	2485	$_{84}$Po	1235
$_{11}$Na	1156.1	$_{48}$Cd	1038	$_{85}$At	610
$_{12}$Mg	1363	$_{49}$In	2353	$_{86}$Rn	211.4
$_{13}$Al	2740	$_{50}$Sn	1543	$_{87}$Fr	950
$_{14}$Si	2628	$_{51}$Sb	1908	$_{88}$Ra	1413
$_{15}$P	553	$_{52}$Te	1263	$_{89}$Ac	3470
$_{16}$S	717.824	$_{53}$I	457.50	$_{90}$Th	5060
$_{17}$Cl	238.6	$_{54}$Xe	166.1	$_{91}$Pa	4300
$_{18}$Ar	87.3	$_{55}$Cs	951.6	$_{92}$U	4018
$_{19}$K	1047	$_{56}$Ba	1910	$_{93}$Np	4175
$_{20}$Ca	1757	$_{57}$La	3730	$_{94}$Pu	3505
$_{21}$Sc	3104	$_{58}$Ce	3699	$_{95}$Am	2880
$_{22}$Ti	3560	$_{59}$Pr	3785	$_{96}$Cm	n. a.
$_{23}$V	3650	$_{60}$Nd	3341	$_{97}$Bk	n. a.
$_{24}$Cr	2945	$_{61}$Pm	3000	$_{98}$Cf	n. a.
$_{25}$Mn	2235	$_{62}$Sm	2064	$_{99}$Es	n. a.
$_{26}$Fe	3023	$_{63}$Eu	1870	$_{100}$Fm	n. a.
$_{27}$Co	3143	$_{64}$Gd	3539	$_{101}$Md	n. a.
$_{28}$Ni	3005	$_{65}$Tb	3396	$_{102}$No	n. a.
$_{29}$Cu	2840	$_{66}$Dy	32835	$_{103}$Lr	n. a.
$_{30}$Zn	1180	$_{67}$Ho	3968	$_{104}$Rf	n. a.
$_{31}$Ga	2676	$_{68}$Er	3136	$_{105}$Db	n. a.
$_{32}$Ge	3103	$_{69}$Tm	2220	$_{106}$Sg	n. a.
$_{33}$As	889	$_{70}$Yb	1466	$_{107}$Bh	n. a.
$_{34}$Se	958.1	$_{71}$Lu	3668	$_{108}$Hs	n. a.
$_{35}$Br	331.9	$_{72}$Hf	5470	$_{109}$Mt	n. a.
$_{36}$Kr	120.85	$_{73}$Ta	5698		
$_{37}$Rb	961	$_{74}$W	5930		

沸　　点 B

(K)

74	W	5930	32	Ge	3103	34	Se	958.1
75	Re	5900	79	Au	3080	55	Cs	951.6
73	Ta	5698	26	Fe	3023	87	Fr	950
72	Hf	5470	28	Ni	3005	33	As	889
76	Os	5300	61	Pm	3000	16	S	717.824
43	Tc	5150	24	Cr	2945	80	Hg	629.73
6	C	5100	95	Am	2880	85	At	610
90	Th	5060	29	Cu	2840	15	P	553
41	Nb	5015	66	Dy	2835	53	I	457.50
42	Mo	4885	13	Al	2740	35	Br	331.9
40	Zr	4650	31	Ga	2676	17	Cl	238.6
77	Ir	4403	14	Si	2628	86	Rn	211.4
91	Pa	4300	47	Ag	2485	54	Xe	166.1
93	Np	4175	49	In	2353	36	Kr	120.85
44	Ru	4173	25	Mn	2235	8	O	90.19
78	Pt	4100	69	Tm	2220	18	Ar	87.3
92	U	4018	62	Sm	2064	9	F	85.01
45	Rh	4000	82	Pb	2013	7	N	77.4
67	Ho	3968	56	Ba	1910	10	Ne	27.1
5	B	3931	51	Sb	1908	1	H	20.28
59	Pr	3785	83	Bi	1883	2	He	4.216
57	La	3730	63	Eu	1870	96	Cm	n. a.
58	Ce	3699	20	Ca	1757	97	Bk	n. a.
71	Lu	3668	81	Tl	1730	98	Cf	n. a.
23	V	3650	38	Sr	1657	99	Es	n. a.
39	Y	3611	3	Li	1620	100	Fm	n. a.
22	Ti	3560	50	Sn	1543	101	Md	n. a.
64	Gd	3539	70	Yb	1466	102	No	n. a.
94	Pu	3505	88	Ra	1413	103	Lr	n. a.
89	Ac	3470	12	Mg	1363	104	Rf	n. a.
46	Pd	3413	52	Te	1263	105	Db	n. a.
65	Tb	3396	84	Po	1235	106	Sg	n. a.
60	Nd	3341	30	Zn	1180	107	Bh	n. a.
4	Be	3243	11	Na	1156.1	108	Hs	n. a.
27	Co	3143	19	K	1047	109	Mt	n. a.
68	Er	3136	48	Cd	1038			
21	Sc	3104	37	Rb	961			

融　解　熱 A

(kJ/mol)

$_{1}$H	0.12	$_{38}$Sr	9.16	$_{75}$Re	33.1
$_{2}$He	0.021	$_{39}$Y	17.2	$_{76}$Os	29.3
$_{3}$Li	4.60	$_{40}$Zr	23.0	$_{77}$Ir	26.4
$_{4}$Be	9.80	$_{41}$Nb	27.2	$_{78}$Pt	19.7
$_{5}$B	22.2	$_{42}$Mo	27.6	$_{79}$Au	12.7
$_{6}$C	105.1	$_{43}$Tc	23.81	$_{80}$Hg	2.331
$_{7}$N	0.72	$_{44}$Ru	23.7	$_{81}$Tl	4.31
$_{8}$O	0.444	$_{45}$Rh	21.55	$_{82}$Pb	5.121
$_{9}$F	5.10	$_{46}$Pd	17.2	$_{83}$Bi	10.48
$_{10}$Ne	0.324	$_{47}$Ag	11.3	$_{84}$Po	10
$_{11}$Na	2.64	$_{48}$Cd	6.11	$_{85}$At	23.8 (est.)
$_{12}$Mg	9.04	$_{49}$In	3.27	$_{86}$Rn	2.7 (est.)
$_{13}$Al	10.67	$_{50}$Sn	7.20	$_{87}$Fr	n. a.
$_{14}$Si	39.6	$_{51}$Sb	20.9	$_{88}$Ra	7.15
$_{15}$P (P_4)	2.51	$_{52}$Te	13.5	$_{89}$Ac	14.7
$_{16}$S	1.23	$_{53}$I	15.27	$_{90}$Th	<19.2
$_{17}$Cl	6.41	$_{54}$Xe	3.10	$_{91}$Pa	16.7
$_{18}$Ar	1.21	$_{55}$Cs	2.09	$_{92}$U	15.5
$_{19}$K	2.40	$_{56}$Ba	7.06	$_{93}$Np	9.46
$_{20}$Ca	9.33	$_{57}$La	10.04	$_{94}$Pu	2.8
$_{21}$Sc	15.9	$_{58}$Ce	8.87	$_{95}$Am	14.4
$_{22}$Ti	20.9	$_{59}$Pr	11.3	$_{96}$Cm	n. a.
$_{23}$V	17.6	$_{60}$Nd	7.113	$_{97}$Bk	n. a.
$_{24}$Cr	15.3	$_{61}$Pm	12.6	$_{98}$Cf	n. a.
$_{25}$Mn	14.4	$_{62}$Sm	10.9	$_{99}$Es	n. a.
$_{26}$Fe	14.9	$_{63}$Eu	10.5	$_{100}$Fm	n. a.
$_{27}$Co	15.2	$_{64}$Gd	15.5	$_{101}$Md	n. a.
$_{28}$Ni	17.6	$_{65}$Tb	16.3	$_{102}$No	n. a.
$_{29}$Cu	13.0	$_{66}$Dy	17.2	$_{103}$Lr	n. a.
$_{30}$Zn	6.67	$_{67}$Ho	17.2	$_{104}$Rf	n. a.
$_{31}$Ga	5.59	$_{68}$Er	17.2	$_{105}$Db	n. a.
$_{32}$Ge	34.7	$_{69}$Tm	18.4	$_{106}$Sg	n. a.
$_{33}$As	27.7	$_{70}$Yb	9.20	$_{107}$Bh	n. a.
$_{34}$Se	5.1	$_{71}$Lu	19.2	$_{108}$Hs	n. a.
$_{35}$Br	10.8	$_{72}$Hf	25.5	$_{109}$Mt	n. a.
$_{36}$Kr	1.64	$_{73}$Ta	31.4		
$_{37}$Rb	2.20	$_{74}$W	35.2		

融　解　熱 B

(kJ/mol)

6 C	105.1	53 I	15.27	3 Li	4.60
14 Si	39.6	27 Co	15.2	81 Tl	4.31
74 W	35.2	26 Fe	14.9	49 In	3.27
32 Ge	34.7	89 Ac	14.7	54 Xe	3.10
75 Re	33.1	25 Mn	14.4	94 Pu	2.8
73 Ta	31.4	95 Am	14.4	86 Rn	2.7 (est.)
76 Os	29.3	52 Te	13.5	11 Na	2.64
33 As	27.7	29 Cu	13.0	15 P (P_4)	2.51
42 Mo	27.6	79 Au	12.7	19 K	2.40
41 Nb	27.2	61 Pm	12.6	80 Hg	2.331
77 Ir	26.4	47 Ag	11.3	37 Rb	2.20
72 Hf	25.5	59 Pr	11.3	55 Cs	2.09
43 Tc	23.81	62 Sm	10.9	36 Kr	1.64
85 At	23.8 (est.)	35 Br	10.8	16 S	1.23
44 Ru	23.7	13 Al	10.67	18 Ar	1.21
40 Zr	23.0	63 Eu	10.5	7 N	0.72
5 B	22.2	83 Bi	10.48	8 O	0.444
45 Rh	21.55	57 La	10.04	10 Ne	0.324
22 Ti	20.9	84 Po	10	1 H	0.12
51 Sb	20.9	4 Be	9.80	2 He	0.021
78 Pt	19.7	93 Np	9.46	87 Fr	n. a.
71 Lu	19.2	20 Ca	9.33	96 Cm	n. a.
90 Th	<19.2	70 Yb	9.20	97 Bk	n. a.
69 Tm	18.4	38 Sr	9.16	98 Cf	n. a.
23 V	17.6	12 Mg	9.04	99 Es	n. a.
28 Ni	17.6	58 Ce	8.87	100 Fm	n. a.
39 Y	17.2	50 Sn	7.20	101 Md	n. a.
46 Pd	17.2	88 Ra	7.15	102 No	n. a.
66 Dy	17.2	60 Nd	7.113	103 Lr	n. a.
67 Ho	17.2	56 Ba	7.06	104 Rf	n. a.
68 Er	17.2	30 Zn	6.67	105 Db	n. a.
91 Pa	16.7	17 Cl	6.41	106 Sg	n. a.
65 Tb	16.3	48 Cd	6.11	107 Bh	n. a.
21 Sc	15.9	31 Ga	5.59	108 Hs	n. a.
64 Gd	15.5	82 Pb	5.121	109 Mt	n. a.
92 U	15.5	9 F	5.10		
24 Cr	15.3	34 Se	5.1		

気　化　熱 A

(kJ/mol)

1	H	0.46	38	Sr	138.91	75	Re	707.1
2	He	0.082	39	Y	393.3	76	Os	627.6
3	Li	134.7	40	Zr	581.6	77	Ir	563.6
4	Be	308.8	41	Nb	696.6	78	Pt	510.5
5	B	538.9	42	Mo	594.1	79	Au	324.4
6	C	710.9	43	Tc	585.22	80	Hg	59.15
7	N	5.58	44	Ru	567.8	81	Tl	162.1
8	O	6.82	45	Rh	495.4	82	Pb	179.4
9	F	6.548	46	Pd	393.3	83	Bi	179.1
10	Ne	1.736	47	Ag	255.1	84	Po	100.8
11	Na	89.04	48	Cd	99.9	85	At	n. a.
12	Mg	128.7	49	In	226.4	86	Rn	18.1
13	Al	293.72	50	Sn	290.4	87	Fr	n. a.
14	Si	383.3	51	Sb	67.91	88	Ra	136.7
15	P	51.9	52	Te	50.63	89	Ac	418
16	S	9.62	53	I	41.67	90	Th	513.7
17	Cl	20.4033	54	Xe	12.65	91	Pa	481
18	Ar	6.53	55	Cs	65.90	92	U	422.6
19	K	77.53	56	Ba	150.9	93	Np	336.6
20	Ca	149.95	57	La	399.6	94	Pu	343.5
21	Sc	304.8	58	Ce	313.8	95	Am	284
22	Ti	428.9	59	Pr	332.6	96	Cm	n. a.
23	V	458.6	60	Nd	283.7	97	Bk	n. a.
24	Cr	348.78	61	Pm	n. a.	98	Cf	n. a.
25	Mn	219.7	62	Sm	191.6	99	Es	n. a.
26	Fe	351.0	63	Eu	175.7	100	Fm	n. a.
27	Co	382.4	64	Gd	311.7	101	Md	n. a.
28	Ni	371.8	65	Tb	391	102	No	n. a.
29	Cu	304.6	66	Dy	293	103	Lr	n. a.
30	Zn	115.3	67	Ho	251.0	104	Rf	n. a.
31	Ga	256.1	68	Er	292.9	105	Db	n. a.
32	Ge	334.3	69	Tm	247	106	Sg	n. a.
33	As	31.9	70	Yb	159	107	Bh	n. a.
34	Se	26.32	71	Lu	428	108	Hs	n. a.
35	Br	30.0	72	Hf	661.1	109	Mt	n. a.
36	Kr	9.05	73	Ta	753.1			
37	Rb	69.2	74	W	799.1			

気　化　熱 B

(kJ/mol)

74 W	799.1	64 Gd	311.7	15 P	51.9
73 Ta	753.1	4 Be	308.8	52 Te	50.63
6 C	710.9	21 Sc	304.8	53 I	41.67
75 Re	707.1	29 Cu	304.6	33 As	31.9
41 Nb	696.6	13 Al	293.72	35 Br	30.0
72 Hf	661.1	66 Dy	293	34 Se	26.32
76 Os	627.6	68 Er	292.9	17 Cl	20.4033
42 Mo	594.1	50 Sn	290.4	86 Rn	18.1
43 Tc	585.22	95 Am	284	54 Xe	12.65
40 Zr	581.6	60 Nd	283.7	16 S	9.62
44 Ru	567.8	31 Ga	256.1	36 Kr	9.05
77 Ir	563.6	47 Ag	255.1	8 O	6.82
5 B	538.9	67 Ho	251.0	9 F	6.548
90 Th	513.7	69 Tm	247	18 Ar	6.53
78 Pt	510.5	49 In	226.4	7 N	5.58
45 Rh	495.4	25 Mn	219.7	10 Ne	1.736
91 Pa	481	62 Sm	191.6	1 H	0.46
23 V	458.6	82 Pb	179.4	2 He	0.082
22 Ti	428.9	83 Bi	179.1	61 Pm	n. a.
71 Lu	428	63 Eu	175.7	85 At	n. a.
92 U	422.6	81 Tl	162.1	87 Fr	n. a.
89 Ac	418	70 Yb	159	96 Cm	n. a.
57 La	399.6	56 Ba	150.9	97 Bk	n. a.
39 Y	393.3	20 Ca	149.95	98 Cf	n. a.
46 Pd	393.3	38 Sr	138.91	99 Es	n. a.
65 Tb	391	88 Ra	136.7	100 Fm	n. a.
14 Si	383.3	3 Li	134.7	101 Md	n. a.
27 Co	382.4	12 Mg	128.7	102 No	n. a.
28 Ni	371.8	30 Zn	115.3	103 Lr	n. a.
26 Fe	351.0	84 Po	100.8	104 Rf	n. a.
24 Cr	348.78	48 Cd	99.9	105 Db	n. a.
94 Pu	343.5	11 Na	89.04	106 Sg	n. a.
93 Np	336.6	19 K	77.53	107 Bh	n. a.
32 Ge	334.3	37 Rb	69.2	108 Hs	n. a.
59 Pr	332.6	51 Sb	67.91	109 Mt	n. a.
79 Au	324.4	55 Cs	65.90		
58 Ce	313.8	80 Hg	59.15		

原 子 化 熱 A

(kJ/mol)

1 H	218	38 Sr	164.4	75 Re	769.9
2 He	0	39 Y	421.3	76 Os	791
3 Li	159.4	40 Zr	608.8	77 Ir	665.3
4 Be	324.3	41 Nb	725.9	78 Pt	565.3
5 B	562.7	42 Mo	658.1	79 Au	366.1
6 C	716.7	43 Tc	678	80 Hg	61.3
7 N	472.7	44 Ru	642.7	81 Tl	182.2
8 O	249.2	45 Rh	556.9	82 Pb	195.0
9 F	79	46 Pd	378.2	83 Bi	207.1
10 Ne	0	47 Ag	284.6	84 Po	146
11 Na	107.3	48 Cd	112.0	85 At	n. a.
12 Mg	147.7	49 In	234.3	86 Rn	0
13 Al	326.4	50 Sn	302.1	87 Fr	72.8
14 Si	455.6	51 Sb	262.3	88 Ra	159
15 P	314.6	52 Te	196.7	89 Ac	406
16 S	278.8	53 I	106.8	90 Th	598.3
17 Cl	121.7	54 Xe	0	91 Pa	607
18 Ar	0	55 Cs	76.1	92 U	535.6
19 K	89.2	56 Ba	180	93 Np	n. a.
20 Ca	178.2	57 La	431.0	94 Pu	n. a.
21 Sc	377.8	58 Ce	423	95 Am	n. a.
22 Ti	469.9	59 Pr	355.6	96 Cm	n. a.
23 V	514.2	60 Nd	327.6	97 Bk	n. a.
24 Cr	396.6	61 Pm	n. a.	98 Cf	n. a.
25 Mn	280.7	62 Sm	206.7	99 Es	n. a.
26 Fe	416.3	63 Eu	175.3	100 Fm	n. a.
27 Co	424.7	64 Gd	397.5	101 Md	n. a.
28 Ni	429.7	65 Tb	388.7	102 No	n. a.
29 Cu	338.3	66 Dy	290.4	103 Lr	n. a.
30 Zn	130.7	67 Ho	300.8	104 Rf	n. a.
31 Ga	277.0	68 Er	317.1	105 Db	n. a.
32 Ge	376.6	69 Tm	232.2	106 Sg	n. a.
33 As	302.5	70 Yb	152.3	107 Bh	n. a.
34 Se	227.1	71 Lu	427.6	108 Hs	n. a.
35 Br	111.9	72 Hf	619.2	109 Mt	n. a.
36 Kr	0	73 Ta	782.0		
37 Rb	80.9	74 W	849.4		

原　子　化　熱 B

(kJ/mol)

74 W	849.4	59 Pr	355.6	48 Cd	112.0
76 Os	791	29 Cu	338.3	35 Br	111.9
73 Ta	782.0	60 Nd	327.6	11 Na	107.3
75 Re	769.9	13 Al	326.4	53 I	106.8
41 Nb	725.9	4 Be	324.3	19 K	89.2
6 C	716.7	68 Er	317.1	37 Rb	80.9
43 Tc	678	15 P	314.6	9 F	79
77 Ir	665.3	33 As	302.5	55 Cs	76.1
42 Mo	658.1	50 Sn	302.1	87 Fr	72.8
44 Ru	642.7	67 Ho	300.8	80 Hg	61.3
72 Hf	619.2	66 Dy	290.4	2 He	0
40 Zr	608.8	47 Ag	284.6	10 Ne	0
91 Pa	607	25 Mn	280.7	18 Ar	0
90 Th	598.3	16 S	278.8	36 Kr	0
78 Pt	565.3	31 Ga	277.0	54 Xe	0
5 B	562.7	51 Sb	262.3	86 Rn	0
45 Rh	556.9	8 O	249.2	61 Pm	n. a.
92 U	535.6	49 In	234.3	85 At	n. a.
23 V	514.2	69 Tm	232.2	93 Np	n. a.
7 N	472.7	34 Se	227.1	94 Pu	n. a.
22 Ti	469.9	1 H	218	95 Am	n. a.
14 Si	455.6	83 Bi	207.1	96 Cm	n. a.
57 La	431.0	62 Sm	206.7	97 Bk	n. a.
28 Ni	429.7	52 Te	196.7	98 Cf	n. a.
71 Lu	427.6	82 Pb	195.0	99 Es	n. a.
27 Co	424.7	81 Tl	182.2	100 Fm	n. a.
58 Ce	423	56 Ba	180	101 Md	n. a.
39 Y	421.3	20 Ca	178.2	102 No	n. a.
26 Fe	416.3	63 Eu	175.3	103 Lr	n. a.
89 Ac	406	38 Sr	164.4	104 Rf	n. a.
64 Gd	397.5	3 Li	159.4	105 Db	n. a.
24 Cr	396.6	88 Ra	159	106 Sg	n. a.
65 Tb	388.7	70 Yb	152.3	107 Bh	n. a.
46 Pd	378.2	12 Mg	147.7	108 Hs	n. a.
21 Sc	377.8	84 Po	146	109 Mt	n. a.
32 Ge	376.6	30 Zn	130.7		
79 Au	366.1	17 Cl	121.7		

電気抵抗A

($10^{-8}\Omega$)

1 H	n. a.	38 Sr	23	75 Re	19.3
2 He	n. a.	39 Y	57	76 Os	8.12
3 Li	8.55	40 Zr	40	77 Ir	5.3
4 Be	4.0	41 Nb	12.5	78 Pt	10.69
5 B	1.8×10^{12}	42 Mo	5.2	79 Au	2.35
6 C	1375 (graphite)	43 Tc	22.6 (373 K)	80 Hg	94.1
7 N	n. a.	44 Ru	7.6	81 Tl	18.0
8 O	n. a.	45 Rh	4.51	82 Pb	20.648
9 F	n. a.	46 Pd	10.8	83 Bi	106.8
10 Ne	n. a.	47 Ag	1.59	84 Po	140
11 Na	4.2	48 Cd	6.83	85 At	n. a.
12 Mg	4.45	49 In	8.37	86 Rn	n. a.
13 Al	2.6548	50 Sn	11.0	87 Fr	n. a.
14 Si	1.0×10^{5}	51 Sb	39.0	88 Ra	100
15 P	1.0×10^{14}	52 Te	4.36×10^{5}	89 Ac	n. a.
16 S	2.0×10^{24}	53 I	1.3×10^{15}	90 Th	13.0
17 Cl	n. a.	54 Xe	n. a.	91 Pa	17.7
18 Ar	n. a.	55 Cs	20.0	92 U	30.8
19 K	6.15	56 Ba	50	93 Np	122
20 Ca	3.43	57 La	57	94 Pu	146
21 Sc	61.0	58 Ce	73	95 Am	68
22 Ti	42.0	59 Pr	68	96 Cm	n. a.
23 V	24.8	60 Nd	64.0	97 Bk	n. a.
24 Cr	12.7	61 Pm	50 (est.)	98 Cf	n. a.
25 Mn	185	62 Sm	88.0	99 Es	n. a.
26 Fe	9.71	63 Eu	90.0	100 Fm	n. a.
27 Co	6.24	64 Gd	134.0	101 Md	n. a.
28 Ni	6.84	65 Tb	114	102 No	n. a.
29 Cu	1.673	66 Dy	57.0	103 Lr	n. a.
30 Zn	5.916	67 Ho	87.0	104 Rf	n. a.
31 Ga	27	68 Er	87	105 Db	n. a.
32 Ge	4.6×10^{5}	69 Tm	79.0	106 Sg	n. a.
33 As	26	70 Yb	29.0	107 Bh	n. a.
34 Se	1.0×10^{6}	71 Lu	79.0	108 Hs	n. a.
35 Br	n. a.	72 Hf	35.1	109 Mt	n. a.
36 Kr	n. a.	73 Ta	12.45		
37 Rb	12.5	74 W	5.65		

電気抵抗B

($10^{-8}\Omega$)

$_{16}$S	2.0×10^{24}	$_{72}$Hf	35.1	$_{4}$Be	4.0
$_{53}$I	1.3×10^{15}	$_{92}$U	30.8	$_{20}$Ca	3.43
$_{15}$P	1.0×10^{14}	$_{70}$Yb	29.0	$_{13}$Al	2.6548
$_{5}$B	1.8×10^{12}	$_{31}$Ga	27	$_{79}$Au	2.35
$_{34}$Se	1.0×10^{6}	$_{33}$As	26	$_{29}$Cu	1.673
$_{32}$Ge	4.6×10^{5}	$_{23}$V	24.8	$_{47}$Ag	1.59
$_{52}$Te	4.36×10^{5}	$_{38}$Sr	23	$_{1}$H	n. a.
$_{14}$Si	1.0×10^{5}	$_{43}$Tc	22.6 (373 K)	$_{2}$He	n. a.
$_{6}$C	1375 (graphite)	$_{82}$Pb	20.648	$_{7}$N	n. a.
$_{25}$Mn	185	$_{55}$Cs	20.0	$_{8}$O	n. a.
$_{94}$Pu	146	$_{75}$Re	19.3	$_{9}$F	n. a.
$_{84}$Po	140	$_{81}$Tl	18.0	$_{10}$Ne	n. a.
$_{64}$Gd	134.0	$_{91}$Pa	17.7	$_{17}$Cl	n. a.
$_{93}$Np	122	$_{90}$Th	13.0	$_{18}$Ar	n. a.
$_{65}$Tb	114	$_{24}$Cr	12.7	$_{35}$Br	n. a.
$_{83}$Bi	106.8	$_{37}$Rb	12.5	$_{36}$Kr	n. a.
$_{88}$Ra	100	$_{41}$Nb	12.5	$_{54}$Xe	n. a.
$_{80}$Hg	94.1	$_{73}$Ta	12.45	$_{85}$At	n. a.
$_{63}$Eu	90.0	$_{50}$Sn	11.0	$_{86}$Rn	n. a.
$_{62}$Sm	88.0	$_{46}$Pd	10.8	$_{87}$Fr	n. a.
$_{67}$Ho	87.0	$_{78}$Pt	10.69	$_{89}$Ac	n. a.
$_{68}$Er	87	$_{26}$Fe	9.71	$_{96}$Cm	n. a.
$_{69}$Tm	79.0	$_{3}$Li	8.55	$_{97}$Bk	n. a.
$_{71}$Lu	79.0	$_{49}$In	8.37	$_{98}$Cf	n. a.
$_{58}$Ce	73	$_{76}$Os	8.12	$_{99}$Es	n. a.
$_{59}$Pr	68	$_{44}$Ru	7.6	$_{100}$Fm	n. a.
$_{95}$Am	68	$_{28}$Ni	6.84	$_{101}$Md	n. a.
$_{60}$Nd	64.0	$_{48}$Cd	6.83	$_{102}$No	n. a.
$_{21}$Sc	61.0	$_{27}$Co	6.24	$_{103}$Lr	n. a.
$_{39}$Y	57	$_{19}$K	6.15	$_{104}$Rf	n. a.
$_{57}$La	57	$_{30}$Zn	5.916	$_{105}$Db	n. a.
$_{66}$Dy	57.0	$_{74}$W	5.65	$_{106}$Sg	n. a.
$_{56}$Ba	50	$_{77}$Ir	5.3	$_{107}$Bh	n. a.
$_{61}$Pm	50 (est.)	$_{42}$Mo	5.2	$_{108}$Hs	n. a.
$_{22}$Ti	42.0	$_{45}$Rh	4.51	$_{109}$Mt	n. a.
$_{40}$Zr	40	$_{12}$Mg	4.45		
$_{51}$Sb	39.0	$_{11}$Na	4.2		

熱伝導率 (300K) A

(W/m·K)

1 H	0.1869	35 Br	0.122	72 Hf	23.0
2 He	0.1567	36 Kr	0.00949	73 Ta	57.5
3 Li	84.7	37 Rb	58.2	74 W	174
4 Be	200	38 Sr	35.3	75 Re	47.9
5 B	27.0	39 Y	17.2	76 Os	87.6
6 C (diamond)	2320	40 Zr	22.7	77 Ir	147
6 C (graphite∥)	1960	41 Nb	53.7	78 Pt	71.6
6 C (graphite⊥)	5.7	42 Mo	138	79 Au	317
7 N	0.02598	43 Tc	50.6	80 Hg	8.34
8 O	0.02674	44 Ru	117	81 Tl	46.1
9 F	0.0279	45 Rh	150	82 Pb	35.3
10 Ne	0.0493	46 Pd	71.8	83 Bi	7.87
11 Na	141	47 Ag	429	84 Po	20
12 Mg	156	48 Cd	96.8	85 At	1.7
13 Al	237	49 In	81.6	86 Rn	0.00364 (est.)
14 Si	12.06	50 Sn	66.6	87 Fr	15 (est.)
15 P (P_4)	0.235	51 Sb	24.3	88 Ra	18.6 (est.)
15 P (black)	12.1	52 Te	2.35	89 Ac	12
16 S	0.269	53 I	0.449	90 Th	54.0
17 Cl	0.0089	54 Xe	0.00569	91 Pa	47 (est.)
18 Ar	0.0179	55 Cs	35.9	92 U	27.6
19 K	102.4	56 Ba	18.4	93 Np	6.3
20 Ca	200	57 La	13.5	94 Pu	6.74
21 Sc	15.8	58 Ce	11.4	95 Am	10 (est.)
22 Ti	21.9	59 Pr	12.5	96 Cm	10 (est.)
23 V	30.7	60 Nd	16.5	97 Bk	10 (est.)
24 Cr	93.7	61 Pm	17.9 (est.)	98 Cf	10 (est.)
25 Mn	7.82	62 Sm	13.3	99 Es	10 (est.)
26 Fe	80.2	63 Eu	13.9	100 Fm	10 (est.)
27 Co	100	64 Gd	10.6	101 Md	10 (est.)
28 Ni	90.7	65 Tb	11.1	102 No	10 (est.)
29 Cu	401	66 Dy	10.7	103 Lr	n. a.
30 Zn	116	67 Ho	16.2	104 Rf	n. a.
31 Ga	40.6	68 Er	14.3	105 Db	n. a.
32 Ge	59.9	69 Tm	16.8	106 Sg	n. a.
33 As	50.0	70 Yb	14.9	107 Bh	n. a.
34 Se	2.04	71 Lu	16.4	108 Hs	n. a.

熱伝導率 (300K)B

(W/m·K)

$_{6}$C (diamond)	2320	$_{81}$Tl	46.1	$_{96}$Cm	10 (est.)
$_{6}$C (graphite∥)	1960	$_{31}$Ga	40.6	$_{97}$Bk	10 (est.)
$_{47}$Ag	429	$_{55}$Cs	35.9	$_{98}$Cf	10 (est.)
$_{29}$Cu	401	$_{38}$Sr	35.3	$_{99}$Es	10 (est.)
$_{79}$Au	317	$_{82}$Pb	35.3	$_{100}$Fm	10 (est.)
$_{13}$Al	237	$_{23}$V	30.7	$_{101}$Md	10 (est.)
$_{4}$Be	200	$_{92}$U	27.6	$_{102}$No	10 (est.)
$_{20}$Ca	200	$_{5}$B	27.0	$_{80}$Hg	8.34
$_{74}$W	174	$_{51}$Sb	24.3	$_{83}$Bi	7.87
$_{12}$Mg	156	$_{72}$Hf	23.0	$_{25}$Mn	7.82
$_{45}$Rh	150	$_{40}$Zr	22.7	$_{94}$Pu	6.74
$_{77}$Ir	147	$_{22}$Ti	21.9	$_{93}$Np	6.3
$_{11}$Na	141	$_{84}$Po	20	$_{6}$C (graphite⊥)	5.7
$_{42}$Mo	138	$_{88}$Ra	18.6 (est.)	$_{52}$Te	2.35
$_{44}$Ru	117	$_{56}$Ba	18.4	$_{34}$Se	2.04
$_{30}$Zn	116	$_{61}$Pm	17.9 (est.)	$_{85}$At	1.7
$_{19}$K	102.4	$_{39}$Y	17.2	$_{53}$I	0.449
$_{27}$Co	100	$_{69}$Tm	16.8	$_{16}$S	0.269
$_{48}$Cd	96.8	$_{60}$Nd	16.5	$_{15}$P (P_4)	0.235
$_{24}$Cr	93.7	$_{71}$Ln	16.4	$_{1}$H	0.1869
$_{28}$Ni	90.7	$_{67}$Ho	16.2	$_{2}$He	0.1567
$_{76}$Os	87.6	$_{21}$Sc	15.8	$_{35}$Br	0.122
$_{3}$Li	84.7	$_{87}$Fr	15 (est.)	$_{10}$Ne	0.04998
$_{49}$In	81.6	$_{70}$Yb	14.9	$_{9}$F	0.0279
$_{26}$Fe	80.2	$_{68}$Er	14.3	$_{8}$O	0.02674
$_{46}$Pd	71.8	$_{63}$Eu	13.9	$_{7}$N	0.02598
$_{78}$Pt	71.6	$_{57}$La	13.5	$_{18}$Ar	0.0179
$_{50}$Sn	66.6	$_{62}$Sm	13.3	$_{36}$Kr	0.00949
$_{32}$Ge	59.9	$_{59}$Pr	12.5	$_{17}$Cl	0.0089
$_{37}$Rb	58.2	$_{15}$P (black)	12.1	$_{54}$Xe	0.00569
$_{73}$Ta	57.5	$_{14}$Si	12.06	$_{86}$Rn	0.00364 (est.)
$_{90}$Th	54.0	$_{89}$Ac	12	$_{103}$Lr	n. a.
$_{41}$Nb	53.7	$_{58}$Ce	11.4	$_{104}$Rf	n. a.
$_{43}$Tc	50.6	$_{65}$Tb	11.1	$_{105}$Db	n. a.
$_{33}$As	50.0	$_{66}$Dy	10.7	$_{106}$Sg	n. a.
$_{75}$Re	47.9	$_{64}$Gd	10.6	$_{107}$Bh	n. a.
$_{91}$Pa	47 (est.)	$_{95}$Am	10 (est.)	$_{108}$Hs	n. a.

IV　分　析　化　学

発光分光分析で用いられる元素のスペクトル線

元素	波長(Å)	スペクトルのタイプ[a]	励起電位(eV)	分子種など
Ag	3382.89	I	3.66	
	3280.68	I	3.78	
Al	3961.53	I	3.14	
	3092.71	I	4.02	
Am	3926.20	—		
	2832.30	—		
As	2780.20	I	6.7	
	2349.84	I	6.6	
Au	2675.95	I	4.63	
	2427.95	I	5.1	
B	2497.73	I	4.96	
	2496.78	I	4.96	
Ba	4934.09	II	7.7	
	4554.04	II	7.9	
Be	3130.42	II	13.2	
	2348.61	I	5.28	
Bi	3067.72	I	4.04	
	2897.98	I	5.6	
C	2478.57	I	7.7	
	1930.91	II	—	
Ca	3968.47	II	9.2	
	3933.67	II	9.2	
Cd	3610.51	I	7.37	
	2288.02	I	5.41	
Ce	4186.60	II	9.91	
	3952.54	II	11.17	
Cl	6211.61 d	B	—	CaCl
	5934 d	B	—	CaCl
Co	3453.51	I	4.02	
	3405.12	I	4.07	
Cr	4254.35	I	2.91	
	3593.49	I	3.44	
Cs	8521.10	I	1.45	
	4555.36	I	2.72	
Cu	3273.96	I	3.78	
	3247.54	I	3.82	
Dy	4211.72	I		
	3531.71	II	—	

元素	波長(Å)	スペクトルのタイプ[a]	励起電位(eV)	分子種など
Er	4007.97	I		
	3906.32	II	—	
Eu	4205.05	II	8.61	
	3819.66	II	8.91	
F	5771.9	B	—	SrF
	5291.0	B	—	CaF
Fe	3734.87	I	4.18	
	3581.2	I	4.3	
Ga	4172.06	I	3.07	
	2943.64	I	4.29	
Gd	3768.41	II	9.52	
	3422.47	II	10.02	
Ge	2709.63	I	—	
	2651.18	I	4.8	
Hf	3399.80	II	9.14	
	2866.37	I		
Hg	4358.35	I	7.73	
	2536.52	I	4.88	
Ho	3891.02	II	—	
	3456.00	II	—	
In	4511.32	I	3.02	
	3256.09	I	4.1	
Ir	3220.78	I	4.2	
	2543.97	I	—	
K	7664.91	I	1.62	
	4044.14	I	3.06	
La	4086.71	II	8.64	
	3949.11	II	9.15	
Li	6707.84	I	1.9	
	3232.61	I	3.83	
Lu	2911.39	II	5.119	
	2615.42	II	—	
Mg	2852.13	I	4.34	
	2795.53	II	12	
Mn	4030.76	I	3.08	
	2576.10	II	12.2	
Mo	3798.25	I	3.26	
	3132.59	I	3.96	
Na	5669.95	I	2.11	
	3302.32	I	3.75	

元素	波長(Å)	スペクトルのタイプ[a]	励起電位(eV)	分子種など
Nb	4079.73	I	3.12	
	4058.94	I	3.18	
Nd	4303.57	II	—	
	4061.09	II	—	
Ni	3524.54	I	3.54	
	3414.77	I	3.65	
Np	3026.4	—		
	2956.6	—		
Os	3058.66	I	4.05	
	2909.06	I	4.2	
P	2553.28	I	7.1	
	2535.65	I	7.1	
Pb	4057.82	I	4.38	
	2802	I	5.67	
Pd	3609.55	I	4.4	
	3404.58	I	4.58	
Pm	4055.3		—	
	3998.8		—	
Po	2558.1	—		
	2450.0	—		
Pr	4222.98	II	8.75	
	4179.42	II	—	
Pt	3064.71	I	4.05	
	2659.45	I	4.6	
Pu	2925.2		—	
	2835.5		—	
Rb	7800.23	I	1.59	
	4201.85	I	2.95	
Re	3460.47	I	3.58	
	3451.81	I	3.59	
Rh	3692.36	I	3.35	
	3528.02	I	3.7	
Ru	3728.03	I	3.32	
	3498.94	I	3.54	
Sb	2598.06	I	5.98	
	2528.54	I	6.12	
Sc	3911.81	I	3.19	
	3613.84	II	10.1	
Se	2039.85	I	—	
	1960.26	I		

元素	波長(Å)	スペクトルのタイプ[a]	励起電位(eV)	分子種など
Si	2881.58	I	5.08	
	2516.12	I	4.95	
Sm	3592.6	II	9.43	
	3568.26	II	9.56	
Sn	2863.33	I	4.32	
	2839.99	I	4.78	
Sr	4215.52	II	8.6	
	4077.71	II	8.71	
Ta	3012.54	II	10.11	
	2714.67	II	11.05	
Tb	3702.85	II	—	
	3509.17	II		
Tc	4031.31	—		
	3237.0		—	
Te	2385.76	I	5.8	
	2383.25	I	5.8	
Th	4019.13	II	3.08[b]	
	2837.30	II	—	
Ti	3998.64	I	3.14	
	3349.41	II	10.58	
Tl	5350.46	I	3.28	
	3519.24	I	4.49	
Tm	4094.18	I	—	
	3642.20	II	—	
U	3859.58	II	3.24[b]	
	3854.66	II	3.21[b]	
V	4379.24	I	3.13	
	3183.98	I	3.9	
W	4074.36	I	3.4	
	4008.75	I	3.45	
Y	3710.29	II	10	
	3600.73	II	10.1	
Yb	3694.20	II	9.57	
	3289.37	II	9.99	
Zn	3345.02	I	3.78	
	2138.56	I	5.8	
Zr	3435.23	II	10.6	
	3391.98	II	10.7	

a I：中性子線，II：イオン線，B：バンドヘッド；b イオンレベルからの励起電位
d：二重線

炎光分析

元素	波長(nm)	発光型	炎型	感度	元素	波長(nm)	発光型	炎型	感度
Ag	328.0	L	OH	1	K	404.4	L	OH	1.7
	338.3	L	OH	0.6		767	L	OH	0.02
Al	396.2	L	OAn	0.4	La	437	B	OA	0.7
	484	B	OAn	0.4		560	B	OA	0.6
B	492	B	OAn	5		741	B	OA	5
	518	B	OAn	3	Li	670.8	L	OA	0.067
	546	B	OAn	3		610.4	L	OA	4.4
Ba	455.5	I	OA	3	Lu	466	B	OHn	0.05
	515	B	OH	1	Mg	285.2	L	OA	1
	553.6	L	OH	1		383	B	OA	1.6
Ca	422.7	L	OA	0.07	Mn	403.3	L	OA	0.1
	554	B	OA	0.16		560	B	OA	2.7
	662	B	OA	0.6	Na	589.0	L	OH	0.001
Cd	228.8	L	OH	10	Nd	555	B	OHn	0.2
	326.1	L	AH	0.5		702	B	OHn	1
Cs	455	L	OH	2	Ni	341.5	L	OA	3.5
	852	L	OH	0.5		345.8	L	OA	5.2
	894	L	OH	0.5		352.4	L	OA	1.6
Cr	357.9	L	OA	11	Pb	405.8	L	OA	14
	360.5	L	OA	20		368.3	L	OA	21
	425.4	L	OA	5	Rb	420.2	L	OH	4.1
Co	345.4	L	OA	3.4		780.0	L	OH	0.6
	346.6	L	OA	6.4	Sc	604	B	OHn	0.012
	353.0	L	OA	4	Sm	623	B	OHn	0.25
Cu	324.7	L	OA	0.6		651	B	OHn	0.25
	327.4	L	OA	0.8	Sr	407.8	L	OA	0.6
Dy	526	B	OHn	0.11		460.7	L	OA	0.06
	571	B	OHn	0.08		606	B	OH	0.28
Er	546	B	OHn	0.1	Tb	534	B	OHn	0.14
Eu	459.4	L	OHn	0.05	Ti	518	B	OH	10
Fe	372.0	L	OA	2.5	Tl	377.6	L	OH	0.6
	386.0	L	OA	2.7		535.1	L	OH	1.2
Ga	417.2	L	OA	0.5	Tm	485	B	OHn	0.12
	403.3	L	OA	1		557	B	OHn	0.1
Gd	462	B	OHn	0.1	V	523	B	OH	12
	568	B	OHn	0.14	Y	597	B	OAn	0.2
Ho	532	B	OHn	0.11		613	B	OAn	0.4
	559	B	OHn	0.05	Yb	398.8	L	OHn	16
In	410.2	L	OH	0.14		555.6	L	OHn	0.06
	451.1	L	OH	0.07	Zn	213.9	L	OH	500

OH：酸水素フレーム，OA：酸素アセチレンフレーム．
n は有機溶媒を用いたときの意味．

原子吸光分析に用いられる元素のスペクトル線

Ag	328.07	A	0.02	Os	290.91	N	1.2
Al	309.27	N	0.75	Pb	217.99	A	0.2
As	193.70	H	0.8	Pb	283.31	A	0.3
Au	242.80	A	0.1	Pd	247.64	A	0.1
B	249.77	N	8	Pr	495.14	N	18
Ba	553.55	N	0.5	Pt	265.94	A	1
Be	234.66	N	0.03	Rb	780.02	A	0.05
Bi	223.06	A	0.5	Re	346.05	N	10
Ga	422.67	A	0.1	Rh	343.49	A	0.2
Cd	228.80	A	0.01	Ru	349.69	A	0.7
Ce	520.04	N	1000	Sb	217.59	A	0.3
Co	240.72	A	0.1	Sc	391.18	N	0.4
Cr	357.87	A	0.06	Se	196.99	A	0.5
Cs	852.11	A	0.2	Si	251.61	N	2
Cu	324.75	A	0.02	Sm	429.67	N	7
Dy	421.17	N	0.6	Sn	224.61	H	2
Eu	459.40	N	0.3	Sr	460.73	A	0.05
Fe	248.33	A	0.06	Ta	271.47	N	10
Ga	294.36	A	1.1	Te	214.27	A	0.3
Gd	368.42	N	20	Ti	364.27	N	1.5
Ge	265.16	N	2.5	Tl	276.78	A	0.2
Hf	307.29	N	15	V	318.49	N	1
Hg	253.65	A	1	W	255.14	N	5
Ho	416.36	N	2	Y	410.24	N	5
In	303.94	A	0.4	Yb	398.80	N	0.1
Ir	263.97	N	0.8	Zn	213.86	A	0.01
K	766.49	A	0.01	Zr	360.12	N	9
La	357.44	N	50				
Li	670.78	A	0.02				
Lu	335.96	N	8				
Mg	285.21	A	0.003				
Mn	279.48	A	0.02				
Mo	313.26	N	0.4				
Na	588.99	A	0.003				
Nb	358.03	N	25				
Nd	463.42	N	8				
Ni	232.00	A	0.05				

A：O_2-C_2H_2炎，N：N_2O-C_2H_2炎

難溶性沈殿の溶解度積（室温付近）

溶 解 度 積	K_{sp}	pK_{sp}
$[Ag^+]^3[AsO_4^{3-}]$	1×10^{-22}	22
$[Ag^+][Br^-]$	5.2×10^{-13}	12.28
$[Ag^+][Cl^-]$	1.8×10^{-10}	9.74
$[Ag^+]^2[CrO_4^{2-}]$	1.2×10^{-12}	11.92
$[Ag^+][IO_3^-]$	3×10^{-8}	7.52
$[Ag^+][I^-]$	8.3×10^{-17}	16.08
$[Ag^+]^2[S^{2-}]$	6×10^{-50}	49.22
$[Ag^+][SCN^-]$	1.1×10^{-12}	11.96
$[Al^{3+}][OH^-]^3$	2×10^{-32}	31.7
$[Ba^{2+}]^3[AsO_4^{3-}]^2$	7.7×10^{-51}	50.11
$[Ba^{2+}][CO_3^{2-}]$	5.1×10^{-9}	8.29
$[Ba^{2+}][CrO_4^{2-}]$	1.2×10^{-10}	9.92
$[Ba^{2+}][C_2O_4^{2-}]$	2.3×10^{-8}	7.64
$[Ba^{2+}][SO_4^{2-}]$	1.3×10^{-10}	9.89
$[Be^{2+}][OH^-]^2$	7×10^{-22}	21.15
$[BiO^+][OH^-]$	4×10^{-10}	9.4
$[Bi^{3+}][I^-]^3$	8.1×10^{-19}	18.09
$[Ca^{2+}][C_2O_4^{2-}]$	4.8×10^{-9}	8.32
$[Ca^{2+}][F^-]^2$	4.9×10^{-11}	10.31
$[Ca^{2+}][C_2O_4^{2-}]$	2.3×10^{-9}	8.64
$[Ca^{2+}]^3[PO_4^{3-}]^2$	2×10^{-29}	28.7
$[Ca^{2+}][SO_4^{2-}]$	1.2×10^{-6}	5.92
$[Cd^{2+}][CO_3^{2-}]$	2.5×10^{-14}	13.6
$[Cd^{2+}][OH^-]^2$	5.9×10^{-15}	14.23
$[Cd^{2+}][C_2O_4^{2-}]$	9×10^{-8}	7.05
$[Cd^{2+}][S^{2-}]$	2×10^{-28}	27.7
$[Cr^{2+}][OH^-]^2$	1×10^{-17}	17
$[Cr^{3+}][OH^-]^3$	6×10^{-31}	30.22
$[Cu^+][Br^-]$	5.2×10^{-9}	8.28
$[Cu^+][Cl^-]$	1.2×10^{-6}	5.92
$[Cu^+][I^-]$	1.1×10^{-12}	11.96
$[Cu^+][SCN^-]$	4.8×10^{-15}	14.32
$[Cu^{2+}][OH^-]^2$	2.2×10^{-20}	19.66
$[Cu^{2+}][S^{2-}]$	6×10^{-36}	35.22
$[Fe^{2+}][OH^-]^2$	8×10^{-16}	15.1
$[Fe^{2+}][S^{2-}]$	6×10^{-18}	17.22
$[Fe^{3+}][OH^-]^3$	4×10^{-38}	37.4
$[Hg_2^{2+}][Br^-]^2$	5.8×10^{-23}	22.24

溶　解　度　積	K_{sp}	pK_{sp}
$[Hg_2^{2+}][Cl^-]^2$	1.3×10^{-18}	17.89
$[Hg_2^{2+}][I^-]^2$	4.5×10^{-29}	28.35
$[Hg^{2+}][S^{2-}]$	4×10^{-53}	52.4
$[La^{3+}][OH^-]^3$	6.2×10^{-12}	11.21
$[Mg^{2+}][NH_4^+][PO_4^{3-}]$	3×10^{-13}	12.52
$[Mg^{2+}][CO_3^{2-}]$	1×10^{-5}	5
$[Mg^{2+}][F^-]^2$	6.5×10^{-9}	8.19
$[Mg^{2+}][OH^-]^2$	1.8×10^{-11}	10.74
$[Mg^{2+}][C_2O_4^{2-}]$	8.6×10^{-5}	4.07
$[Mn^{2+}][OH^-]^2$	1.9×10^{-13}	12.72
$[Mn^{2+}][S^{2-}]$	3×10^{-13}	12.52
$[Ni^{2+}][S^{2-}]$	3×10^{-19}	18.52
$[Pb^{2+}][Br^-]^2$	3.9×10^{-5}	4.41
$[Pb^{2+}][CO_3^{2-}]$	3.3×10^{-14}	13.48
$[Pb^{2+}][Cl^-]^2$	1.6×10^{-5}	4.8
$[Pb^{2+}][CrO_4^{2-}]$	1.8×10^{-14}	13.74
$[Pb^{2+}][OH^-]^2$	1.2×10^{-15}	14.92
$[Pb^{2+}][I^-]^2$	7.1×10^{-9}	8.15
$[Pb^{2+}][SO_4^{2-}]$	1.6×10^{-8}	7.8
$[Pb^{2+}][S^{2-}]$	1×10^{-28}	28
$[Sr^{2+}][CO_3^{2-}]$	1.1×10^{-10}	9.96
$[Sr^{2+}][CrO_4^{2-}]$	3.6×10^{-5}	4.44
$[Sr^{2+}][C_2O_4^{2-}]$	1.6×10^{-7}	6.8
$[Sr^{2+}][SO_4^{2-}]$	3.2×10^{-7}	6.49
$[Tl^+][Br^-]$	3.4×10^{-6}	5.47
$[Tl^+][Cl^-]$	1.7×10^{-4}	3.77
$[Tl^+][I^-]$	6.5×10^{-8}	7.19
$[Tl^+]^2[S^{2-}]$	5×10^{-21}	20.3
$[Sn^{2+}][S^{2-}]$	1×10^{-25}	25
$[Zn^{2+}][CO_3^{2-}]$	1.4×10^{-11}	10.85
$[Zn^{2+}]^2[Fe(CN)_6^{4-}]$	4.1×10^{-16}	15.39
$[Zn^{2+}][OH^-]^2$	1.2×10^{-17}	16.92
$[Zn^{2+}][C_2O_4^{2-}]$	2.8×10^{-8}	7.55
$[Zn^{2+}][S^{2-}]$	2×10^{-24}	23.7

酸塩基指示薬

指示薬	酸性側	変色域	塩基性側	調製方法
マラカイトグリーン（シュウ酸塩）	黄色	0.0～2.0	青緑	0.1 g/100 ml H_2O
ブリリアントグリーン	黄色	0.0～2.6	緑色	0.1 g/100 ml H_2O
エオシン（黄色）	黄色	0.0～3.0	緑色蛍光	0.1 g/100 ml H_2O
エリスロシン B	橙色	0.0～3.6	赤色	0.1 g/100 ml H_2O
メチルグリーン	黄色	0.1～2.3	青色	0.1 g/100 ml H_2O
メチルバイオレット	黄色	0.1～2.7	紫色	0.1 g/100 ml C_2H_5OH (20%)
ピクリン酸	無色	0.2～1.0	黄色	0.1 g/100 ml C_2H_5OH (70%)
クレゾールレッド	赤色	0.2～1.8	黄色	0.1 g/100 ml C_2H_5OH (20%)
クリスタルバイオレット	黄色	0.8～2.6	紫色	0.1 g/100 ml C_2H_5OH (70%)
メタクレゾールパープル	赤色	1.2～2.8	黄色	0.04 g/100 ml C_2H_5OH (20%)
チモールブルー	赤色	1.2～2.8	黄色	0.04 g/100 ml C_2H_5OH (20%)
パラキシレノールブルー	赤色	1.2～2.8	黄色	0.1 g/100 ml C_2H_5OH (50%)
ペンタメトキシトリフェニルカルビノール	赤色	1.2～3.2	無色	0.1 g/100 ml C_2H_5OH (96%)
エオシン（青色）	無色	1.4～2.4	薄紅色蛍光	0.1 g/100 ml H_2O
キナルジンレッド	無色	1.4～3.2	薄紅色	0.1 g/100 ml C_2H_5OH (60%)
ジニトロフェノール，2,4-	無色	2.8～4.7	黄色	0.1 g/100 ml C_2H_5OH (70%)
メチルイエロー	赤色	2.9～4.0	黄橙色	0.1 g/100 ml C_2H_5OH (90%)
ブロモクロロフェノール	黄色	3.0～4.6	青紫色	0.1 g/100 ml C_2H_5OH (20%)
ブロモフェノールブルー	黄色	3.0～4.6	青紫色	0.1 g/100 ml C_2H_5OH (20%)
コンゴーレッド	青色	3.0～5.2	黄橙色	0.2 g/100 ml H_2O
メチルオレンジ	赤色	3.1～4.4	黄橙色	0.04 g/100 ml C_2H_5OH (20%)
ブロモクレゾールグリーン	黄色	3.8～5.4	青色	0.1 g/100 ml C_2H_5OH (20%)
ジニトロフェノール，2,5-	無色	4.0～5.8	黄色	0.1 g/100 ml C_2H_5OH (70%)
アリザリンスルホン酸ナトリウム	黄色	4.3～6.3	紫色	0.1 g/100 ml C_2H_5OH (50%)
メチルレッド	赤色	4.4～6.2	黄色	0.1 g/100 ml C_2H_5OH (96%)
クロロフェノールレッド	黄色	4.8～6.4	紫色	0.1 g/100 ml C_2H_5OH (20%)
リトマス	赤色	5.0～8.0	青色	4 g/100 ml H_2O
ブロモクレゾールパープル	黄色	5.2～6.8	紫色	0.1 g/100 ml C_2H_5OH (20%)
ブロモフェノールレッド	橙黄色	5.2～6.8	紫色	0.1 g/100 ml C_2H_5OH (20%)
パラニトロフェノール	無色	5.4～7.5	黄色	0.2 g/100 ml C_2H_5OH (96%)
ブロモキシレノールブルー	黄色	5.7～7.5	青色	0.1 g/100 ml C_2H_5OH (96%)
アリザリン	黄色	5.8～7.2	赤色	0.1 g/100 ml C_2H_5OH (96%)
ブロモチモールブルー	黄色	6.0～7.6	青色	0.1 g/100 ml C_2H_5OH (20%)
フェノールレッド	黄色	6.4～8.2	紅紫色	0.1 g/100 ml C_2H_5OH (20%)
メタニトロフェノール	無色	6.6～8.6	橙黄色	0.3 g/100 ml C_2H_5OH (96%)
ニュートラルレッド	赤色	6.8～8.0	黄色	0.3 g/100 ml C_2H_5OH (70%)
テトラブロモフェノールフタレイン	無色	7.0～8.0	紫色	0.1 g/100 ml C_2H_5OH (96%)
クレゾールレッド	橙色	7.0～8.8	紫色	0.1 g/100 ml C_2H_5OH (50%)
ナフトールフタレイン，α-	淡褐色	7.1～8.3	青緑色	0.1 g/100 ml C_2H_5OH (96%)
メタクレゾールパープル	黄色	7.4～9.0	紫色	0.04 g/100 ml C_2H_5OH (20%)

指　示　薬	酸性側	変色域	塩基性側	調製方法
チモールブルー	黄色	8.0～9.6	紫色	0.04 g/100 ml C_2H_5OH (20%)
パラキシレノールブルー	黄色	8.0～9.6	青色	0.1 g/100 ml C_2H_5OH (50%)
フェノールフタレイン	無色	8.2～9.8	紅紫色	0.1 g/100 ml C_2H_5OH (96%)
チモールフタレイン	無色	9.3～10.5	青色	0.1 g/100 ml C_2H_5OH (50%)
アルカリブルー	紫色	9.4～14.0	薄紅色	0.1 g/100 ml C_2H_5OH (96%)
アリザリンイエローGG	薄黄色	10.0～12.1	褐黄色	0.1 g/100 ml H_2O
アリザリン	赤色	10.1～12.1	紫色	0.5 g/100 ml C_2H_5OH (96%)
チタンイエロー	黄色	12.0～13.0	赤色	0.1 g/100 ml C_2H_5OH (20%)
インジゴカーミン	青色	11.5～13.0	黄色	0.25 g/100 ml C_2H_5OH (59%)
エプシロンブルー	橙色	11.06～13.0	紫色	0.1 g/100 ml H_2O

酸化還元指示薬

(特記しない限り pH＝0, 20℃での値)

指　示　薬　名		酸化形	変色電位(V)	還元形
サフラニンT		青紫色	−0.289	無色
フェノサフラニン		青色	−0.25	無色
インジゴカーミン			0.291	
	pH＝5, 30℃		−0.01	
	pH＝7, 30℃		−0.125	
	pH＝9, 30℃		−0.199	
メチレンブルー		紫色	0.532	無色
	pH＝5, 30℃		0.101	
	pH＝7, 30℃		0.011	
ジフェニルアミン		紫色	0.75	無色
ジフェニルベンジジン		紫色	0.75	無色
バリアミンブルー	pH＝2	青色	0.59	無色
ジフェニルアミンスルホン酸		赤紫色	0.80	無色
キシレンシアノールFF		黄色	1.00	赤色
トリス(ジピリジル)鉄錯塩		青色	1.14	赤色
フェロイン		青色	1.14	赤色
ニトロフェロイン		青色	1.25	赤色
アマランス		赤色		無色
ナフトフラボン, α-		褐色		乳光(青色蛍光)

弱酸と弱塩基

酸または塩基名	共役酸	共役塩基
アスコルビン酸	$HC_6H_7O_6$	$C_6H_7O_6^-$
アニリン	$C_6H_5NH_3^+$	$C_6H_5NH_2$
亜ヒ酸	H_3AsO_3	$H_2AsO_3^-$
亜硫酸 (K_1)	H_2SO_3	HSO_3^-
亜硫酸 (K_2)	HSO^{3-}	SO_3^{2-}
安息香酸	C_6H_5COOH	C_6H_5COO-
アンモニア	NH_4^+	NH_3
エタノールアミン	$HOC_2H_4NH_3^+$	$HONC_2H_4NH_2$
エチルアミン	$CH_3CH_2NH_3^+$	$CH_3CH_2NH_2$
エチレンジアミン (K_1)	$NH_2C_2H_4NH_3^+$	$NH_2C_2H_4NH_2$
エチレンジアミン (K_2)	$NH_3C_2H_4NH_3^{2+}$	$NH_2C_2H_4NH_3^+$
エチレンジアミン四酢酸 (K_1)	H_4Y	H_3Y^-
エチレンジアミン四酢酸 (K_2)	H_3Y^-	H_2Y^{2-}
エチレンジアミン四酢酸 (K_3)	H_2Y^{2-}	HY^{3-}
エチレンジアミン四酢酸 (K_4)	HY^{3-}	Y^{4-}
ギ酸	$HCOOH$	$HCOO^-$
クエン酸 (K_1)	$H_3C_6H_5O_7$	$H_2C_6H_5O_7^-$
クエン酸 (K_2)	$H_2C_6H_5O_7^-$	$HC_6H_5O_7^{2-}$
クエン酸 (K_3)	$HC_6H_5O_7^{2-}$	$C_6H_5O_7^{3-}$
グリコール酸	$HOCH_2COOH$	$HOCH_2COO^-$
クロロ酢酸	$ClCH_2COOH$	$ClCH_2COO^-$
コハク酸 (K_1)	$H_2C_4H_4O_4$	$HC_4H_4O_4^-$
コハク酸 (K_2)	$HC_4H_4O_4^-$	$C_4H_4O_4^{2-}$
酢酸	CH_3COOH	CH_3COO^-
サリチル酸	$C_6H_4OHCOOH$	$C_6H_4OHCOO^-$
次亜塩素酸	$HClO$	ClO^-
シアン化水素酸	HCN	CN^-
ジメチルアミン	$(CH_3)_2NH_2^+$	$(CH_3)_2NH$
シュウ酸 (K_1)	$H_2C_2O_4$	$HC_2O_4^-$
シュウ酸 (K_2)	$HC_2O_4^-$	$C_2O_4^{2-}$
酒石酸 (K_1)	$H_2[C_4H_4O_6]$	$H[C_4H_4O_6]^-$
酒石酸 (K_2)	$H[C_4H_4O_6]^-$	$[C_4H_4O_6]^{2-}$
スルファミン酸	H_2NSO_3H	$H_2NSO_3^-$
炭酸 (K_1)	$H_2CO_3(CO_2)$	HCO_3^-
炭酸 (K_2)	HCO_3^-	CO_3^{2-}
トリクロロ酢酸	Cl_3CCOH	Cl_3CCOO^-
トリスヒドロキシメチルアミノメタン	$(HOCH_2)_3CNH_3^+$	$(HOCH_2)_3CNH_2$
トリメチルアミン	$(CH_3)_3NH^+$	$(CH_3)_3N$

の解離定数 A

K_a	pK_a	K_b	pK_b
9×10^{-5}	4.05	1.1×10^{-10}	9.95
2.54×10^{-5}	4.60	3.94×10^{-10}	9.40
6.0×10^{-10}	9.22	1.7×10^{-5}	4.78
1.72×10^{-2}	1.76	5.81×10^{-13}	12.24
6.43×10^{-8}	7.19	1.56×10^{-7}	6.81
6.14×10^{-5}	4.21	1.63×10^{-10}	9.79
5.56×10^{-10}	9.26	1.80×10^{-5}	4.74
3.14×10^{-10}	9.50	3.18×10^{-5}	4.50
2.34×10^{-11}	10.63	4.28×10^{-4}	3.37
1.2×10^{-10}	9.93	8.5×10^{-5}	4.07
1.4×10^{-7}	6.85	7.1×10^{-8}	7.15
1.0×10^{-2}	2.00	1.0×10^{-12}	12.00
2.16×10^{-3}	2.67	4.63×10^{-12}	11.33
6.92×10^{-7}	6.16	1.45×10^{-8}	7.84
5.50×10^{-11}	10.26	1.82×10^{-4}	3.74
1.77×10^{-4}	3.75	5.65×10^{-11}	10.25
7.45×10^{-4}	3.13	1.34×10^{-11}	10.87
1.73×10^{-5}	4.76	5.77×10^{-10}	9.24
3.98×10^{-7}	6.40	2.51×10^{-8}	7.60
1.48×10^{-4}	3.83	6.78×10^{-11}	10.17
1.36×10^{-3}	2.87	7.34×10^{-12}	11.13
6.21×10^{-5}	4.21	1.61×10^{-10}	9.79
2.32×10^{-6}	5.64	4.32×10^{-9}	8.36
1.75×10^{-5}	4.76	5.71×10^{-10}	9.24
1.05×10^{-3}	2.98	9.5×10^{-12}	11.02
3.0×10^{-8}	7.52	3.3×10^{-7}	6.48
7.8×10^{-9}	9.21	1.6×10^{-5}	4.79
1.7×10^{-11}	10.77	5.9×10^{-4}	3.23
5.36×10^{-2}	1.27	1.87×10^{-13}	12.73
5.42×10^{-5}	4.27	1.85×10^{-10}	9.73
9.20×10^{-4}	3.04	1.09×10^{-11}	10.96
4.31×10^{-5}	4.30	2×10^{-10}	9.63
1.03×10^{-1}	0.99	9.75×10^{-14}	13.01
4.45×10^{-7}	6.35	2.25×10^{-8}	7.65
4.7×10^{-11}	10.33	2.1×10^{-4}	3.67
1.29×10^{-1}	0.89	7.8×10^{-14}	13.11
8.41×10^{-9}	8.08	1.19×10^{-6}	5.92
1.60×10^{-10}	9.80	6.25×10^{-5}	4.20

酸または塩基名	共役酸	共役塩基
ニトリロ三酢酸 (K_1)	H_3Z	H_2Z^-
ニトリロ三酢酸 (K_2)	H_2Z^-	HZ^{2-}
ニトリロ三酢酸 (K_3)	HZ^{2-}	Z^{3-}
乳酸	$CH_3CH(OH)COOH$	$CH_3CH(OH)COO^-$
ピクリン酸	$(NO_2)_3C_6H_2OH$	$(NO_2)_3C_6H_2O^-$
ヒドラジン	$H_2NNH_3^+$	H_2NNH_2
ヒドロキシルアミン	$HONH_3^+$	$HONH_2$
ピペリジン	$C_5H_{10}NH_3^+$	$C_5H_{10}NH_2$
ピリジン	$C_5H_5NH^+$	C_5H_5N
ヒ酸 (K_1)	H_3AsO_4	$H_2AsO_4^-$
ヒ酸 (K_2)	$H_2AsO_4^-$	$HAsO_4^{2-}$
ヒ酸 (K_3)	$HAsO_4^{2-}$	AsO_4^{3-}
フェノール (石炭酸)	C_6H_5OH	$C_6H_5O^-$
フタル酸 (K_1)	$H_2[C_8H_4O_4]$	$H[C_8H_4O_4]^-$
フタル酸 (K_2)	$H[C_8H_4O_4]^-$	$[C_8H_4O_4]^{2-}$
フッ化水素酸	HF	F^-
フルオロ酢酸	FCH_2COOH	FCH_2COO^-
プロピオン酸	C_2H_5COOH	$C_2H_5COO^-$
ブロモ酢酸	$BrCH_2COOH$	$BrCH_2COO^-$
ホウ酸	H_3BO_3	$H_2BO_3^-$
ホスホン酸 (亜リン酸) (K_1)	$H_2[PO_3H]$	$H[PO_3H]^-$
ホスホン酸 (亜リン酸) (K_2)	$H[PO_3H]^-$	$[PO_3H]^{2-}$
マレイン酸 (K_1)	$H_2C_4H_2O_4$	$HC_4H_2O_4^-$
マレイン酸 (K_2)	$HC_4H_2O_4^-$	$C_4H_2O_4^{2-}$
マロン酸 (K_1)	$HOOCCH_2COOH$	$HOOCCH_2COO^-$
マロン酸 (K_2)	$HOOCCH_2COO^-$	$OOCCH_2COO^{2-}$
メチルアミン	$CH_3NH_3^+$	CH_3NH_2
ヨウ素酸	HIO_3	IO_3^-
酪酸	C_3H_7COOH	$C_3H_7COO^-$
硫化水素酸 (K_1)	H_2S	HS^-
硫化水素酸 (K_2)	HS^-	S^{2-}
硫酸 (K_1)	H_2SO_4	HSO_4^-
硫酸 (K_2)	HSO_4^-	SO_4^{2-}
リン酸 (K_1)	H_3PO_4	$H_2PO_4^-$
リン酸 (K_2)	$H_2PO_4^-$	HPO_4^{2-}
リン酸 (K_3)	HPO_4^{2-}	PO_4^{3-}

K_a	pK_a	K_b	pK_b
2.2×10^{-2}	1.65	4.5×10^{-13}	12.35
1.1×10^{-3}	2.95	8.9×10^{-12}	11.05
5.2×10^{-11}	10.28	1.9×10^{-4}	3.72
1.37×10^{-4}	3.86	7.28×10^{-11}	10.14
5.1×10^{-1}	0.29	1.9×10^{-14}	13.71
6.2×10^{-10}	8.11	1.3×10^{-6}	5.89
1.1×10^{-6}	5.96	9.1×10^{-9}	8.04
7.6×10^{-11}	11.12	1.3×10^{-3}	2.88
6.0×10^{-6}	5.22	1.7×10^{-9}	8.78
6.0×10^{-3}	2.22	1.7×10^{-12}	11.78
1.05×10^{-7}	6.98	9.52×10^{-8}	7.02
3.0×10^{-12}	11.52	3.3×10^{-3}	2.48
1.00×10^{-10}	10.00	1.00×10^{-4}	4.00
1.12×10^{-3}	2.95	8.91×10^{-12}	11.05
3.91×10^{-6}	5.41	2.56×10^{-9}	8.59
7.2×10^{-4}	3.14	1.4×10^{-11}	10.86
2.59×10^{-3}	2.59	3.85×10^{-12}	11.41
1.34×10^{-5}	4.87	7.48×10^{-10}	9.13
1.25×10^{-3}	2.90	8.00×10^{-12}	11.10
5.83×10^{-10}	9.23	1.71×10^{-5}	4.17
1.00×10^{-2}	2.00	1.00×10^{-12}	12.00
2.6×10^{-7}	6.59	3.8×10^{-8}	7.41
1.20×10^{-2}	1.92	8.34×10^{-13}	12.08
5.96×10^{-7}	6.22	1.68×10^{-8}	7.78
1.40×10^{-3}	2.86	7.16×10^{-12}	11.14
2.01×10^{-6}	5.70	4.97×10^{-9}	8.30
2.1×10^{-11}	10.68	4.8×10^{-4}	3.32
1.7×10^{-1}	0.78	6.0×10^{-14}	13.22
1.52×10^{-5}	4.82	6.56×10^{-10}	9.18
5.7×10^{-8}	7.24	1.3×10^{-7}	6.76
1.4×10^{-15}	14.90	8.3×10^{-10}	0.90
完全解離			
1.20×10^{-2}	1.92	8.34×10^{-13}	12.08
7.1×10^{-3}	2.15	1.4×10^{-12}	11.85
6.3×10^{-8}	7.20	1.6×10^{-7}	6.80
4.2×10^{-13}	12.38	2.4×10^{-2}	1.62

弱酸と弱塩基

酸または塩基名	共役酸	共役塩基
硫酸 (K_1)	H_2SO_4	HSO_4^-
ピクリン酸	$(NO_2)_3C_6H_2OH$	$(NO_2)_3C_6H_2O^-$
ヨウ素酸	HIO_3	IO_3^-
トリクロロ酢酸	Cl_3CCOOH	Cl_3CCOO^-
スルファミン酸	H_2NSO_3H	$H_2NSO_3^-$
シュウ酸 (K_1)	$H_2C_2O_4$	$HC_2O_4^-$
ニトリロ三酢酸 (K_1)	H_3Z	H_2Z^-
亜硫酸 (K_1)	H_2SO_3	HSO_3^-
硫酸 (K_2)	HSO_4^-	SO_4^{2-}
マレイン酸 (K_1)	$H_2C_4H_2O_4$	$HC_4H_2O_4^-$
ホスホン酸 (亜リン酸) (K_1)	$H_2[PO_3H]$	$H[PO_3H]^-$
エチレンジアミン四酢酸 (K_1)	H_4Y	H_3Y^-
リン酸 (K_1)	H_3PO_4	$H_2PO_4^-$
ヒ酸 (K_1)	H_3AsO_4	$H_2AsO_4^-$
フルオロ酢酸	FCH_2COOH	FCH_2COO^-
エチレンジアミン四酢酸 (K_2)	H_3Y^-	H_2Y^{2-}
マロン酸 (K_1)	$HOOCCH_2COOH$	$HOOCCH_2COO^-$
クロロ酢酸	$ClCH_2COOH$	$ClCH_2COO^-$
ブロモ酢酸	$BrCH_2COOH$	$BrCH_2COO^-$
フタル酸 (K_1)	$H_2[C_8H_4O_4]$	$H[C_8H_4O_4]^-$
ニトリロ三酢酸 (K_2)	H_2Z^-	HZ^{2-}
サリチル酸	$C_6H_4OHCOOH$	$C_6H_4OHCOO^-$
酒石酸 (K_1)	$H_2[C_4H_4O_6]$	$H[C_4H_4O_6]^-$
クエン酸 (K_1)	$H_3C_6H_5O_7$	$H_2C_6H_5O_7^-$
フッ化水素酸	HF	F^-
ギ酸	$HCOOH$	$HCOO^-$
グリコール酸	$HOCH_2COOH$	$HOCH_2COO^-$
乳酸	$CH_3CH(OH)COOH$	$CH_3CH(OH)COO^-$
アスコルビン酸	$HC_6H_7O_6$	$C_6H_7O_6^-$
コハク酸 (K_1)	$H_2C_4H_4O_4$	$HC_4H_4O_4^-$
安息香酸	C_6H_5COOH	$C_6H_5COO^-$
シュウ酸 (K_2)	$HC_2O_4^-$	$C_2O_4^{2-}$
酒石酸 (K_2)	$H[C_4H_4O_6]^-$	$[C_4H_4O_6]^{2-}$
アニリン	$C_6H_5NH_3^+$	$C_6H_5NH_2$
酢酸	CH_3COOH	CH_3COO^-
クエン酸 (K_2)	$H_2C_6H_5O_7^-$	$HC_6H_5O_7^{2-}$
酪酸	C_3H_7COOH	$C_3H_7COO^-$
プロピオン酸	C_2H_5COOH	$C_2H_5COO^-$

の解離定数 B

K_a	pK_a	K_b	pK_b
完全解離			
5.1×10^{-1}	0.29	1.9×10^{-14}	13.71
1.7×10^{-1}	0.78	6.0×10^{-14}	13.22
1.29×10^{-1}	0.89	7.8×10^{-14}	13.11
1.03×10^{-1}	0.99	9.75×10^{-14}	13.01
5.36×10^{-2}	1.27	1.87×10^{-13}	12.73
2.2×10^{-2}	1.65	4.5×10^{-13}	12.35
1.72×10^{-2}	1.76	5.81×10^{-13}	12.24
1.20×10^{-2}	1.92	8.34×10^{-13}	12.08
1.20×10^{-2}	1.92	8.34×10^{-13}	12.08
1.00×10^{-2}	2.00	1.00×10^{-12}	12.00
1.0×10^{-2}	2.00	1.0×10^{-12}	12.00
7.1×10^{-3}	2.15	1.4×10^{-12}	11.85
6.0×10^{-3}	2.22	1.7×10^{-12}	11.78
2.59×10^{-3}	2.59	3.85×10^{-12}	11.41
2.16×10^{-3}	2.67	4.63×10^{-12}	11.33
1.40×10^{-3}	2.86	7.16×10^{-12}	11.14
1.36×10^{-3}	2.87	7.34×10^{-12}	11.13
1.25×10^{-3}	2.90	8.00×10^{-12}	11.10
1.12×10^{-3}	2.95	8.91×10^{-12}	11.05
1.1×10^{-3}	2.95	8.9×10^{-12}	11.05
1.05×10^{-3}	2.98	9.5×10^{-12}	11.02
9.20×10^{-4}	3.04	1.09×10^{-11}	10.96
7.45×10^{-4}	3.13	1.34×10^{-11}	10.87
7.2×10^{-4}	3.14	1.4×10^{-11}	10.86
1.77×10^{-4}	3.75	5.65×10^{-11}	10.25
1.48×10^{-4}	3.83	6.78×10^{-11}	10.17
1.37×10^{-4}	3.86	7.28×10^{-11}	10.14
9×10^{-5}	4.05	1.1×10^{-10}	9.95
6.21×10^{-5}	4.21	1.61×10^{-10}	9.79
6.14×10^{-5}	4.21	1.63×10^{-10}	9.79
5.42×10^{-5}	4.27	1.85×10^{-10}	9.73
4.31×10^{-5}	4.30	2×10^{-10}	9.63
2.54×10^{-5}	4.60	3.94×10^{-10}	9.40
1.75×10^{-5}	4.76	5.71×10^{-10}	9.24
1.73×10^{-5}	4.76	5.77×10^{-10}	9.24
1.52×10^{-5}	4.82	6.56×10^{-10}	9.18
1.34×10^{-5}	4.87	7.48×10^{-10}	9.13

酸または塩基名	共役酸	共役塩基
ピリジン	$C_5H_5NH^+$	C_5H_5N
フタル酸 (K_2)	$H[C_8H_4O_4]^-$	$[C_8H_4O_4]^{2-}$
コハク酸 (K_2)	$HC_4H_4O_4^-$	$C_4H_4O_4^{2-}$
マロン酸 (K_2)	$HOOCCH_2COO^-$	$OOCCH_2COO^{2-}$
ヒドロキシルアミン	$HONH_3^+$	$HONH_2$
エチレンジアミン四酢酸 (K_3)	H_2Y^{2-}	HY^{3-}
マレイン酸 (K_2)	$HC_4H_2O_4^-$	$C_4H_2O_4^{2-}$
炭酸 (K_1)	$H_2CO_3(CO_2)$	HCO_3^-
クエン酸 (K_3)	$HC_6H_5O_7^{2-}$	$C_6H_5O_7^{3-}$
ホスホン酸 (亜リン酸) (K_2)	$H[PO_3H]^-$	$[PO_3H]^{2-}$
エチレンジアミン (K_2)	$NH_3C_2H_4NH_3^{2+}$	$NH_2C_2H_4NH_3^+$
ヒ酸 (K_2)	$H_2AsO_4^-$	$HAsO_4^{2-}$
亜硫酸 (K_2)	HSO_3^-	SO_3^{2-}
リン酸 (K_2)	$H_2PO_4^-$	HPO_4^{2-}
硫化水素酸 (K_1)	H_2S	HS^-
次亜塩素酸	$HClO$	ClO^-
トリスヒドロキシメチルアミノメタン	$(HOCH_2)_3CNH_3^+$	$(HOCH_2)_3CNH_2$
シアン化水素酸	HCN	CN^-
ヒドラジン	$H_2NNH_3^+$	H_2NNH_2
亜ヒ酸	H_3AsO_3	$H_2AsO_3^-$
ホウ酸	H_3BO_3	$H_2BO_3^-$
アンモニア	NH_4^+	NH_3
エタノールアミン	$HOC_2H_4NH_3^+$	$HONC_2H_4NH_2$
トリメチルアミン	$(CH_3)_3NH^+$	$(CH_3)_3N$
エチレンジアミン (K_1)	$NH_2C_2H_4NH_3^+$	$NH_2C_2H_4NH_2$
フェノール (石炭酸)	C_6H_5OH	$C_6H_5O^-$
エチレンジアミン四酢酸 (K_4)	HY^{3-}	Y^{4-}
ニトリロ三酢酸 (K_3)	HZ^{2-}	Z^{3-}
炭酸 (K_2)	HCO_3^-	CO_3^{2-}
エチルアミン	$CH_3CH_2NH_3^+$	$CH_3CH_2NH_2$
メチルアミン	$CH_3NH_3^+$	CH_3NH_2
ジメチルアミン	$(CH_3)_2NH_2^+$	$(CH_3)_2NH$
ピペリジン	$C_5H_{10}NH_3^+$	$C_5H_{10}NH_2$
ヒ酸 (K_3)	$HAsO_4^{2-}$	AsO_4^{3-}
リン酸 (K_3)	HPO_4^{2-}	PO_4^{3-}
硫化水素酸 (K_2)	HS^-	S^{2-}

K_a	pK_a	K_b	pK_b
6.0×10^{-6}	5.22	1.7×10^{-9}	8.78
3.91×10^{-6}	5.41	2.56×10^{-9}	8.59
2.32×10^{-6}	5.64	4.32×10^{-9}	8.36
2.01×10^{-6}	5.70	4.97×10^{-9}	8.30
1.1×10^{-6}	5.96	9.1×10^{-9}	8.04
6.92×10^{-7}	6.16	1.45×10^{-8}	7.84
5.96×10^{-7}	6.22	1.68×10^{-8}	7.78
4.45×10^{-7}	6.35	2.25×10^{-8}	7.65
3.98×10^{-7}	6.40	2.51×10^{-8}	7.60
2.6×10^{-7}	6.59	3.8×10^{-8}	7.41
1.4×10^{-7}	6.85	7.1×10^{-8}	7.15
1.05×10^{-7}	6.98	9.52×10^{-8}	7.02
6.43×10^{-8}	7.19	1.56×10^{-7}	6.81
6.3×10^{-8}	7.20	1.6×10^{-7}	6.80
5.7×10^{-8}	7.24	1.3×10^{-7}	6.76
3.0×10^{-8}	7.52	3.3×10^{-7}	6.48
8.41×10^{-9}	8.08	1.19×10^{-6}	5.92
7.8×10^{-9}	9.21	1.6×10^{-5}	4.79
6.2×10^{-10}	8.11	1.3×10^{-6}	5.89
6.0×10^{-10}	9.22	1.7×10^{-5}	4.78
5.83×10^{-10}	9.23	1.71×10^{-5}	4.17
5.56×10^{-10}	9.26	1.80×10^{-5}	4.74
3.14×10^{-10}	9.50	3.18×10^{-5}	4.50
1.60×10^{-10}	9.80	6.25×10^{-5}	4.20
1.2×10^{-10}	9.93	8.5×10^{-5}	4.07
1.00×10^{-10}	10.00	1.00×10^{-4}	4.00
5.50×10^{-11}	10.26	1.82×10^{-4}	3.74
5.2×10^{-11}	10.28	1.9×10^{-4}	3.72
4.7×10^{-11}	10.33	2.1×10^{-4}	3.67
2.34×10^{-11}	10.63	4.28×10^{-4}	3.37
2.1×10^{-11}	10.68	4.8×10^{-4}	3.32
1.7×10^{-11}	10.77	5.9×10^{-4}	3.23
7.6×10^{-11}	11.12	1.3×10^{-3}	2.88
3.0×10^{-12}	11.52	3.3×10^{-3}	2.48
4.2×10^{-13}	12.38	2.4×10^{-2}	1.62
1.4×10^{-15}	14.90	8.3×10^{-0}	0.90

緩衝溶液

Henderson-Hasselbalch の式を用いれば，一価の弱酸とその塩のそれぞれの等モル濃度の溶液を下記の体積比で混合することにより，必要な pH の緩衝溶液を調製することができる．

Henderson-Hasselbalch の式：

$$pH = pK_A - \log\frac{C_a}{C_b}$$

$$\Delta pH = pH - pK_A = -\log(C_a/C_b)$$

弱酸の pK からのズレ ΔpH	濃度商 C_a/C_b	体積比 弱酸/弱酸	弱酸の塩 V_b
−1	10.000	0.91	0.09
−0.9	7.943	0.89	0.11
−0.8	6.310	0.86	0.14
−0.7	5.012	0.83	0.17
−0.6	3.981	0.80	0.20
−0.5	3.162	0.76	0.24
−0.4	2.512	0.72	0.28
−0.3	1.995	0.67	0.33
−0.2	1.585	0.61	0.39
−0.1	1.259	0.56	0.44
0	1.000	0.50	0.50
0.1	0.794	0.44	0.56
0.2	0.631	0.39	0.61
0.3	0.501	0.33	0.67
0.4	0.398	0.28	0.72
0.5	0.316	0.24	0.76
0.6	0.251	0.20	0.80
0.7	0.200	0.17	0.83
0.8	0.158	0.14	0.86
0.9	0.126	0.11	0.89
1	0.100	0.09	0.91

C_a	C_b	濃度商 C_a/C_b	弱酸の pK からのズレ $\log(C_a/C_b)$
1	19	0.05	1.28
2	18	0.11	0.95
3	17	0.18	0.75
4	16	0.25	0.60
5	15	0.33	0.48
6	14	0.43	0.37
7	13	0.54	0.27
8	12	0.67	0.18
9	11	0.82	0.09
10	10	1.00	−0.00
11	9	1.22	−0.09
12	8	1.50	−0.18
13	7	1.86	−0.27
14	6	2.33	−0.37
15	5	3.00	−0.48
16	4	4.00	−0.60
17	3	5.67	−0.75
18	2	9.00	−0.95
19	1	19.00	−1.28

緩衝溶液の組成と pH 値

代表的な緩衝溶液と得られる pH の範囲を示す．A 液と B 液をいろいろな割合で混合し，場合によってはさらに水で希釈すると記載した pH 領域の溶液が得られる．

溶液の名称	A 液：( ) 内は濃度 C (mol/l)	B 液：( ) 内は濃度 C (mol/l)	pH 領域
Clark-Lubs の緩衝液			
	塩化カリウム (0.2)	塩酸 (0.2)	1.0～2.2
	フタル酸水素カリウム (0.2)	塩酸 (0.2)	2.2～3.8
	フタル酸水素カリウム (0.2)	水酸化ナトリウム (0.2)	4.0～6.2
	リン酸二水素カリウム (0.2)	水酸化ナトリウム (0.2)	5.8～8.0
	ホウ酸 (0.2)＋塩化カリウム (0.2)	水酸化ナトリウム (0.2)	7.8～10.0
Sφrensen の緩衝液			
	グリシン (0.1)＋塩化ナトリウム (0.1)	塩酸 (0.1)	1.1～4.6
	グリシン (0.1)＋塩化ナトリウム (0.1)	水酸化ナトリウム (0.1)	8.6～13.0
	クエン酸ナトリウム (0.1)	塩酸 (0.1)	1.1～4.9
	クエン酸ナトリウム (0.1)	水酸化ナトリウム (0.1)	5.0～6.7
	四ホウ酸ナトリウム (ホウ砂) (0.2)	塩酸 (0.1)	7.6～9.2
	四ホウ酸ナトリウム (ホウ砂) (0.2)	水酸化ナトリウム (0.1)	9.3～12.4
	リン酸二水素カリウム (1/15)	リン酸水素二ナトリウム (1/15)	5.3～8.0
Kolthoff の緩衝液			
	クエン酸カリウム (0.1)	クエン酸 (0.1)	2.2～3.6
	クエン酸二水素カリウム (0.1)	塩酸 (0.1)	2.2～3.6
	クエン酸二水素カリウム (0.1)	水酸化ナトリウム (0.1)	3.8～6.0
	コハク酸 (0.05)	四ホウ酸ナトリウム (0.05)	3.0～5.8
	クエン酸二水素カリウム (0.1)	四ホウ酸ナトリウム (0.05)	3.8～6.0
	リン酸二水素カリウム (0.1)	四ホウ酸ナトリウム (0.05)	5.8～9.2
	四ホウ酸ナトリウム (0.05)	炭酸ナトリウム (0.05)	9.2～11.0
	塩酸 (0.1)	炭酸ナトリウム (0.05)	10.2～11.2
	リン酸水素二ナトリウム (0.1)	水酸化ナトリウム (0.1)	11.0～12.0
Michaelis の緩衝液			
	酒石酸 (0.1)	酒石酸ナトリウム (0.05)	1.4～4.5
	乳酸 (0.1)	乳酸ナトリウム (0.1)	2.3～5.3
	酢酸 (0.1)	酢酸ナトリウム (0.1)	3.2～6.2
	リン酸二水素カリウム (1/30)	リン酸水素二ナトリウム (1/30)	5.2～8.3
	塩化アンモニウム (0.1)	アンモニア (0.1)	8.0～11.0
	ジエチルバルビツル酸ナトリウム (0.1)	塩酸 (0.1)	6.8～9.6
	ジエチルグリシンナトリウム塩 (0.2)	塩酸 (0.1)	8.6～10.6
McIlvaine の広域緩衝液			
	リン酸水素二ナトリウム (0.2)	クエン酸 (0.1)	2.2～8.0
Britton-Robinson の広域緩衝液			
	クエン酸＋リン酸二水素カリウム＋ホウ酸＋ジエチルバルビツル酸 (濃度はいずれも 0.0286)	リン酸三ナトリウム (0.1)	2.6～12.0
Cannody の広域緩衝液			
	ホウ酸 (0.2)＋クエン酸 (0.05)	リン酸三ナトリウム (0.1)	2.0～12.0

溶液の名称	A液：( )内は濃度 C (mol/l)	B液：( )内は濃度 C (mol/l)	pH 領域
Gomoriの緩衝液			
	2,4,6-トリメチルピリジン (0.2)	塩酸 (0.2)	6.4〜8.4
	トリス (ヒドロキシメチル) アミノメタン (0.2)	塩酸 (0.1)	7.2〜9.1
	2-アミノ-2-メチル-1,3-プロパンジオール (0.2)	塩酸 (0.2)	7.8〜9.7
Bates-Bower の Tris 緩衝液			
	トリス (ヒドロキシメチル) アミノメタン (0.1)	塩酸 (0.1)	7.0〜9.0
HEPES 緩衝液			
	3-[4-(2-ヒドロキシエチル)-1-ピペラジニル]-1-プロパンスルホン酸 (HEPES)	水酸化ナトリウム	6.6〜7.5
紫外スペクトル測定用広域緩衝液			
	クエン酸＋リン酸二水素カリウム＋四ホウ酸ナトリウム＋トリス (ヒドロキシメチル)	塩酸 (0.4)	2.0〜4.8
	アミノメタン (Tris)＋塩化カリウム (いずれも濃度 0.1)	水酸化ナトリウム (0.4)	5.0〜12.0

緩衝液の処方

p. 97, 98のリストは広い範囲をもれなくカバーできるようにつくられているが，実際によく用いられる緩衝液の処方のいくつかをまとめておく．

McIlvaine 緩衝液

0.2 M Na_2HPO_4 (ml)	0.4	1.24	2.18	3.17	4.11	4.94	5.7	6.44	7.1	7.71	8.28
0.1 M クエン酸 (ml)	19.6	18.76	17.82	16.83	15.89	15.06	14.3	13.56	12.9	12.29	11.72
pH	2.2	2.4	2.6	2.8	3.0	3.2	3.4	3.6	3.8	4.0	4.2
0.2 M Na_2HPO_4 (ml)	8.82	9.35	9.86	10.3	10.72	11.15	11.6	12.09	12.63	13.22	13.85
0.1 M クエン酸 (ml)	11.18	10.65	10.14	9.7	9.28	8.85	8.4	7.91	7.37	6.78	6.15
pH	4.4	4.6	4.8	5.0	5.2	5.4	5.6	5.8	6.0	6.2	6.4
0.2 M Na_2HPO_4 (ml)	14.55	15.45	16.47	17.39	18.17	18.73	19.15	19.45			
0.1 M クエン酸 (ml)	5.45	4.55	3.53	2.61	1.83	1.27	0.85	0.55			
pH	6.6	6.8	7.0	7.2	7.4	7.6	7.8	8.0			

酢酸-酢酸ナトリウム (アセテートバッファ，Walpole 緩衝液の一つ)

0.2 M 酢酸 (ml)	18.5	17.6	16.4	14.7	12.6	10.2	8.0	5.9	4.2	2.9	1.9
0.2 M 酢酸ナトリウム (ml)	1.5	2.4	3.6	5.3	7.4	9.8	12	14.1	15.8	17.1	18.1
pH	3.6	3.8	4.0	4.2	4.4	4.6	4.8	5.0	5.2	5.4	5.6

リン酸二水素カリウム-リン酸水素二ナトリウム (ホスフェートバッファ，Michaelis 緩衝液)

M/15 KH_2PO_4 (ml)	9.0	8.0	7.0	6.0	5.0	4.0	3.0	2.0	1.0
M/15 Na_2HPO_4 (ml)	1.0	2.0	3.0	4.0	5.0	6.0	7.0	8.0	9.0
pH	5.91	6.24	6.47	6.64	6.81	6.98	7.17	7.38	7.73

塩化アンモニウム-アンモニア (アンモニアバッファ，Michaelis 緩衝液)

0.1 M NH_4Cl (ml)	9.0	8.0	7.0	6.0	5.0	4.0	3.0	2.0	1.0
0.1 M NH_3 (ml)	1.0	2.0	3.0	4.0	5.0	6.0	7.0	8.0	9.0
pH	8.35	8.50	8.91	9.10	9.25	9.40	9.61	9.83	10.17

ホウ砂 (四ホウ酸ナトリウム)-水酸化ナトリウム (ボラックスバッファ，Michaelis 緩衝液)

0.2 M $Na_2B_4O_7$ (ml)	10	9	8	7	6	5	4
0.1 M NaOH (ml)	0	1	2	3	4	5	6
pH	9.23	9.35	9.48	9.66	9.94	11.04	12.32

代表的実験器具

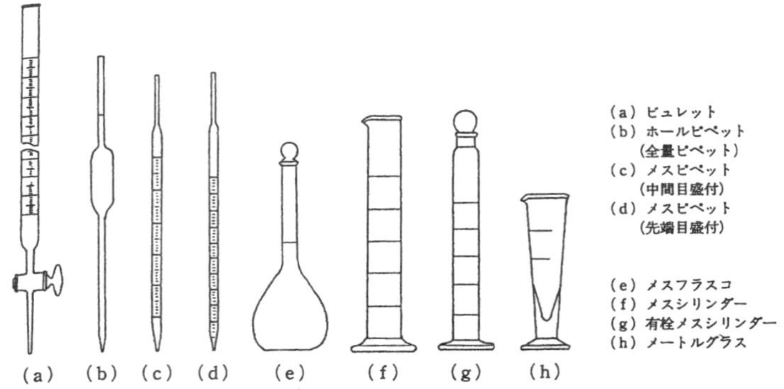

図1　体積計の例

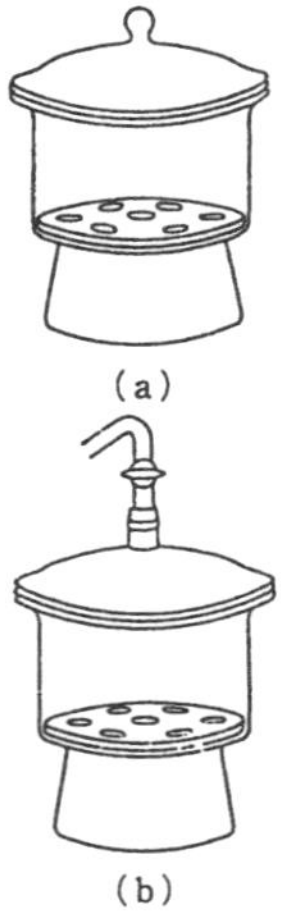

図2　デシケーター

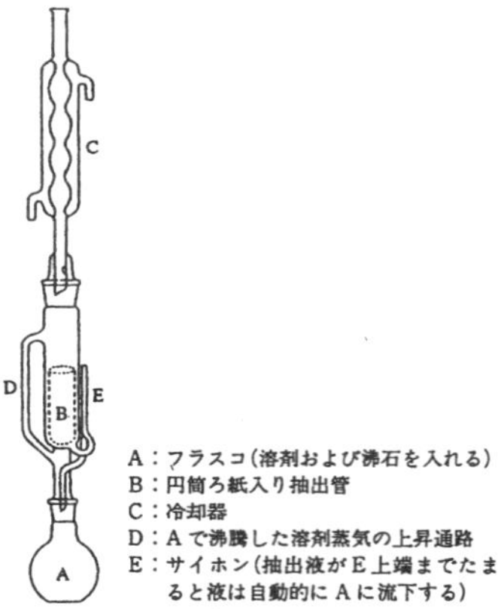

図3　ソックスレー抽出器

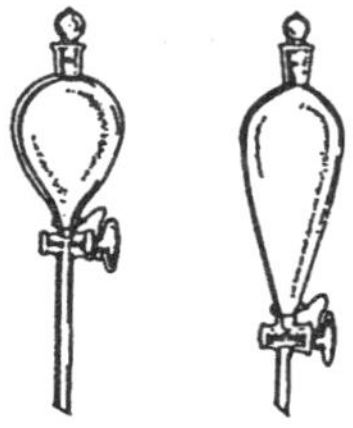

図4　分液ロート

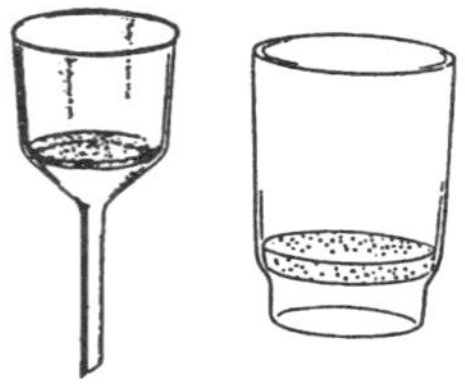

図5　ガラスろ過器

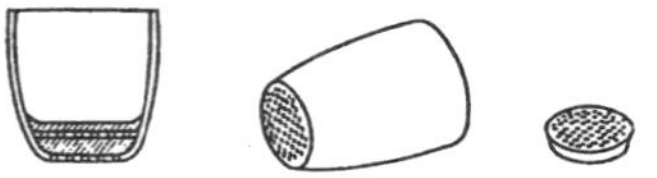

図6　グーチルツボ

V　化合物の性質

酸化物の融点 A

(℃)

1 H	H_2O	0	24 Cr	Cr_2O_3	2437
2 He			24 Cr	CrO_2	427 d
3 Li	Li_2O	1570	24 Cr	CrO_3	197
4 Be	BeO	2578	25 Mn	MnO	1840
5 B	B_2O_3	450	25 Mn	Mn_2O_3	1080 d
6 C	C_3O_2	−111.3	25 Mn	MnO_2	535 d
6 C	CO	−205	25 Mn	Mn_2O_7	5.9
6 C	CO_2	−56.6 p	26 Fe	FeO	1377 d
7 N	N_2O	90.86	26 Fe	Fe_3O_4	1538
7 N	NO	−151.8	26 Fe	Fe_2O_3	1457 d
7 N	N_2O_3	−100.7	27 Co	CoO	1830 d
7 N	N_2O_4	−9.3	27 Co	Co_3O_4	900 d
7 N	NO_2	−10.2	27 Co	Co_2O_3	895 d
7 N	N_2O_5	32.4 s	28 Ni	NiO	1957
8 O	O_2	−218.8	28 Ni	Ni_2O_3	600 d
9 F	F_2O_2	−154	29 Cu	Cu_2O	1235
9 F	F_2O	−223.9	29 Cu	CuO	1446
10 Ne			30 Zn	ZnO	1975
11 Na	Na_2O	920	31 Ga	Ga_2O	700 d
12 Mg	MgO	2826	31 Ga	Ga_2O_3	1740
13 Al	Al_2O_3	2054	32 Ge	GeO	700 d
14 Si	SiO_2	1700	32 Ge	GeO_2	1116
15 P	P_4O_{10}	562	33 As	As_4O_6	313
15 P	P_4O_6	24		(単斜)	
16 S	SO_2	−72.5	33 As	As_2O_5	315
16 S	SO_3	16.9	34 Se	SeO_2	340
17 Cl	Cl_2O	−120.6	34 Se	SeO_3	118
17 Cl	Cl_2O_3	<25	35 Br	Br_2O	−17.5 d
17 Cl	ClO_2	−117	36 Kr		
	($ClOClO_3$)		37 Rb	Rb_2O	400 d
17 Cl	ClO_2	−76	38 Sr	SrO	2457
17 Cl	Cl_2O_6	3.5	39 Y	Y_2O_3	2439
17 Cl	Cl_2O_7	−91.5	40 Zr	ZrO_2	1975
18 Ar			41 Nb	NbO	1937
19 K	K_2O	>490	41 Nb	NbO_2	1902
20 Ca	CaO	2572	41 Nb	Nb_2O_5	1512
21 Sc	Sc_2O_3	2485	42 Mo	MoO_2	1100 d
22 Ti	TiO	1750	42 Mo	MoO_3	801 s
22 Ti	Ti_2O_3	2127	43 Tc	Tc_2O_7	119.6
22 Ti	TiO_2	1855	44 Ru	RuO_2	955
23 V	V_2O_3	1967	44 Ru	RuO_4	27 d
23 V	VO_2	1545	45 Rh	Rh_2O_3	1115 d
23 V	V_2O_5	670	45 Rh	RhO_2	680 d

$_{46}$Pd	PdO	750 d	$_{76}$Os	OsO_4	42
$_{46}$Pd	PdO_2	200 d	$_{77}$Ir	Ir_2O_3	＞1000 d
$_{47}$Ag	Ag_2O	200 d	$_{77}$Ir	IrO_2	1100 d
$_{47}$Ag	AgO	100 d	$_{78}$Pt	PtO	325 d
$_{48}$Cd	CdO	＞1227 p	$_{78}$Pt	PtO_2	450 d
$_{49}$In	In_2O_3	1913 d	$_{79}$Au	Au_2O_3	110 d
$_{50}$Sn	SnO	1080 d	$_{80}$Hg	HgO	540 d
$_{50}$Sn	SnO_2	1927	$_{81}$Tl	Tl_2O	300
$_{51}$Sb	Sb_4O_6	655	$_{81}$Tl	Tl_2O_3	717
$_{51}$Sb	SbO_2	＞900 d	$_{82}$Pb	PbO	890
$_{51}$Sb	Sb_2O_5	＞900 d		(リサージ)	
$_{52}$Te	TeO_2	733	$_{82}$Pb	Pb_3O_4	＞500 d
$_{52}$Te	TeO_3	430 d	$_{82}$Pb	PbO_2	＞360 d
$_{53}$I	I_2O_4	85 d	$_{83}$Bi	Bi_2O_3	817
$_{53}$I	I_4O_9	75 d	$_{83}$Bi	Bi_3O_5	150 d
$_{53}$I	I_2O_5	300 d	$_{84}$Po	PoO_2	500 d
$_{54}$Xe	XeO_3	25	$_{85}$At		
$_{54}$Xe	XeO_4	−35.9	$_{86}$Rn		
$_{55}$Cs	Cs_2O	490	$_{87}$Fr		
$_{56}$Ba	BaO	1973	$_{88}$Ra	RaO	
$_{57}$La	La_2O_3	2305	$_{89}$Ac	Ac_2O_3	1977
$_{58}$Ce	Ce_2O_3	1692	$_{90}$Th	ThO_2	3000
$_{58}$Ce	CeO_2	2600	$_{91}$Pa	PaO_2	＞1550
$_{59}$Pr	Pr_6O_{11}	2300 d	$_{92}$U	UO_2	2865
$_{60}$Nd	Nd_2O_3	2320	$_{92}$U	U_3O_8	1300 d
$_{61}$Pm	Pm_2O_3	2110～2160	$_{92}$U	UO_3	650 d
$_{62}$Sm	Sm_2O_3	2335	$_{93}$Np	NpO_2	2547
$_{63}$Eu	Eu_2O_3	2350	$_{94}$Pu	Pu_2O_3	2085
$_{64}$Gd	Gd_2O_3	2420	$_{94}$Pu	PuO_2	2400
$_{65}$Tb	Tb_4O_7	2283～2367	$_{95}$Am	Am_2O_3	2205
$_{66}$Dy	Dy_2O_3	2408	$_{95}$Am	AmO_2	＞1000 d
$_{67}$Ho	Ho_2O_3	2415	$_{96}$Cm		
$_{68}$Er	Er_2O_3	2418	$_{97}$Bk		
$_{69}$Tm	Tm_2O_3	2425	$_{98}$Cf		
$_{70}$Yb	Yb_2O_3	2435	$_{99}$Es		
$_{71}$Lu	Lu_2O_3	2490	$_{100}$Fm		
$_{72}$Hf	HfO_2	2790	$_{101}$Md		
$_{73}$Ta	Ta_2O_5	1877	$_{102}$No		
$_{74}$W	WO_2	1852 d	$_{103}$Lr		
$_{74}$W	WO_3	1472	$_{104}$Rf		
$_{75}$Re	ReO_2	900 d	$_{105}$Db		
$_{75}$Re	Re_2O_5		$_{106}$Sg		
$_{75}$Re	ReO_3	400 d	$_{107}$Bh		
$_{75}$Re	Re_2O_7	297 d	$_{108}$Hs		
$_{76}$Os	OsO_2	650 d	$_{109}$Mt		

p：加圧下，s：昇華，d：分解

酸化物の融点 B

(℃)

$_{90}$Th	ThO_2	3000	$_{22}$Ti	TiO_2	1855
$_{92}$U	UO_2	2865	$_{74}$W	WO_2	1852 d
$_{12}$Mg	MgO	2826	$_{25}$Mn	MnO	1840
$_{72}$Hf	HfO_2	2790	$_{27}$Co	CoO	1830
$_{58}$Ce	CeO_2	2600	$_{22}$Ti	TiO	1750
$_{4}$Be	BeO	2578	$_{31}$Ga	Ga_2O_3	1740
$_{20}$Ca	CaO	2572	$_{14}$Si	SiO_2	1700
$_{93}$Np	NpO_2	2547	$_{58}$Ce	Ce_2O_3	1692
$_{71}$Lu	Lu_2O_3	2490	$_{3}$Li	Li_2O	1570
$_{21}$Sc	Sc_2O_3	2485	$_{91}$Pa	PaO_2	＞1550
$_{38}$Sr	SrO	2457	$_{23}$V	VO_2	1545
$_{39}$Y	Y_2O_3	2439	$_{26}$Fe	Fe_3O_4	1538
$_{24}$Cr	Cr_2O_3	2437	$_{41}$Nb	Nb_2O_5	1512
$_{70}$Yb	Yb_2O_3	2435	$_{74}$W	WO_3	1472
$_{69}$Tm	Tm_2O_3	2425	$_{26}$Fe	Fe_2O_3	1457 d
$_{64}$Gd	Gd_2O_3	2420	$_{29}$Cu	CuO	1446
$_{63}$Er	Er_2O_3	2418	$_{26}$Fe	FeO	1377 d
$_{67}$Ho	Ho_2O_3	2415	$_{92}$U	U_3O_8	1300
$_{66}$Dy	Dy_2O_3	2408	$_{29}$Cu	Cu_2O	1235
$_{94}$Pu	PuO_2	2400	$_{48}$Cd	CdO	＞1227 d
$_{65}$Tb	Tb_4O_7	2283〜2367	$_{32}$Ge	GeO_2	1116
$_{63}$Eu	Eu_2O_3	2350	$_{45}$Rh	Rh_2O_3	1115 d
$_{62}$Sm	Sm_2O_3	2335	$_{42}$Mo	MoO_2	1100 d
$_{60}$Nd	Nd_2O_3	2320	$_{77}$Ir	IrO_2	1100 d
$_{57}$La	La_2O_3	2305	$_{25}$Mn	Mn_2O_3	1080 d
$_{59}$Pr	Pr_6O_{11}	2300 d	$_{50}$Sn	SnO	1080 d
$_{95}$Am	Am_2O_3	2205	$_{77}$Ir	Ir_2O_3	＞1000 d
$_{61}$Pm	Pm_2O_3	2110〜2160	$_{95}$Am	AmO_2	＞1000 d
$_{22}$Ti	Ti_2O_3	2127	$_{44}$Ru	RuO_2	955
$_{94}$Pu	Pu_2O_3	2085	$_{11}$Na	Na_2O	920
$_{13}$Al	Al_2O_3	2054	$_{27}$Co	Co_3O_4	900
$_{89}$Ac	Ac_2O_3	1977	$_{51}$Sb	SbO_2	＞900 d
$_{30}$Zn	ZnO	1975	$_{51}$Sb	Sb_2O_5	＞900 d
$_{40}$Zr	ZrO_2	1975	$_{75}$Re	ReO_2	900 d
$_{56}$Ba	BaO	1973	$_{27}$Co	Co_2O_3	895
$_{23}$V	V_2O_3	1967	$_{82}$Pb	PbO	890
$_{28}$Ni	NiO	1957		(リサージ)	
$_{41}$Nb	NbO	1937	$_{86}$Bi	Bi_2O_3	817
$_{50}$Sn	SnO_2	1927	$_{42}$Mo	MoO_3	801
$_{49}$In	In_2O_3	1913 d	$_{46}$Pd	PdO	750 d
$_{41}$Nb	NbO_2	1902	$_{52}$Te	TeO_2	733
$_{73}$Ta	Ta_2O_5	1877	$_{81}$Tl	Tl_2O_3	717 d

$_{31}$Ga	Ga_2O	700 d
$_{32}$Ge	GeO	700 d
$_{45}$Rh	RhO_2	680 d
$_{23}$V	V_2O_5	670
$_{51}$Sb	Sb_4O_6	655
$_{76}$Os	OsO_2	650 d
$_{92}$U	UO_3	650 d
$_{28}$Ni	Ni_2O_3	600 d
$_{15}$P	P_4O_{10}	562
$_{80}$Hg	HgO	540 d
$_{25}$Mn	MnO_2	535 d
$_{82}$Pb	Pb_3O_4	>500 d
$_{84}$Po	PoO_2	500 d
$_{19}$K	K_2O	>490
$_{55}$Cs	Cs_2O	490
$_{5}$B	B_2O_3	450
$_{78}$Pt	PtO_2	450 d
$_{52}$Te	TeO_3	430 d
$_{24}$Cr	CrO_2	427 d
$_{37}$Rb	Rb_2O	400 d
$_{75}$Re	ReO_3	400 d
$_{82}$Pb	PbO_2	>360 d
$_{34}$Se	SeO_2	340
$_{78}$Pt	PtO	325
$_{30}$As	As_2O_5	315
$_{33}$As	As_4O_6 (単斜)	313
$_{53}$I	I_2O_5	300
$_{81}$Tl	Tl_2O	300
$_{75}$Re	Re_2O_7	297
$_{46}$Pd	PdO_2	200 d
$_{47}$Ag	Ag_2O	200 d
$_{24}$Cr	CrO_3	197
$_{86}$Bi	Bi_3O_5	150 d
$_{43}$Tc	Tc_2O_7	119.6
$_{34}$Se	SeO_3	118
$_{79}$Au	Au_2O_3	110 d
$_{47}$Ag	AgO	110 d
$_{53}$I	I_2O_4	85 d
$_{53}$I	I_4O_9	75 d
$_{76}$Os	OsO_4	42
$_{7}$N	N_2O_5	32.4 s
$_{44}$Ru	RuO_4	27 d
$_{17}$Cl	Cl_2O_3	<25
$_{54}$Xe	XeO_3	25
$_{15}$P	P_4O_6	24
$_{16}$S	SO_3	16.9
$_{25}$Mn	Mn_2O_7	5.9
$_{17}$Cl	Cl_2O_6	3.5
$_{1}$H	H_2O	0
$_{7}$N	N_2O_4	−9.3
$_{7}$N	NO_2	−10.2
$_{35}$Br	Br_2O	−17.5 d
$_{54}$Xe	XeO_4	−35.9
$_{6}$C	CO_2	−56.6 p
$_{16}$S	SO_2	−72.5
$_{17}$Cl	ClO_2	−76
$_{7}$N	N_2O	−90.8
$_{17}$Cl	Cl_2O_7	−91.5
$_{7}$N	N_2O_3	−100.7
$_{6}$C	C_3O_2	−111.3
$_{17}$Cl	ClO_2 ($ClOClO_3$)	−117
$_{17}$Cl	Cl_2O	−120.6
$_{7}$N	NO	−151.8
$_{9}$F	F_2O_2	−154
$_{6}$C	CO	−205
$_{8}$O	O_2	−218.8
$_{9}$F	F_2O	−223.9
$_{75}$Re	Re_2O_5	n. a.
$_{88}$Ra	RaO	n. a.
$_{2}$He		
$_{10}$Ne		
$_{18}$Ar		
$_{36}$Kr		
$_{85}$At		
$_{86}$Rn		
$_{87}$Fr		
$_{96}$Cm		
$_{97}$Bk		
$_{98}$Cf		
$_{99}$Es		
$_{100}$Fm		
$_{101}$Md		
$_{102}$No		
$_{103}$Lr		
$_{104}$Rf		
$_{105}$Db		
$_{106}$Sg		
$_{107}$Bh		
$_{108}$Hs		
$_{109}$Mt		

酸化物の沸点 A

(℃)

1 H	H_2O	100	29 Cu	CuO	
2 He			30 Zn	ZnO	
3 Li	Li_2O		31 Ga	Ga_2O_3	
4 Be	BeO		32 Ge	GeO_2	1200
5 B	B_2O_3		33 As	As_4O_6	465
6 C	C_3O_2	7	34 Se	SeO_2	315 s
6 C	CO	−191.5	35 Br	Br_2O	
6 C	CO_2	−78.5 s	36 Kr		
7 N	N_2O	−88.48	37 Rb	Rb_2O	
7 N	NO	−151.8	38 Sr	SrO	
7 N	N_2O_3	−40～+3	39 Y	Y_2O_3	
7 N	$N_2O_4(NO_2)$	21.3	40 Zr	ZrO_2	
7 N	N_2O_5	32.4 s	41 Nb	Nb_2O_5	
8 O	O_2	−182.96	42 Mo	MoO_3	1155
9 F	F_2O	−144.8	43 Tc	Tc_2O_7	311
10 Ne			44 Ru	RuO_4	105 d
11 Na	Na_2O		45 Rh	Rh_2O_3	
12 Mg	MgO		46 Pd	PdO	
13 Al	Al_2O_3		47 Ag	Ag_2O	
14 Si	SiO_2	2590	48 Cd	CdO	
15 P	P_4O_6	173	49 In	In_2O_3	
15 P	P_4O_{10}	605	50 Sn	SnO_2	1900 s
16 S	SO_2	−10	51 Sb	Sb_4O_6	
16 S	SO_3	44.8	52 Te	TeO_2	
17 Cl	Cl_2O	3.8	53 I	I_2O_5	
17 Cl	ClO_2	9.9 d	54 Xe		
17 Cl	Cl_2O_6	330	55 Cs	Cs_2O	
17 Cl	Cl_2O_7	83	56 Ba	BaO	
18 Ar			57 La	La_2O_3	
19 K	K_2O		58 Ce	CeO_2	
20 Ca	CaO		59 Pr	Pr_6O_{11}	
21 Sc	Sc_2O_3		60 Nd	Nd_2O_3	
22 Ti	TiO_2		61 Pm	Pm_2O_3	
23 V	V_2O_5		62 Sm	Sm_2O_3	
24 Cr	CrO_3	250 d	63 Eu	Eu_2O_3	
25 Mn	Mn_2O_7	55 d	64 Gd	Gd_2O_3	
26 Fe	Fe_3O_4		65 Tb	Tb_4O_7	
27 Co	Co_3O_4		66 Dy	Dy_2O_3	
28 Ni	NiO		67 Ho	Ho_2O_3	

68 Er	Er_2O_3		89 Ac		
69 Tm	Tm_2O_3		90 Th	ThO_2	
70 Yb	Yb_2O_3		91 Pa		
71 Lu	Lu_2O_3		92 U	UO_2	
72 Hf	HfO_2		93 Np		
73 Ta	Ta_2O_5		94 Pu		
74 W	WO_3		95 Am		
75 Re	Re_2O_7		96 Cm		
76 Os	OsO_4	130	97 Bk		
77 Ir	IrO_2		98 Cf		
78 Pt	PtO		99 Es		
79 Au	Au_2O_3		100 Fm		
80 Hg	HgO		101 Md		
81 Tl	Tl_2O_3		102 No		
82 Pb	PbO		103 Lr		
83 Bi	Bi_2O_3		104 Rf		
84 Po			105 Db		
85 At			106 Sg		
86 Rn			107 Bh		
87 Fr			108 Hs		
88 Ra			109 Mt		

p：加圧下，s：昇華，d：分解

酸化物の沸点 B

(℃)

$_{14}$Si	SiO_2	2590	$_{19}$K	K_2O	
$_{50}$Sn	SnO_2	1900 s	$_{20}$Ca	CaO	
$_{32}$Ge	GeO_2	1200	$_{21}$Sc	Sc_2O_3	
$_{42}$Mo	MoO_3	1155	$_{22}$Ti	TiO_2	
$_{15}$P	P_4O_{10}	605	$_{23}$V	V_2O_5	
$_{33}$As	As_4O_6	465	$_{26}$Fe	Fe_3O_4	
$_{17}$Cl	Cl_2O_6	330	$_{27}$Co	Co_3O_4	
$_{34}$Se	SeO_2	315 s	$_{28}$Ni	NiO	
$_{43}$Tc	Tc_2O_7	311	$_{29}$Cu	CuO	
$_{24}$Cr	CrO_3	250 d	$_{30}$Zn	ZnO	
$_{15}$P	P_4O_6	173	$_{31}$Ga	Ga_2O_3	
$_{76}$Os	OsO_4	130	$_{35}$Br	Br_2O	
$_{44}$Ru	RuO_4	105 d	$_{36}$Kr		
$_{1}$H	H_2O	100	$_{37}$Rb	Rb_2O	
$_{17}$Cl	Cl_2O_7	83	$_{38}$Sr	SrO	
$_{25}$Mn	Mn_2O_7	55 d	$_{39}$Y	Y_2O_3	
$_{16}$S	SO_3	44.8	$_{40}$Zr	ZrO_2	
$_{7}$N	N_2O_5	32.4 s	$_{41}$Nb	Nb_2O_5	
$_{7}$N	N_2O_4 (NO_2)	21.3	$_{45}$Rh	Rh_2O_3	
$_{17}$Cl	ClO_2	9.9 d	$_{46}$Pd	PdO	
$_{6}$C	C_3O_2	7	$_{47}$Ag	Ag_2O	
$_{17}$Cl	Cl_2O	3.8	$_{48}$Cd	CdO	
$_{16}$S	SO_2	−10	$_{49}$In	In_2O_3	
$_{6}$C	CO_2	−78.5 s	$_{51}$Sb	Sb_4O_6	
$_{7}$N	N_2O	−88.48	$_{52}$Te	TeO_2	
$_{9}$F	F_2O	−144.8	$_{53}$I	I_2O_5	
$_{7}$N	NO	−151.8	$_{54}$Xe		
$_{8}$O	O_2	−182.96	$_{55}$Cs	Cs_2O	
$_{6}$C	CO	−191.5	$_{56}$Ba	BaO	
$_{7}$N	N_2O_3	−40〜+3	$_{57}$La	La_2O_3	
$_{2}$He			$_{58}$Ce	CeO_2	
$_{3}$Li	Li_2O		$_{59}$Pr	Pr_6O_{11}	
$_{4}$Be	BeO		$_{60}$Nd	Nd_2O_3	
$_{5}$B	B_2O_3		$_{61}$Pm	Pm_2O_3	
$_{10}$Ne			$_{62}$Sm	Sm_2O_3	
$_{11}$Na	Na_2O		$_{63}$Eu	Eu_2O_3	
$_{12}$Mg	MgO		$_{64}$Gd	Gd_2O_3	
$_{13}$Al	Al_2O_3		$_{65}$Tb	Tb_4O_7	
$_{18}$Ar			$_{66}$Dy	Dy_2O_3	

67 Ho	Ho_2O_3		89 Ac		
68 Er	Er_2O_3		90 Th	ThO_2	
69 Tm	Tm_2O_3		91 Pa		
70 Yb	Yb_2O_3		92 U	UO_2	
71 Lu	Lu_2O_3		93 Np		
72 Hf	HfO_2		94 Pu		
73 Ta	Ta_2O_5		95 Am		
74 W	WO_3		96 Cm		
75 Re	Re_2O_7		97 Bk		
77 Ir	IrO_2		98 Cf		
78 Pt	PtO		99 Es		
79 Au	Au_2O_3		100 Fm		
80 Hg	HgO		101 Md		
81 Tl	Tl_2O_3		102 No		
82 Pb	PbO		103 Lr		
83 Bi	Bi_2O_3		104 Rf		
84 Po			105 Db		
85 At			106 Sg		
86 Rn			107 Bh		
87 Fr			108 Hs		
88 Ra			109 Mt		

フッ化物の融点 A

(℃)

1 H	HF	−83.1	26 Fe	FeF_3	1027
2 He			27 Co	CoF_2	1202
3 Li	LiF	845	27 Co	CoF_3	1027
4 Be	BeF_2	800	28 Ni	NiF_2	1027
5 B	BF_3	−129	29 Cu	CuF_2	927
6 C	CF_4	−183.6	30 Zn	ZnF_2	872
7 N	NF_3	−208.5	31 Ga	GaF_3	950
8 O	O_2F_2	−163.5	32 Ge	GeF_4	−36.5 s
8 O	OF_2	−223.9	33 As	AsF_3	−6
9 F	F_2	−218.6	33 As	AsF_5	−79.8
10 Ne			34 Se	SeF_4	−13.2
11 Na	NaF	995	34 Se	SeF_6	−34.6
12 Mg	MgF_2	1263	35 Br	BrF	−33
13 Al	AlF_3	1272 s	35 Br	BrF_3	8.8
14 Si	SiF_4	−90.3	35 Br	BrF_5	−62.5
15 P	PF_3	−151.5	36 Kr	KrF_2	n. a.
15 P	PF_5	−93.8	37 Rb	RbF	775
16 S	S_2F_2	−120.5	38 Sr	SrF_2	1400
16 S	SF_4	−121	39 Y	YF_3	1152
16 S	SF_6	−50.7	40 Zr	ZrF_2	1402 s
17 Cl	ClF	−155.6	40 Zr	ZrF_3	1327
17 Cl	ClF_3	−82.6	40 Zr	ZrF_4	612
18 Ar			41 Nb	NbF_5	75
19 K	KF	856	42 Mo	MoF_5	77
20 Ca	CaF_2	1418	42 Mo	MoF_6	17
21 Sc	ScF_3		43 Tc	TcF_6	33.4
22 Ti	TiF_2	1277	44 Ru	RuF_4	550 s
22 Ti	TiF_3	1227	44 Ru	RuF_5	101
22 Ti	TiF_4	290	44 Ru	RuF_6	54
23 V	VF_2	1127	45 Rh	RhF_4	550 s
23 V	VF_3	1127	45 Rh	RhF_3	1127
23 V	VF_4	327 d	46 Pd	PdF_2	737
24 Cr	CrF_2	1102	46 Pd	PdF_3	227 d
24 Cr	CrF_3	1100	47 Ag	AgF_2	690
24 Cr	CrF_4	200 s	47 Ag	AgF	435
24 Cr	CrF_5	100 s	48 Cd	CdF_2	1110
25 Mn	MnF_2	856	50 In	InF_3	1170
25 Mn	MnF_3	1077	50 Sn	SnF_2	213
26 Fe	FeF_2	1102	50 Sn	SnF_4	705 s

51 Sb	SbF_3	290	78 Pt	PtF_5	76
51 Sb	SbF_5	8.3	78 Pt	PtF_6	56.7
52 Te	TeF_4	129.6	79 Au	AuF_3	727 d
52 Te	TeF_6	−37.7	80 Hg	HgF_2	645
53 I	IF_5	9	81 Tl	TlF_3	550
53 I	IF_7	4.5	82 Pb	PbF_2	822
54 Xe	XeF_6	49.5	82 Pb	PbF_4	600
55 Cs	CsF	682	83 Bi	BiF_3	727
56 Ba	BaF_2	1320	84 Po		
57 La	LaF_3	1493	85 At		
58 Ce	CeF_3	1430	86 Rn		
59 Pr	PrF_3	n. a.	87 Fr	FrF	n. a.
60 Nd	NdF_3	1374	88 Ra	RaF_2	n. a.
61 Pm	PmF_3	n. a.	89 Ac	AcF_3	1327
62 Sm	SmF_2	1377	90 Th	ThF_4	1327
62 Sm	SmF_3	1306	91 Pa	PaF_5	500 s
63 Eu	EuF_3	1276	92 U	UF_4	590
64 Gd	GdF_3	1231	92 U	UF_6	64.02 p
65 Tb	TbF_3	1172	93 Np	NpF_6	55.18
66 Dy	DyF_3	1154	94 Pu	PuF_3	1425
67 Ho	HoF_3	1143	94 Pu	PuF_4	1037
68 Er	ErF_3	1140	94 Pu	PuF_6	51.6
69 Tm	TmF_3	1158	95 Am		
70 Yb	YbF_2	1477	96 Cm		
70 Yb	YbF_3	1157	97 Bk		
71 Lu	LuF_3	1182	98 Cf		
72 Hf	HfF_4	927	99 Es		
73 Ta	TaF_5	97	100 Fm		
74 W	WF_5	107	101 Md		
74 W	WF_6	2	102 No		
75 Re	ReF_4	124.5	103 Lr		
75 Re	ReF_6	18.8	104 Rf		
75 Re	ReF_7	48.3	105 Db		
76 Os	OsF_4	230 d	106 Sg		
76 Os	OsF_5	70	107 Bh		
76 Os	OsF_6	32.1	108 Hs		
77 Ir	IrF_4	104	109 Mt		
77 Ir	IrF_6	44.4			

p：加圧下，s：昇華，d：分解

フッ化物の融点 B

(℃)

57 La	LaF_3	1493	26 Fe	FeF_3	1027
70 Yb	YbF_2	1477	27 Co	CoF_3	1027
58 Ce	CeF_3	1430	28 Ni	NiF_2	1027
94 Pu	PuF_3	1425	11 Na	NaF	995
20 Ca	CaF_2	1418	31 Ga	GaF_3	950
40 Zr	ZrF_2	1402 s	29 Cu	CuF_2	927
38 Sr	SrF_2	1400	72 Hf	HfF_4	927
62 Sm	SmF_2	1377	30 Zn	ZnF_2	872
60 Nd	NdF_3	1374	19 K	KF	856
40 Zr	ZrF_3	1327	25 Mn	MnF_2	856
89 Ac	AcF_3	1327	3 Li	LiF	845
90 Th	ThF_4	1327	82 Pb	PbF_2	822
56 Ba	BaF_2	1320	4 Be	BeF_2	800
62 Sm	SmF_3	1306	37 Rb	RbF	775
22 Ti	TiF_2	1277	46 Pd	PdF_2	737
63 Eu	EuF_3	1276	79 Au	AuF_3	727 d
13 Al	AlF_3	1272 s	83 Bi	BiF_3	727
12 Mg	MgF_2	1263	50 Sn	SnF_4	705 s
64 Gd	GdF_3	1231	47 Ag	AgF_2	690
22 Ti	TiF_3	1227	55 Cs	CsF	682
27 Co	CoF_2	1202	80 Hg	HgF_2	645
71 Lu	LuF_3	1182	40 Zr	ZrF_4	612
65 Tb	TbF_3	1172	82 Pb	PbF_4	600
50 In	InF_3	1170	92 U	UF_4	590
69 Tm	TmF_3	1158	44 Ru	RuF_4	550 s
70 Yb	YbF_3	1157	45 Rh	RhF_4	550 s
66 Dy	DyF_3	1154	81 Tl	TlF_3	550
39 Y	YF_3	1152	91 Pa	PaF_5	500 s
67 Ho	HoF_3	1143	47 Ag	AgF	435
68 Er	ErF_3	1140	23 V	VF_4	327 d
23 V	VF_2	1127	22 Ti	TiF_4	290
23 V	VF_3	1127	51 Sb	SbF_3	290
45 Rh	RhF_3	1127	76 Os	OsF_4	230 d
48 Cd	CdF_2	1110	46 Pd	PdF_3	227 d
24 Cr	CrF_2	1102	50 Sn	SnF_2	213
26 Fe	FeF_2	1102	24 Cr	CrF_4	200 s
24 Cr	CrF_3	1100	52 Te	TeF_4	129.6
25 Mn	MnF_3	1077	75 Re	ReF_4	124.5
94 Pu	PuF_4	1037	74 W	WF_5	107

$_{77}$Ir	IrF_4	104	$_{16}$S	S_2F_2	−120.5
$_{44}$Ru	RuF_5	101	$_{16}$S	SF_4	−121
$_{24}$Cr	CrF_5	100 s	$_{5}$B	BF_3	−129
$_{73}$Ta	TaF_5	97	$_{15}$P	PF_3	−151.5
$_{42}$Mo	MoF_5	77	$_{17}$Cl	ClF	−155.6
$_{78}$Pt	PtF_5	76	$_{8}$O	O_2F_2	−163.5
$_{41}$Nb	NbF_5	75	$_{6}$C	CF_4	−183.6
$_{76}$Os	OsF_5	70	$_{7}$N	NF_3	−208.5
$_{92}$U	UF_6	64.02 p	$_{9}$F	F_2	−218.6
$_{78}$Pt	PtF_6	56.7	$_{8}$O	OF_2	−223.9
$_{93}$Np	NpF_6	55.18	$_{59}$Pr	PrF_3	n. a.
$_{44}$Ru	RuF_6	54	$_{61}$Pm	PmF_3	n. a.
$_{94}$Pu	PuF_6	51.6	$_{87}$Fr	FrF	n. a.
$_{54}$Xe	XeF_6	49.5	$_{88}$Ra	RaF_2	n. a.
$_{75}$Re	ReF_7	48.3	$_{36}$Kr	KrF_2	n. a.
$_{77}$Ir	IrF_6	44.4	$_{2}$He		
$_{43}$Tc	TcF_6	33.4	$_{10}$Ne		
$_{76}$Os	OsF_6	32.1	$_{18}$Ar		
$_{75}$Re	ReF_6	18.8	$_{21}$Sc	ScF_3	
$_{42}$Mo	MoF_6	17	$_{84}$Po		
$_{53}$I	IF_5	9	$_{85}$At		
$_{35}$Br	BrF_3	8.8	$_{86}$Rn		
$_{51}$Sb	SbF_5	8.3	$_{95}$Am		
$_{53}$I	IF_7	4.5	$_{96}$Cm		
$_{74}$W	WF_6	2	$_{97}$Bk		
$_{33}$As	AsF_3	−6	$_{98}$Cf		
$_{34}$Se	SeF_4	−13.2	$_{99}$Es		
$_{35}$Br	BrF	−33	$_{100}$Fm		
$_{34}$Se	SeF_6	−34.6	$_{101}$Md		
$_{32}$Ge	GeF_4	−36.5 s	$_{102}$No		
$_{52}$Te	TeF_6	−37.7	$_{103}$Lr		
$_{16}$S	SF_6	−50.7	$_{104}$Rf		
$_{35}$Br	BrF_5	−62.5	$_{105}$Db		
$_{33}$As	AsF_5	−79.8	$_{106}$Sg		
$_{17}$Cl	ClF_3	−82.6	$_{107}$Bh		
$_{1}$H	HF	−83.1	$_{108}$Hs		
$_{14}$Si	SiF_4	−90.3	$_{109}$Mt		
$_{15}$P	PF_5	−93.8			

フッ化物の沸点 A

(℃)

1 H	HF	19.9	26 Fe	FeF_2	1827
2 He			26 Fe	FeF_3	1327
3 Li	LiF	1681	27 Co	CoF_2	1727
4 Be	BeF_2	1330	27 Co	CoF_3	1327
5 B	BF_3	−100	28 Ni	NiF_2	1627
6 C	CF_4	−182	29 Cu	CuF_2	1527
7 N	NF_3	−129.1	30 Zn	ZnF_2	1502
8 O	O_2F_2		31 Ga	GaF_3	950
8 O	OF_2	−144.9	32 Ge	GeF_4	−36.8
9 F	F_2	−187.9	33 As	AsF_3	63
10 Ne			33 As	AsF_5	−53
11 Na	NaF	1704	34 Se	SeF_4	106
12 Mg	MgF_2	2227	34 Se	SeF_6	−46.6
13 Al	AlF_3	1270	35 Br	BrF	20
14 Si	SiF_4	−95.5	35 Br	BrF_3	127
15 P	PF_3	−75	35 Br	BrF_5	40.9
15 P	PF_5	−84.5	36 Kr	KrF_2	n. a.
16 S	S_2F_2	−38	37 Rb	RbF	1408
16 S	SF_4	−40.4	38 Sr	SrF_2	2460
16 S	SF_6	−63.7	39 Y	YF_3	2227
17 Cl	ClF_3	11.8	40 Zr	ZrF_2	n. a.
17 Cl	ClF	−100.3	40 Zr	ZrF_3	n. a.
18 Ar			40 Zr	ZrF_4	600
19 K	KF	1502	41 Nb	NbF_5	234.9
20 Ca	CaF_2	2500	42 Mo	MoF_5	213.6
21 Sc	ScF_3	1527	42 Mo	MoF_6	36
22 Ti	TiF_2	2152	43 Tc	TcF_6	55.3
22 Ti	TiF_3	1727	44 Ru	RuF_4	n. a.
22 Ti	TiF_4	327	44 Ru	RuF_5	272
23 V	VF_2	2227	44 Ru	RuF_6	200
23 V	VF_3	n. a.	45 Rh	RhF_3	1227
23 V	VF_4	n. a.	45 Rh	RhF_4	n. a.
23 V	VF_5	47.9	46 Pd	PdF_2	1227
24 Cr	CrF_2	2127	46 Pd	PdF_3	n. a.
24 Cr	CrF_3	1427	47 Ag	AgF	1150
24 Cr	CrF_4	n. a.	47 Ag	AgF_2	
24 Cr	CrF_5	n. a.	48 Cd	CdF_2	1750
25 Mn	MnF_2	2027	49 In	InF_3	1200
25 Mn	MnF_3		50 Sn	SnF_2	1215

50 Sn	SnF_4	705	77 Ir	IrF_6	53.0
51 Sb	SbF_3	319	78 Pt	PtF_5	130 d
51 Sb	SbF_5	141	78 Pt	PtF_6	300
52 Te	TeF_4	n. a.	79 Au	AuF_3	n. a.
52 Te	TeF_6	−38.9	80 Hg	HgF_2	650
53 I	IF_5	100.6	81 Tl	TlF_3	n. a.
53 I	IF_7	40	82 Pb	PbF_2	n. a.
54 Xe	XeF_6	76	82 Pb	PbF_4	1290
55 Cs	CsF	1251	83 Bi	BiF_3	550
56 Ba	BaF_2	2215	84 Po		
57 La	LaF_3	2327	85 At		
58 Ce	CeF_3	2327	86 Rn		
59 Pr	PrF_3	2327	87 Fr	FrF	n. a.
60 Nd	NdF_3	n. a.	88 Ra	RaF_2	n. a.
61 Pm	PmF_3	n. a.	89 Ac	AcF_3	n. a.
62 Sm	SmF_2	2427	90 Th	ThF_4	1680
62 Sm	SmF_3	2327	91 Pa	PaF_5	n. a.
63 Eu	EuF_3	2277	92 U	UF_4	n. a.
64 Gd	GdF_3	n. a.	92 U	UF_6	56.54
65 Tb	TbF_3	n. a.	93 Np	NpF_6	55.18
66 Dy	DyF_3	n. a.	94 Pu	PuF_3	n. a.
67 Ho	HoF_3	2227	94 Pu	PuF_4	62.16
68 Er	ErF_3	2227	94 Pu	PuF_6	n. a.
69 Tm	TmF_3	2223	95 Am		
70 Yb	YbF_2	2377	96 Cm		
70 Yb	YbF_3	2227	97 Bk		
71 Lu	LuF_3	n. a.	98 Cf		
72 Hf	HfF_4	n. a.	99 Es		
73 Ta	TaF_5	229.2	100 Fm		
74 W	WF_5	268	101 Md		
74 W	WF_6	17.7	102 No		
75 Re	ReF_6	35.6	103 Lr		
75 Re	ReF_4	795	104 Rf		
75 Re	ReF_5	221.3	105 Db		
75 Re	ReF_7	73.7	106 Sg		
76 Os	OsF_4	n. a.	107 Bh		
76 Os	OsF_5	225.9	108 Hs		
76 Os	OsF_6	47.0	109 Mt		
77 Ir	IrF_4	300 s			

s：昇華，d：分解

フッ化物の沸点 B

(℃)

$_{20}$Ca	CaF_2	2500	$_{55}$Cs	CsF	1251
$_{38}$Sr	SrF_2	2460	$_{45}$Rh	RhF_3	1227
$_{62}$Sm	SmF_2	2427	$_{46}$Pd	PdF_2	1227
$_{70}$Yb	YbF_2	2377	$_{50}$Sn	SnF_2	1215
$_{57}$La	LaF_3	2327	$_{49}$In	InF_3	1200
$_{58}$Ce	CeF_3	2327	$_{47}$Ag	AgF	1150
$_{59}$Pr	PrF_3	2327	$_{31}$Ga	GaF_3	950
$_{62}$Sm	SmF_3	2327	$_{75}$Re	ReF_4	795
$_{63}$Eu	EuF_3	2277	$_{50}$Sn	SnF_4	705
$_{12}$Mg	MgF_2	2227	$_{80}$Hg	HgF_2	650
$_{23}$V	VF_2	2227	$_{40}$Zr	ZrF_4	600
$_{39}$Y	YF_3	2227	$_{83}$Bi	BiF_3	550
$_{67}$Ho	HoF_3	2227	$_{22}$Ti	TiF_4	327
$_{68}$Er	ErF_3	2227	$_{51}$Sb	SbF_3	319
$_{70}$Yb	YbF_3	2227	$_{77}$Ir	IrF_4	300 s
$_{69}$Tm	TmF_3	2223	$_{78}$Pt	PtF_6	300
$_{56}$Ba	BaF_2	2215	$_{44}$Ru	RuF_5	272
$_{22}$Ti	TiF_2	2152	$_{74}$W	WF_5	268
$_{24}$Cr	CrF_2	2127	$_{41}$Nb	NbF_5	234.9
$_{25}$Mn	MnF_2	2027	$_{73}$Ta	TaF_5	229.2
$_{26}$Fe	FeF_2	1827	$_{76}$Os	OsF_5	225.9
$_{48}$Cd	CdF_2	1750	$_{75}$Re	ReF_5	221.3
$_{22}$Ti	TiF_3	1727	$_{42}$Mo	MoF_5	213.6
$_{27}$Co	CoF_2	1727	$_{44}$Ru	RuF_6	200
$_{11}$Na	NaF	1704	$_{51}$Sb	SbF_5	141
$_{3}$Li	LiF	1681	$_{78}$Pt	PtF_5	130 d
$_{90}$Th	ThF_4	1680	$_{35}$Br	BrF_3	127
$_{28}$Ni	NiF_2	1627	$_{34}$Se	SeF_4	106
$_{21}$Sc	ScF_3	1527	$_{53}$I	IF_5	100.6
$_{29}$Cu	CuF_2	1527	$_{54}$Xe	XeF_6	76
$_{19}$K	KF	1502	$_{75}$Re	ReF_7	73.7
$_{30}$Zn	ZnF_2	1502	$_{33}$As	AsF_3	63
$_{24}$Cr	CrF_3	1427	$_{94}$Pu	PuF_4	62.16
$_{37}$Rb	RbF	1408	$_{92}$U	UF_6	56.54
$_{4}$Be	BeF_2	1330	$_{43}$Tc	TcF_6	55.3
$_{26}$Fe	FeF_3	1327	$_{93}$Np	NpF_6	55.18
$_{27}$Co	CoF_3	1327	$_{77}$Ir	IrF_6	53.0
$_{82}$Pb	PbF_4	1290	$_{23}$V	VF_5	47.9
$_{13}$Al	AlF_3	1270	$_{70}$Os	OsF_6	47.0

35 Br	BrF_5	40.9	66 Dy	DyF_3	n. a.
53 I	IF_7	40	71 Lu	LuF_3	n. a.
42 Mo	MoF_6	36	72 Hf	HfF_4	n. a.
75 Re	ReF_6	35.6	76 Os	OsF_4	n. a.
35 Br	BrF	20	79 Au	AuF_3	n. a.
1 H	HF	19.9	81 Tl	TlF_3	n. a.
74 W	WF_6	17.7	82 Pb	PbF_2	n. a.
17 Cl	ClF_3	11.8	87 Fr	FrF	n. a.
32 Ge	GeF_4	−36.8	88 Ra	RaF_2	n. a.
16 S	S_2F_2	−38	89 Ac	AcF_3	n. a.
52 Te	TeF_6	−38.9	91 Pa	PaF_5	n. a.
16 S	SF_4	−40.4	92 U	UF_4	n. a.
34 Se	SeF_6	−46.6	94 Pu	PuF_6	n. a.
33 As	AsF_5	−53	94 Pu	PuF_3	n. a.
16 S	SF_6	−63.7	2 He		
15 P	PF_3	−75	8 O	O_2F_2	
15 P	PF_5	−84.5	10 Ne		
14 Si	SiF_4	−95.5	18 Ar		
5 B	BF_3	−100	25 Mn	MnF_3	
17 Cl	ClF	−100.3	47 Ag	AgF_2	
7 N	NF_3	−129.1	84 Po		
8 O	OF_2	−144.9	85 At		
6 C	CF_4	−182	86 Rn		
9 F	F_2	−187.9	95 Am		
23 V	VF_3	n. a.	96 Cm		
23 V	VF_4	n. a.	97 Bk		
24 Cr	CrF_4	n. a.	98 Cf		
24 Cr	CrF_5	n. a.	99 Es		
36 Kr	KrF_2	n. a.	100 Fm		
40 Zr	ZrF_3	n. a.	101 Md		
40 Zr	ZrF_2	n. a.	102 No		
44 Ru	RuF_4	n. a.	103 Lr		
45 Rh	RhF_4	n. a.	104 Rf		
46 Pd	PdF_3	n. a.	105 Db		
52 Te	TeF_4	n. a.	106 Sg		
60 Nd	NdF_3	n. a.	107 Bh		
61 Pm	PmF_3	n. a.	108 Hs		
64 Gd	GdF_3	n. a.	109 Mt		
65 Tb	TbF_3	n. a.			

塩化物の融点 A

(℃)

1 H	HCl	−114.2	30 Zn	$ZnCl_2$	275
2 He			31 Ga	$GaCl_3$	77.5
3 Li	LiCl	610	32 Ge	$GeCl_4$	−49.4
4 Be	$BeCl_2$	440	32 Ge	$GeCl_2$	450 d
5 B	BCl_3	−107	33 As	$AsCl_5$	ca. −40
6 C	CCl_4	−22.9	33 As	$AsCl_3$	−16
7 N	NCl_3	<−40	34 Se	$SeCl_4$	305 p
8 O	OCl_2	−120.6	35 Br	BrCl	−54
9 F	FCl	−155.6	36 Kr		
10 Ne			37 Rb	RbCl	717
11 Na	NaCl	808	38 Sr	$SrCl_2$	875
12 Mg	$MgCl_2$	714	39 Y	YCl_3	720
13 Al	$AlCl_3$	192	40 Zr	$ZrCl_4$	437
14 Si	$SiCl_4$	−68	40 Zr	$ZrCl_3$	627 d
15 P	PCl_5	160 p	40 Zr	$ZrCl_2$	727 d
15 P	PCl_3	−92	41 Nb	$NbCl_5$	212
16 S	SCl_4	−30 d	42 Mo	$MoCl_5$	194
16 S	SCl_2	−78	42 Mo	$MoCl_4$	317
16 S	S_2Cl_2	−80	42 Mo	$MoCl_3$	n. a. d
17 Cl	Cl_2	−101	43 Tc		
18 Ar			44 Ru	$RuCl_3$	627 d
19 K	KCl	772	45 Rh	$RhCl_3$	948 d
20 Ca	$CaCl_2$	782	46 Pd	$PdCl_2$	678
21 Sc	$ScCl_3$	967	47 Ag	AgCl	445
22 Ti	$TiCl_4$	−24.12	48 Cd	$CdCl_2$	568
22 Ti	$TiCl_3$	700 d	49 In	$InCl_3$	586
22 Ti	$TiCl_2$	677	49 In	InCl	225
23 V	VCl_4	−26	50 Sn	$SnCl_4$	−30.2
23 V	VCl_3	425 (不均化)	50 Sn	$SnCl_2$	247
23 V	VCl_2	1000	51 Sb	$SbCl_5$	2.8
24 Cr	$CrCl_3$	1152	51 Sb	$SbCl_3$	73.2
24 Cr	$CrCl_2$	815	52 Te	$TeCl_4$	224.1
25 Mn	$MnCl_2$	630	52 Te	$TeCl_2$	208
26 Fe	$FeCl_3$	306	53 I	ICl	27.3
26 Fe	$FeCl_2$	677	54 Xe		
27 Co	$CoCl_2$	727	55 Cs	CsCl	645
28 Ni	$NiCl_2$	1001	56 Ba	$BaCl_2$	962
29 Cu	$CuCl_2$	537	57 La	$LaCl_3$	852
29 Cu	CuCl	430	58 Ce	$CeCl_3$	817

59 Pr	$PrCl_3$	786	82 Pb	$PbCl_4$	−15
60 Nd	$NdCl_3$	760	82 Pb	$PbCl_2$	498
60 Nd	$NdCl_2$	835	83 Bi	$BiCl_3$	232
61 Pm	$PmCl_3$	737	83 Bi	$BiCl_2$	300 d
62 Sm	$SmCl_3$	681	84 Po	$PoCl_4$	300
63 Eu	$EuCl_2$	738	84 Po	$PoCl_2$	190 s (in N_2)
63 Eu	$EuCl_3$	623	85 At		n. a.
64 Gd	$GdCl_3$	609	86 Rn		
65 Tb	$TbCl_3$	588	87 Fr	FrCl	n. a.
66 Dy	$DyCl_3$	654	88 Ra	$RaCl_2$	900
67 Ho	$HoCl_3$	720	89 Ac	$AcCl_3$	927
68 Er	$ErCl_3$	777	90 Th	$ThCl_4$	765
69 Tm	$TmCl_3$	828	91 Pa	$PaCl_5$	301
70 Yb	$YbCl_2$	723	92 U	UCl_6	179 d
70 Yb	$YbCl_3$	875	92 U	UCl_5	327 d
71 Lu	$LuCl_3$	904	92 U	UCl_3	842
72 Hf	$HfCl_4$	720 p	92 U	UCl_4	590
73 Ta	$TaCl_5$	207	93 Np	$NpCl_4$	538
74 W	WCl_6	284	93 Np	$NpCl_3$	800
74 W	WCl_5	230	94 Pu	$PuCl_3$	760
74 W	WCl_4	477 d	95 Am	$AmCl_3$	850 s (真空中)
75 Re	$ReCl_6$	22	96 Cm	$CmCl_3$	
75 Re	$ReCl_5$	275	97 Bk		
75 Re	$ReCl_3$	727	98 Cf		
76 Os	$OsCl_4$	323 d	99 Es		
76 Os	$OsCl_3$	450 d	100 Fm		
77 Ir	$IrCl_3$	865 d	101 Md		
78 Pt	$PtCl_2$	435 d	102 No		
78 Pt	$PtCl_2$	581 d	103 Lr		
79 Au	AuCl	190 d	104 Rf		
79 Au	$AuCl_3$	288 (in 2 atm Cl_2)	105 Db		
80 Hg	$HgCl_2$	277	106 Sg		
80 Hg	Hg_2Cl_2	525 (封管中)	107 Bh		
81 Tl	$TlCl_3$	250	108 Hs		
81 Tl	TlCl	430 d	109 Mt		

p：加圧下，s：昇華，d：分解

塩化物の融点 B

(℃)

24 Cr	$CrCl_3$	1152	22 Ti	$TiCl_3$	700 d
28 Ni	$NiCl_2$	1001	62 Sm	$SmCl_3$	681
23 V	VCl_2	1000	46 Pd	$PdCl_2$	678
21 Sc	$ScCl_3$	967	22 Ti	$TiCl_2$	677
56 Ba	$BaCl_2$	962	26 Fe	$FeCl_2$	677
45 Rh	$RhCl_3$	948 d	66 Dy	$DyCl_3$	654
89 Ac	$AcCl_3$	927	55 Cs	CsCl	645
71 Lu	$LuCl_3$	904	25 Mn	$MnCl_2$	630
88 Ra	$RaCl_2$	900	40 Zr	$ZrCl_3$	627 d
38 Sr	$SrCl_2$	875	44 Ru	$RuCl_3$	627 d
70 Yb	$YbCl_3$	875	63 Eu	$EuCl_3$	623
77 Ir	$IrCl_3$	865 d	3 Li	LiCl	610
57 La	$LaCl_3$	852	64 Gd	$GdCl_3$	609
95 Am	$AmCl_3$	850 s (真空中)	92 U	UCl_4	590
92 U	UCl_3	842	65 Tb	$TbCl_3$	588
60 Nd	$NdCl_2$	835	49 In	$InCl_3$	586
69 Tm	$TmCl_3$	828	78 Pt	$PtCl_2$	581 d
58 Ce	$CeCl_3$	817	48 Cd	$CdCl_2$	568
24 Cr	$CrCl_2$	815	93 Np	$NpCl_4$	538
11 Na	NaCl	808	29 Cu	$CuCl_2$	537
93 Np	$NpCl_3$	800	80 Hg	Hg_2Cl_2	525 (封管中)
59 Pr	$PrCl_3$	786	82 Pb	$PbCl_2$	498
20 Ca	$CaCl_2$	782	74 W	WCl_4	477 d
68 Er	$ErCl_3$	777	32 Ge	$GeCl_2$	450 d
19 K	KCl	772	76 Os	$OsCl_3$	450 d
90 Th	$ThCl_4$	765	47 Ag	AgCl	445
60 Nd	$NdCl_3$	760	4 Be	$BeCl_2$	440
94 Pu	$PuCl_3$	760	40 Zr	$ZrCl_4$	437
63 Eu	$EuCl_2$	738	78 Pt	$PtCl_2$	435 d
61 Pm	$PmCl_3$	737	29 Cu	CuCl	430
27 Co	$CoCl_2$	727	81 Tl	TlCl	430 d
40 Zr	$ZrCl_2$	727 d	23 V	VCl_3	425 (不均化)
75 Re	$ReCl_3$	727	92 U	UCl_5	327 d
70 Yb	$YbCl_2$	723	76 Os	$OsCl_4$	323 d
39 Y	YCl_3	720	42 Mo	$MoCl_4$	317
67 Ho	$HoCl_3$	720	26 Fe	$FeCl_3$	306
72 Hf	$HfCl_4$	720 p	34 Se	$SeCl_4$	305 p
37 Rb	RbCl	717	91 Pa	$PaCl_5$	301
12 Mg	$MgCl_2$	714	83 Bi	$BiCl_2$	300 d

$_{84}$Po	$PoCl_4$	300	$_{32}$Ge	$GeCl_4$	−49.4
$_{79}$Au	$AuCl_3$	288 (in 2 atm Cl_2)	$_{35}$Br	BrCl	−54
$_{74}$W	WCl_6	284	$_{14}$Si	$SiCl_4$	−68
$_{80}$Hg	$HgCl_2$	277	$_{16}$S	SCl_2	−78
$_{30}$Zn	$ZnCl_2$	275	$_{16}$S	S_2Cl_2	−80
$_{75}$Re	$ReCl_5$	275	$_{15}$P	PCl_3	−92
$_{81}$Tl	$TlCl_3$	250	$_{17}$Cl	Cl_2	−101
$_{50}$Sn	$SnCl_2$	247	$_{5}$B	BCl_3	−107
$_{83}$Bi	$BiCl_3$	232	$_{1}$H	HCl	−114.2
$_{74}$W	WCl_5	230	$_{8}$O	OCl_2	−120.6
$_{49}$In	InCl	225	$_{9}$F	FCl	−155.6
$_{52}$Te	$TeCl_4$	224.1	$_{42}$Mo	$MoCl_3$	n. a. d
$_{41}$Nb	$NbCl_5$	212	$_{85}$At	AtCl	n. a.
$_{52}$Te	$TeCl_2$	208	$_{87}$Fr	FrCl	n. a.
$_{73}$Ta	$TaCl_5$	207	$_{96}$Cm	$CmCl_3$	n. a.
$_{42}$Mo	$MoCl_5$	194	$_{2}$He		
$_{13}$Al	$AlCl_3$	192	$_{10}$Ne		
$_{79}$Au	AuCl	190 d	$_{18}$Ar		
$_{84}$Po	$PoCl_2$	190 s (in N_2)	$_{36}$Kr		
$_{92}$U	UCl_6	179 d	$_{43}$Tc		
$_{15}$P	PCl_5	160 p	$_{54}$Xe		
$_{31}$Ga	$GaCl_3$	77.5	$_{86}$Rn		
$_{51}$Sb	$SbCl_3$	73.2	$_{97}$Bk		
$_{53}$I	ICl	27.3	$_{98}$Cf		
$_{75}$Re	$ReCl_6$	22	$_{99}$Es		
$_{51}$Sb	$SbCl_5$	2.8	$_{100}$Fm		
$_{82}$Pb	$PbCl_4$	−15	$_{101}$Md		
$_{33}$As	$AsCl_3$	−16	$_{102}$No		
$_{6}$C	CCl_4	−22.9	$_{103}$Lr		
$_{22}$Ti	$TiCl_4$	−24.12	$_{104}$Rf		
$_{23}$V	VCl_4	−26	$_{105}$Db		
$_{16}$S	SCl_4	−30 d	$_{106}$Sg		
$_{50}$Sn	$SnCl_4$	−30.2	$_{107}$Bh		
$_{33}$As	$AsCl_5$	ca. −40	$_{108}$Hs		
$_{7}$N	NCl_3	<−40	$_{109}$Mt		

塩化物の沸点 A

(℃)

1 H	HCl	−85	34 Se	$SeCl_4$	196 s
2 He			35 Br	$BrCl$	5 d
3 Li	$LiCl$	1382	36 Kr		
4 Be	$BeCl_2$	547	37 Rb	$RbCl$	1381
5 B	BCl_3	12.4	38 Sr	$SrCl_2$	1250
6 C	CCl_4	76.7	39 Y	YCl_3	1507
7 N	NCl_3	71	40 Zr	$ZrCl_4$	331 s
8 O	OCl_2	1.9	41 Nb	$NbCl_5$	243
9 F	FCl	−100.3	42 Mo	$MoCl_4$	322
10 Ne			42 Mo	$MoCl_5$	268
11 Na	$NaCl$	1465	43 Tc		
12 Mg	$MgCl_2$	1418	44 Ru	$RuCl_3$	>500 d
13 Al	$AlCl_3$	180.1 s	45 Rh	$RhCl_3$	717
14 Si	$SiCl_4$	57	46 Pd	$PdCl_2$	
15 P	PCl_3	76	47 Ag	$AgCl$	1554
16 S	S_2Cl_2	138	48 Cd	$CdCl_2$	980
16 S	SCl_2	59	49 In	$InCl_3$	
17 Cl	Cl_2	−34.05	50 Sn	$SnCl_4$	113
18 Ar			51 Sb	$SbCl_3$	221
19 K	KCl	1407	52 Te	$TeCl_2$	328
20 Ca	$CaCl_2$		52 Te	$TeCl_4$	388
21 Sc	$ScCl_3$	967	53 I	ICl	100 d
22 Ti	$TiCl_2$	1479	54 Xe		
22 Ti	$TiCl_3$	430 s	55 Cs	$CsCl$	1300
22 Ti	$TiCl_4$	236	56 Ba	$BaCl_2$	1560
23 V	VCl_2	1377	57 La	$LaCl_3$	2700
23 V	VCl_4	164 d	58 Ce	$CeCl_3$	100
24 Cr	$CrCl_2$	1302	59 Pr	$PrCl_3$	1905
24 Cr	$CrCl_3$	900 s	60 Nd	$NdCl_3$	1600
25 Mn	$MnCl_2$	1290	61 Pm		
26 Fe	$FeCl_3$	317	62 Sm	$SmCl_3$	
26 Fe	$FeCl_2$	1026	63 Eu	$EuCl_2$	2027
27 Co	$CoCl_2$	1050	64 Gd	$GdCl_3$	1580
28 Ni	$NiCl_2$	987	65 Tb	$TbCl_3$	1547
29 Cu	$CuCl$	1690	66 Dy	$DyCl_3$	1627
30 Zn	$ZnCl_2$	756	67 Ho	$HoCl_3$	1507
31 Ga	$GaCl_3$	200	68 Er	$ErCl_3$	1497
32 Ge	$GeCl_4$	83.1	69 Tm	$TmCl_3$	1487
33 As	$AsCl_3$	130	70 Yb	$YbCl_2$	1927

70 Yb	$YbCl_3$	d	83 Bi	$BiCl_3$	441
71 Lu	$LuCl_3$	1477	84 Po	$PoCl_4$	390
72 Hf	$HfCl_4$	317 s	85 At		
73 Ta	$TaCl_5$	334	86 Rn		
74 W	WCl_5	286	87 Fr		
74 W	WCl_6	336.5	88 Ra		
75 Re	$ReCl_3$	827	89 Ac		960 s
75 Re	$ReCl_5$	327	90 Th	$ThCl_4$	922
76 Os	$OsCl_4$		91 Pa	$PaCl_5$	420 (est.)
77 Ir	$IrCl_3$		92 U	UCl_4	792
78 Pt	$PtCl_2$		93 Np	$NpCl_4$	847
79 Au	$AuCl_3$	427 d	94 Pu	$PuCl_3$	1767
80 Hg	$HgCl_2$	304	95 Am	$AmCl_3$	850 s (真空中)
81 Tl	TlCl	806	96 Cm		
82 Pb	$PbCl_2$	954	97 Bk		
82 Pb	$PbCl_4$	105 d	98 Cf		

s：昇華，d：分解

塩化物の沸点 B

(℃)

57 La	$LaCl_3$	2700	93 Np	$NpCl_4$	847
63 Eu	$EuCl_2$	2027	75 Re	$ReCl_3$	827
20 Ca	$CaCl_2$	1935.8	81 Tl	TlCl	806
70 Yb	$YbCl_2$	1927	92 U	UCl_4	792
59 Pr	$PrCl_3$	1905	30 Zn	$ZnCl_2$	756
94 Pu	$PuCl_3$	1767	45 Rh	$RhCl_3$	717
29 Cu	CuCl	1690	4 Be	$BeCl_2$	547
66 Dy	$DyCl_3$	1627	44 Ru	$RuCl_3$	>500 d
60 Nd	$NdCl_3$	1600	86 Bi	$BiCl_3$	441
64 Gd	$GdCl_3$	1580	22 Ti	$TiCl_3$	430
56 Ba	$BaCl_2$	1560	79 Au	$AuCl_3$	427 d
47 Ag	AgCl	1554	91 Pa	$PaCl_5$	420 (est.)
65 Tb	$TbCl_3$	1547	84 Po	$PoCl_4$	390
39 Y	YCl_3	1507	52 Te	$TeCl_4$	388
67 Ho	$HoCl_3$	1507	74 W	WCl_6	336.5
68 Er	$ErCl_3$	1497	73 Ta	$TaCl_5$	334
69 Tm	$TmCl_3$	1487	40 Zr	$ZrCl_4$	331 s
22 Ti	$TiCl_2$	1479	52 Te	$TeCl_2$	328
71 Lu	$LuCl_3$	1477	75 Re	$ReCl_2$	327
11 Na	NaCl	1465	42 Mo	$MoCl_4$	322
12 Mg	$MgCl_2$	1418	26 Fe	$FeCl_3$	317
19 K	KCl	1407	72 Hf	$HfCl_4$	317 s
3 Li	LiCl	1382	80 Hg	$HgCl_2$	304
37 Rb	RbCl	1381	74 W	WCl_5	286
23 V	VCl_2	1377	42 Mo	$MoCl_5$	268
24 Cr	$CrCl_2$	1302	41 Nb	$NbCl_5$	243
55 Cs	CsCl	1300	22 Ti	$TiCl_4$	236 s
25 Mn	$MnCl_2$	1290	51 Sb	$SbCl_3$	221
38 Sr	$SrCl_2$	1250	31 Ga	$GaCl_3$	200
27 Co	$CoCl_2$	1050	34 Se	$SeCl_4$	196 s
26 Fe	$FeCl_2$	1026	13 Al	$AlCl_3$	180.1 s
28 Ni	$NiCl_2$	987	23 V	VCl_4	164 d
48 Cd	$CdCl_2$	980	16 S	S_2Cl_2	138
21 Sc	$ScCl_3$	967	33 As	$AsCl_3$	130
89 Ac	$AcCl_3$	960 s	50 Sn	$SnCl_4$	113
82 Pb	$PbCl_2$	954 d	82 Pb	$PbCl_4$	105
90 Th	$ThCl_4$	922	53 I	ICl	100 d
24 Cr	$CrCl_3$	900 s	58 Ce	$CeCl_3$	100
95 Am	$AmCl_3$	850 s (真空中)	32 Ge	$GeCl_4$	83.1

$_{6}$C	CCl_4	76.7	$_{77}$Ir	$IrCl_3$	n. a.
$_{15}$P	PCl_3	76	$_{78}$Pt	$PtCl_2$	n. a.
$_{7}$N	NCl_3	71	$_{2}$He		
$_{16}$S	SCl_2	59	$_{10}$Ne		
$_{14}$Si	$SiCl_4$	57	$_{18}$Ar		
$_{5}$B	BCl_3	12.4	$_{36}$Kr		
$_{35}$Br	BrCl	5 d	$_{43}$Tc		
$_{8}$O	OCl_2	1.9	$_{54}$Xe		
$_{17}$Cl	Cl_2	−34.05	$_{61}$Pm		
$_{1}$H	HCl	−85	$_{85}$At		
$_{9}$F	FCl	−100.3	$_{86}$Rn		
$_{46}$Pd	$PdCl_2$	n. a.	$_{87}$Fr		
$_{49}$In	$InCl_3$	n. a.	$_{88}$Ra		
$_{62}$Sm	$SmCl_3$	n. a.	$_{96}$Cm		
$_{70}$Yb	$YbCl_3$	n. a.	$_{97}$Bk		
$_{76}$Os	$OsCl_4$	n. a.	$_{98}$Cf		

臭化物の融点 A

(℃)

1 H	HBr	206.9	40 Zr	$ZrBr_2$	ca. 770
3 Li	LiBr	1538	41 Nb	$NbBr_5$	545
4 Be	$BeBr_2$	746 s	42 Mo	$MoBr_4$	620
5 B	BBr_3	363.5	47 Ag	AgBr	1810
6 C	CBr_4	462.5	48 Cd	$CdBr_2$	1136
9 F	BrF_5	313.3	50 Sn	$SnBr_4$	476
11 Na	NaBr	1663	50 Sn	$SbBr_2$	891
12 Mg	$MgBr_2$		51 Sb	$SbBr_3$	553
13 Al	$AlBr_3$	538	52 Te	$TeBr_4$	700
14 Si	$SiBr_4$	425.8	53 I	IBr	389
15 P	PBr_3	449	55 Cs	CsBr	1573
16 S	S_2Br_2	337	57 La	$LaBr_3$	1850
17 Cl	BrCl	278	58 Ce	$CeBr_3$	1978
19 K	KBr	1653	59 Pr	$PrBr_3$	1820
20 Ca	$CaBr_2$	1083	62 Sm	$SmBr_3$	1918
21 Sc	$ScBr_3$	1202	63 Eu	$EuBr_2$	2146
22 Ti	$TiBr_4$	503	64 Gd	$GdBr_3$	1763
22 Ti	$TiBr_2$	1500	65 Tb	$TbBr_3$	1756
23 V	VBr_4	520	66 Dy	$DyBr_3$	1746
23 V	VBr_2	1500	67 Ho	$HoBr_3$	1740
24 Cr	$CrBr_2$	1400	68 Er	$ErBr_3$	1730
25 Mn	$MnBr_2$	1300	69 Tm	$TmBr_3$	1710
26 Fe	$FeBr_2$	1200	70 Yb	$YbBr_2$	2100
26 Fe	$FeBr_3$	900	71 Lu	$LuBr_3$	1680
27 Co	$CoBr_2$	1200	73 Ta	$TaBr_5$	621.8
29 Cu	CuBr	1125	74 W	WBr_5	665
30 Zn	$ZnBr_2$	923	75 Re	$ReBr_3$	773 s
31 Ga	$GaBr_3$	552	77 Ir	$IrBr_3$	600 d
32 Ge	$GeBr_4$	458.9	77 Ir	IrBr	773 d,s
33 As	$AsBr_3$	494	80 Hg	$HgBr_2$	593
34 Se	Se_2Br_2	503	80 Hg	Hg_2Br_2	618 s
35 Br	Br_2	331.2	81 Tl	TlBr	1088
37 Rb	RbBr	1613	82 Pb	$PbBr_2$	1189
38 Sr	$SrBr_2$	1083	88 Ra	$RaBr_2$	ca.1270
39 Y	YBr_3	1740	90 Th	$ThBr_4$	1130
40 Zr	$ZrBr_4$	630	92 U	UBr_4	1034
40 Zr	$ZrBr_3$	ca. 470			

s：昇華，d：分解

臭化物の融点 B

(℃)

$_{63}$Eu	$EuBr_2$	2146	$_{26}$Fe	$FeBr_3$	900
$_{70}$Yb	$YbBr_2$	2100	$_{50}$Sn	$SbBr_2$	891
$_{58}$Ce	$CeBr_3$	1978	$_{75}$Re	$ReBr_3$	773 d,s
$_{62}$Sm	$SmBr_3$	1918	$_{77}$Ir	IrBr	773
$_{57}$La	$LaBr_3$	1850	$_{40}$Zr	$ZrBr_2$	ca. 770
$_{59}$Pr	$PrBr_3$	1820	$_{4}$Be	$BeBr_2$	746 s
$_{47}$Ag	AgBr	1810	$_{52}$Te	$TeBr_4$	700
$_{64}$Gd	$GdBr_3$	1763	$_{74}$W	WBr_5	665
$_{65}$Tb	$TbBr_3$	1756	$_{40}$Zr	$ZrBr_4$	630
$_{66}$Dy	$DyBr_3$	1746 s	$_{73}$Ta	$TaBr_5$	621.8
$_{39}$Y	YBr_3	1740	$_{42}$Mo	$MoBr_4$	620
$_{67}$Ho	$HoBr_3$	1740	$_{80}$Hg	Hg_2Br_2	618
$_{68}$Er	$ErBr_3$	1730	$_{77}$Ir	$IrBr_3$	600 d
$_{69}$Tm	$TmBr_3$	1710	$_{80}$Hg	$HgBr_2$	593
$_{71}$Lu	$LuBr_3$	1680	$_{51}$Sb	$SbBr_3$	553
$_{11}$Na	NaBr	1663	$_{31}$Ga	$GaBr_3$	552
$_{19}$K	KBr	1653	$_{41}$Nb	$NbBr_5$	545
$_{37}$Rb	RbBr	1613	$_{13}$Al	$AlBr_3$	538
$_{55}$Cs	CsBr	1573	$_{23}$V	VBr_4	520
$_{3}$Li	LiBr	1538	$_{22}$Ti	$TiBr_4$	503
$_{22}$Ti	$TiBr_2$	1500	$_{34}$Se	Se_2Br_2	503
$_{23}$V	VBr_2	1500	$_{33}$As	$AsBr_3$	494
$_{24}$Cr	$CrBr_2$	1400	$_{50}$Sn	$SnBr_4$	476
$_{25}$Mn	$MnBr_2$	1300	$_{40}$Zr	$ZrBr_3$	ca. 470
$_{88}$Ra	$RaBr_2$	ca.1270	$_{6}$C	CBr_4	462.5
$_{21}$Sc	$ScBr_3$	1202	$_{32}$Ge	$GeBr_4$	458.9
$_{26}$Fe	$FeBr_2$	1200	$_{15}$P	PBr_3	449
$_{27}$Co	$CoBr_2$	1200	$_{14}$Si	$SiBr_4$	425.8
$_{82}$Pb	$PbBr_2$	1189	$_{9}$F	BrF_3	400
$_{48}$Cd	$CdBr_2$	1136	$_{53}$I	IBr	389
$_{90}$Th	$ThBr_4$	1130	$_{5}$B	BBr_3	363.5
$_{29}$Cu	CuBr	1125	$_{16}$S	S_2Br_2	337
$_{81}$Tl	TlBr	1088	$_{35}$Br	Br_2	331.2
$_{20}$Ca	$CaBr_2$	1083	$_{9}$F	BrF_5	313.3
$_{38}$Sr	$SrBr_2$	1083	$_{17}$Cl	BrCl	278
$_{92}$U	UBr_4	1034	$_{1}$H	HBr	206.9
$_{30}$Zn	$ZnBr_2$	923			

溶解度 (25 ℃)

	W (g/100 gsoln.)*1	S (g/100 gH_2O)*2	液底体の水和数		W (g/100 gsoln.)*1	S (g/100 gH_2O)*2	液底体の水和数
$AgClO_3$	15.28	18.04	0	$CuBr_2$	55.80	126.24	0
$AgClO_4$	84.78	557.03	1	$CuCl_2$	4.60	4.82	2
AgF	64.23	179.56	2	$Cu(NO_3)_2$	60.8	155.1	6
$AgNO_2$	0.41	0.42	0	$CuSO_4$	18.2	22.2	5
$AgNO_3$	7070	241.30	0	$FeCl_2$	39.2	64.5	4
Ag_2SO_4	0.83	0.84	0	$FeCl_3$	73.69	280.08	7/2
$AlCl_3$	31.1	45.1	6	$Fe(NO_3)_2$	46.5	86.9	6
$Al(NO_3)_3$	43.5	77.0	9	$Fe(NO_3)_3$	46.57	87.16	9
$Al_2(SO_4)_3$	27.82	38.54	16	$FeSO_4$	22.8	29.5	7
$BaBr_2$	51.4	105.8	2	H_3BO_3	5.43	5.74	0
$BaCl_2$	27.1	37.2	2	HBr	65.88	193.08	0
BaI_2	68.8	220.5	7.5	HCl	41.2	70.1	0
$Ba(NO_3)_2$	9.27	10.22	0	$HClO_4$	79.3	383.1	0
$BeCl_2$	41.72	71.59	4	H_3PO_4	87.0	669.2	0
$CaBr_2$	60.5	153.2	6	$HgBr_2$	0.61	0.61	0
$CaCl_2$	45.3	82.8	6	$Hg(CN)_2$	10.00	11.11	0
$Ca(NO_3)_2$	57.98	137.98	4	$HgCl_2$	6.8	7.3	0
$CaSO_4$	0.71	0.72	1/2	$KAl(SO_4)_2$	7.23	7.79	12
$CdBr_2$	52.9	112.3	4	KBr	40.57	68.27	0
$CdCl_2$	54.65	120.51	5/2	$KBrO_3$	7.53	8.14	0
CdF_2	4.35	4.55	0	KCN	41.7	71.5	0
CdI_2	46.3	86.2	0	K_2CO_3	52.85	112.09	0
$Cd(NO_3)_2$	61.3	158.4	4	KCl	26.4	35.9	0
$CdSO_4$	76.7	329.2	8/3	$KClO_3$	7.9	8.6	0
$CoBr_2$	54.4	119.3	6	$KClO_4$	2.03	2.07	0
$CoCl_2$	36.0	56.3	6	K_2CrO_4	39.5	65.3	0
CoI_2	67.5	207.7	1	$K_2Cr_2O_7$	12.98	14.92	0
$Co(NO_3)_2$	50.7	102.8	6	KF	50.41	101.65	2
$CoSO_4$	27.2	37.4	7	$K_3Fe(CN)_6$	32.8	48.8	0
$Cr(NO_3)_3$	43.62	77.37	9	$K_4Fe(CN)_6$	24.0	31.6	4
CrO_3	62.9	169.5	0	$KHCO_3$	26.6	36.2	0
$Cr_2(SO_4)_3$	39.05	64.07	16	KHF_2	30.0	42.9	0
$CsCl$	65.55	190.28	0	KH_2PO_4	20.04	25.06	0
$CsClO_4$	1.96	2.00	0	$KHSO_4$	34.0	51.5	0
$CsHCO_3$	67.8	210.6	0	KI	59.8	148.8	0
CsI	46.1	85.5	0	KIO_3	8.40	9.17	0
$CsNO_3$	21.53	27.44	0	KIO_4	0.51	0.51	0
Cs_2SO_4	64.54	182.01	0	$KMnO_4$	7.08	7.62	0

KNO_2	75.75	312.37	0
KNO_3	27.5	37.9	0
KOH	54.23	118.48	2
KPF_6	8.35	9.11	0
$K_2Pt(CN)_4$	29.54	41.92	0
K_2PtCl_6	1.24	1.26	0
KSCN	70.5	239.0	0
K_2SO_4	10.75	12.04	0
$La(BrO_3)_3$	62.74	168.38	0
LiBr	63.0	170.3	2
Li_2CO_3	1.28	1.30	0
LiCl	45.85	84.67	1
$LiClO_4$	37.48	59.95	0
LiI	62.6	167.4	3
LiOH	11.14	12.54	1
Li_2SO_4	25.79	34.75	1
$MgBr_2$	50.8	103.3	6
$MgCl_2$	35.36	54.70	6
$Mg(NO_3)_2$	42.1	72.71	6
$MgSO_4$	26.7	36.43	7
$MnBr_2$	60.2	151.26	4
$MnCl_2$	43.55	77.15	4
$Mn(NO_3)_2$	62.37	165.75	6
$MnSO_4$	39.2	64.5	1
$NH_4Al(SO_4)_2$	7.84	8.51	12
NH_4Br	43.9	78.25	0
NH_4Cl	28.2	39.28	0
NH_4ClO_4	19.89	24.83	0
NH_4HCO_3	19.9	24.84	0
NH_4I	63.9	177.01	0
NH_4NO_3	67.63	208.93	0
NH_4SCN	65.5	189.9	0
$(NH_4)_2SO_4$	43.47	76.90	0
$N_2H_5HSO_4$	3.30	3.41	0
$NaAl(SO_4)_2$	28.96	40.77	12
$Na_2B_4O_7$	10.70	11.98	10
NaBr	48.61	94.59	0
$NaBrO_3$	28.29	39.45	0
NaCN	39	64	0
Na_2CO_3	22.50	29.03	10
NaCl	26.43	35.92	0
Na_2ClO_3	51.40	105.76	0
Na_2ClO_4	67.82	210.75	1

Na_2CrO_4	45.80	84.50	6
$Na_2Cr_2O_7$	65.50	189.86	0
NaF	3.98	4.14	0
$Na_4Fe(CN)_6$	17.60	21.36	0
$NaHCO_3$	9.40	10.38	0
Na_2HPO_4	10.71	11.99	12
NaH_2PO_4	48.62	94.63	0
NaI	84.76	556.17	0
$NaIO_3$	8.67	9.49	1
$NaIO_4$	12.62	14.44	3
$NaNO_2$	46.00	85.19	0
$NaNO_3$	47.60	90.84	0
NaOH	53.20	113.68	1
Na_3PO_4	12.30	14.03	0
$Na_2P_4O_7$	6.62	7.09	0
Na_2S	15.30	18.06	9
NaSCN	58.78	142.60	0
Na_2SO_3	22.80	29.53	7
Na_2SO_4	21.90	28.04	10
$Na_2S_2O_3$	43.15	75.90	0
$NiBr_2$	57.3	134.19	6
$NiCl_2$	39.6	65.56	6
NiI_2	60.7	154.45	6
$Ni(NO_3)_2$	50.0	100.00	6
$NiSO_4$	29.2	41.24	7
OsO_4	6.56	7.02	0
$PbCl_2$	1.08	1.09	0
$Pb(NO_3)_2$	36.90	58.48	0
$SrBr_2$	50.60	102.43	6
$SrCl_2$	35.80	55.76	0
$Sr(NO_3)_2$	45.00	81.82	0
$TlAl(SO_4)_2$	7.60	8.23	12
TlCl	0.39	0.39	0
$TlNO_3$	11.60	13.12	0
$UO_2(NO_3)_2$	55.90	126.76	6
UO_2SO_4	60.00	150.00	3
YCl_3	42.95	75.28	0
$Y_2(SO_4)_3$	6.71	7.19	0
$ZnBr_2$	82.46	470.13	2
$ZnCl_2$	80.90	420.00	1
ZnI_2	86.00	614.29	0
$Zn(NO_3)_2$	56.10	127.79	6
$ZnSO_4$	36.48	57.43	7

VI 核種の性質

2.3488T における NMR 共鳴周波数 A

核種	スピン	共鳴周波数 (2.3488 T)	標準物質	核種	スピン	共鳴周波数 (2.3488 T)	標準物質
H-1	1/2	100.000	$Si(CH_3)_4$	Cu-65	3/2	28.394	$Cu(MeCN)_4{}^+(MeCN)$
H-2	1	15.351	$Si(CH_3)_4$	Zn-67	5/2	6.254	$Zn(ClO_4)_2$(aq)
H-3	1/2	106.663	$Si(CH_3)_4$	Ga-69	3/2	24.003	$Ga(OH_2)_6{}^{3+}$
He-3	1/2	76.178	gas	Ga-71	3/2	30.495	$Ga(OH_2)_6{}^{3+}$
Li-6	1	14.716	LiC(aq)	Ga-73	9/2	3.488	$Ge(CH_3)_4$
Li-6	1/2	100.000	$Si(CH_3)_4$	As-75	3/2	17.126	$KAsF_6$
Be-9	3/2	14.053	$Be(NO_3)_2$(aq)	Se-77	1/2	19.092	$Se(CH_3)_2$
B-10	3	10.746	$Et_2O:BF_3$	Br-79	3/2	25.053	Br^-(aq)
B-11	3/2	32.084	$Et_2O:BF_3$	Br-81	3/2	27.006	Br^-(aq)
C-13	1/2	25.144	$Si(CH_3)_4$	Kr-83	9/2	3.847	gas
N-14	1	7.224	CH_3NO_2, or $NO_3{}^-$	Rb-85	5/2	9.655	Rb^+(aq)
N-15	1/2	10.133	CH_3NO_2, or $NO_3{}^-$	Rb-87	3/2	32.721	Rb^+(aq)
O-17	5/2	13.557	H_2O	Sr-87	9/2	4.333	Sr^{2+}(aq)
F-19	1/2	94.077	CCl_3F	Y-89	1/2	4.899	$Y(NO_3)_3$(aq)
Na-21	3/2	7.894	gas	Zr-91	5/2	9.330	
Na-23	3/2	26.451	Na^+(aq)	Nb-93	9/2	24.442	$NbF_6{}^-$(HFaq)
Mg-25	5/2	6.120	Mg^{2+}(aq)	Mo-95	5/2	6.514	$MoO_4{}^{2-}$(aq)
Al-27	5/2	26.057	$[Al(OH_2)_6]^{3+}$	Mo-97	5/2	6.652	$MoO_4{}^{2-}$(aq)
Si-29	1/2	19.865	$Si(CH_3)_4$	Tc-99	9/2	22.508	$TcO_4{}^-$(aq)
P-31	1/2	40.481	H_3PO_4(85%)	Ru-99	5/2	3.389	RuO_4
S-33	3/2	7.670	CS_2	Ru-101	5/2	4.941	RuO_4
Cl-35	3/2	9.798	Cl^-(aq)	Rh-103	1/2	3.712	$[RhCl_3(S(CH_3)_2)_3]$,
Cl-37	3/2	8.156	Cl^-(aq)				mer^-
K-39	3/2	4.667	K^+(aq)	Pd-105	5/2	4.576	$PdCl_6{}^{2-}$(aq)
K-39	4	5.810	K^+(aq)	Ag-107	1/2	4.046	$AgNO_3$
K-41	3/2	2.561	K^+(aq)	Ag-109	1/2	4.652	$AgNO_3$
Ca-43	7/2	6.728	Ca^{2+}(aq)	Cd-111	1/2	21.205	$Cd(CH_3)_2$, or
Sc-45	7/2	24.290	Sc^{3+}(aq)				$Cd(ClO_4)_2$(aq)
Ti-47	5/2	5.637	$TiF_6{}^{2-}$(concHF)	Cd-113	1/2	22.182	$Cd(CH_3)_2$, or
Ti-49	7/2	5.638	$TiF_6{}^{2-}$(concHF)				$Cd(ClO_4)_2$(aq)
V-50	6	9.970	$VOCl_3$	In-113	9/2	21.866	$In(OH_2)_6{}^{3+}$(aq)
V-51	7/2	26.289	$VOCl_3$	In-115	9/2	21.914	$In(OH_2)_6{}^{3+}$(aq)
Cr-53	3/2	5.652	$CrO_4{}^{2-}$(aq)	Sn-115	1/2	32.699	$Sn(CH_3)_4$
Mn-55	5/2	24.664	$MnO_4{}^-$(aq)	Sn-117	1/2	35.625	$Sn(CH_3)_4$
Fe-57	1/2	3.231	$Fe(CO)_5$	Sn-119	1/2	37.272	$Sn(CH_3)_4$
Co-59	7/2	23.614	$Co(CN)_6{}^{3-}$(aq)	Sb-121	5/2	23.930	$SbCl_6{}^-$
Ni-61	3/2	8.936		Sb-123	7/2	12.959	$SbCl_6{}^-$
Cu-63	3/2	26.505	$Cu(MeCN)_4{}^+(MeCN)$	Te-123	1/2	26.207	$Te(CH_3)_2$

Te-125	1/2	31.596	$Te(CH_3)_2$	Lu-175	7/2	11.407	
I-127	5/2	20.007	I^-(aq)	Hf-177	7/2	3.120	
Xe-129	1/2	27.660	gas	Hf-179	9/2	1.869	
Xe-131	3/2	8.199	gas	Ta-181	7/2	11.970	TaF_6^-
Cs-133	7/2	13.117	CsBr(aq)	W-183	1/2	4.161	WF_6
Ba-135	3/2	9.934	$BaCl_2$(aq)	Re-185	5/2	22.513	ReO_4^-(aq)
Ba-137	3/2	11.113	$BaCl_2$(aq)	Re-187	5/2	22.744	ReO_4^-(aq)
La-138	5	13.193	$LaCl_3$(0.01 Maq)	Os-187	1/2	2.282	OsO_4
La-139	7/2	14.126	$LaCl_3$(0.01 Maq)	Os-189	3/2	7.758	OsO_4
Pr-141	5/2	29.291		Ir-191	3/2	1.718	
Nd-143	7/2	5.347		Ir-193	3/2	1.871	
Nd-145	7/2	3.346		Pt-195	1/2	21.499	$Na_2PtCl_6(D_2O)$
Pm-147	7/2	13.510		Au-197	3/2	1.712	
Sm-147	7/2	4.128		Hg-199	1/2	17.827	$Hg(CH_3)_2$
Sm-149	7/2	3.289		Hg-201	3/2	6.599	$Hg(CH_3)_2$
Eu-151	5/2	24.801		Tl-203	1/2	57.149	$TlNO_3$
Eu-153	5/2	10.951		Tl-205	1/2	57.708	$TlNO_3$
Gd-155	3/2	3.819		Pb-207	1/2	20.921	$Pb(CH_3)_4$
Gd-157	3/2	4.774		Bi-209	9/2	16.069	$KBiF_6$
Tb-159	3/2	22.678		Ac-227	3/2	13.1	
Dy-161	5/2	3.294		Pa-231	3/2	12.0	
Dy-163	5/2	4.583		U-235	7/2	1.790	UF_6
Ho-165	7/2	20.513		Np-237	5/2	11.25	
Er-167	7/2	2.890		Pu-239	1/2	3.63	
Tm-169	1/2	8.271		Am-241	5/2	5.76	
Yb-171	1/2	17.613		Cm-247	9/2	0.75	
Yb-173	5/2	4.852					

2.3488TにおけるNMR共鳴周波数B

核種	スピン	共鳴周波数 (2.3488 T)	標準物質
H-3	1/2	106.663	$Si(CH_3)_4$
H-1	1/2	100.000	$Si(CH_3)_4$
F-19	1/2	94.077	CCl_3F
He-3	1/2	76.178	gas
Tl-205	1/2	57.708	$TlNO_3$
Tl-203	1/2	57.149	$TlNO_3$
P-31	1/2	40.481	H_3PO_4(85%)
Li-6	3/2	38.863	LiCl(aq)
Sn-119	1/2	37.272	$Sn(CH_3)_4$
Sn-117	1/2	35.625	$Sn(CH_3)_4$
Rb-87	3/2	32.721	Rb^+(aq)
Sn-115	1/2	32.699	$Sn(CH_3)_4$
B-11	3/2	32.084	$Et_2O:BF_3$
Te-125	1/2	31.596	$Te(CH_3)_2$
Ga-71	3/2	30.495	$Ga(OH_2)_6^{3+}$
Pr-141	5/2	29.291	
Cu-65	3/2	28.394	$Cu(MeCN)_4^+$(MeCN)
Xe-129	1/2	27.660	gas
Br-81	3/2	27.006	Br^-(aq)
Cu-63	3/2	26.505	$Cu(MeCN)_4^+$(MeCN)
Na-23	3/2	26.451	Na^+(aq)
V-51	7/2	26.289	$VOCl_3$
Te-123	1/2	26.207	$Te(CH_3)_2$
Al-27	5/2	26.057	$[Al(OH_2)_6]^{3+}$
C-13	1/2	25.144	$Si(CH_3)_4$
Br-79	3/2	25.053	Br^-(aq)
Eu-151	5/2	24.801	
Mn-55	5/2	24.664	MnO_4^-(aq)
Nb-93	9/2	24.442	NbF_6^-(HFaq)
Sc-45	7/2	24.290	Sc^{3+}(aq)
Ga-69	3/2	24.003	$Ga(OH_2)_6^{3+}$
Sb-121	5/2	23.930	$SbCl_6^-$
Co-59	7/2	23.614	$Co(CN)_6^{3-}$(aq)
Re-187	5/2	22.744	ReO_4^-(aq)
Tb-159	3/2	22.678	
Re-185	5/2	22.513	ReO_4^-(aq)
Tc-99	9/2	22.508	TcO_4^-(aq)

核種	スピン	共鳴周波数 (2.3488 T)	標準物質
Cd-113	1/2	22.182	$Cd(CH_3)_2$, or $Cd(ClO_4)_2$(aq)
In-115	9/2	21.914	$In(OH_2)_6^{3+}$(aq)
In-113	9/2	21.866	$In(OH_2)_6^{3+}$(aq)
Pt-195	1/2	21.499	$Na_2PtCl_6(D_2O)$
Cd-111	1/2	21.205	$Cd(CH_3)_2$, or $Cd(ClO_4)_2$(aq)
Pb-207	1/2	20.921	$Pb(CH_3)_4$
Ho-165	7/2	20.513	
I-127	5/2	20.007	I^-(aq)
Si-29	1/2	19.865	$Si(CH_3)_4$
Se-77	1/2	19.092	$Se(CH_3)_2$
Hg-199	1/2	17.827	$Hg(CH_3)_2$
Yb-171	1/2	17.613	
As-75	3/2	17.126	$KAsF_6$
Bi-209	9/2	16.069	$KBiF_6$
H-2	1	15.351	$Si(CH_3)_4$
Li-6	1	14.716	LiCl(aq)
La-139	7/2	14.126	$LaCl_3$(0.01 Maq)
Be-9	3/2	14.053	$Be(NO_3)_2$(aq)
O-17	5/2	13.557	H_2O
Pm-147	7/2	13.510	
La-138	5	13.193	$LaCl_3$(0.01 Maq)
Cs-133	7/2	13.117	CsBr(aq)
Sb-123	7/2	12.959	$SbCl_6^-$
Ta-181	7/2	11.970	TaF_6^-
Lu-175	7/2	11.407	
Ba-137	3/2	11.113	$BaCl_2$(aq)
Eu-153	5/2	10.951	
B-10	3	10.746	$Et_2O:BF_3$
N-15	1/2	10.133	CH_3NO_2, or NO_3^-
V-50	6	9.970	$VOCl_3$
Ba-135	3/2	9.934	$BaCl_2$(aq)
Cl-35	3/2	9.798	Cl^-(aq)
Rb-85	5/2	9.655	Rb^+(aq)
Zr-91	5/2	9.330	
Ni-61	3/2	8.936	
Tm-169	1/2	8.271	

Xe-131	3/2	8.199	gas	Ag-107	1/2	4.046	$AgNO_3$
Cl-37	3/2	8.156	Cl^-(aq)	Kr-83	9/2	3.847	gas
Ne-21	3/2	7.894	gas	Gd-155	3/2	3.819	
Os-189	3/2	7.758	OsO_4	Rh-103	1/2	3.712	$[RhCl_3(S(CH_3)_2)_3]$, mer-
S-33	3/2	7.670	CS_2				
N-14	1	7.224	CH_3NO_2, or NO_3^-	Ge-73	9/2	3.488	$Ge(CH_3)_4$
Ca-43	7/2	6.728	Ca^{2+}(aq)	Ru-99	5/2	3.389	RuO_4
Mo-97	5/2	6.652	MoO_4^{2-}(aq)	Nd-145	7/2	3.346	
Hg-201	3/2	6.599	$Hg(CH_3)_2$	Dy-161	5/2	3.294	
Mo-95	5/2	6.514	MoO_4^{2-}(aq)	Sm-149	7/2	3.289	
Zn-67	5/2	6.254	$Zn(ClO_4)_2$(aq)	Fe-57	1/2	3.231	$Fe(CO)_5$
Mg-25	5/2	6.120	Mg^{2+}(aq)	Hf-177	7/2	3.120	
Cr-53	3/2	5.652	CrO_4^{2-}(aq)	Er-167	7/2	2.890	
Ti-49	7/2	5.638	TiF_6^{2-}(concHF)	K-41	3/2	2.561	K^+(aq)
Ti-47	5/2	5.637	TiF_6^{2-}(concHF)	Os-187	1/2	2.282	OsO_4
Nd-143	7/2	5.347		Ir-193	3/2	1.871	
Ru-101	5/2	4.941	RuO_4	Hf-179	9/2	1.869	
Y-89	1/2	4.899	$Y(NO_3)_3$(aq)	Ir-191	3/2	1.718	
Yb-173	5/2	4.852		Au-197	3/2	1.712	
Gd-157	3/2	4.774		Am-241	5/2	5.76	
K-39	3/2	4.667	K^+(aq)	Pu-239	1/2	3.63	
Ag-109	1/2	4.652	$AgNO_3$	Ac-227	3/2	13.1	
Dy-163	5/2	4.583		Pa-231	3/2	12.0	
Pd-105	5/2	4.576	$PdCl_6^{2-}$(aq)	Np-237	5/2	11.25	
Sr-87	9/2	4.333	Sr^{2+}(aq)	U-235	7/2	1.790	UF_6
W-183	1/2	4.161	WF_6	Cm-247	9/2	0.75	
Sm-147	7/2	4.128					

NMR相対感度A

核種	スピン	共鳴周波数 (2.3488 T)	相対感度*	核種	スピン	共鳴周波数 (2.3488 T)	相対感度*
H-1	1/2	100.000	1.00000	Cu-65	3/2	28.394	0.11484
H-2	1	15.351	0.00965	Zn-67	5/2	6.254	0.00287
H-3	1/2	106.663	1.21354	Ga-69	3/2	24.003	0.06971
He-3	1/2	76.178	0.44421	Ga-71	3/2	30.495	0.14300
Li-6	1	14.716	0.00850	Ge-73	9/2	3.488	0.00141
Li-7	3/2	38.863	0.29356	As-75	3/2	17.126	0.02536
Be-9	3/2	14.053	0.01388	Se-77	1/2	19.092	0.00703
B-10	3	10.746	0.01985	Br-79	3/2	25.053	0.07945
B-11	3/2	32.084	0.16522	Br-81	3/2	27.006	0.09951
C-13	1/2	25.144	0.01591	Kr-83	9/2	3.847	0.00190
N-14	1	7.224	0.00101	Rb-85	5/2	9.655	0.01061
N-15	1/2	10.133	0.00104	Rb-87	3/2	32.721	0.17703
O-17	5/2	13.557	0.02910	Sr-87	9/2	4.333	0.00272
F-19	1/2	94.077	0.83400	Y-89	1/2	4.899	0.00012
Ne-21	3/2	7.894	0.00246	Zr-91	5/2	9.330	0.00949
Na-23	3/2	26.451	0.09270	Nb-93	9/2	24.442	0.48821
Mg-25	5/2	6.120	0.00268	Mo-95	5/2	6.514	0.00327
Al-27	5/2	26.057	0.20689	Mo-97	5/2	6.652	0.00349
Si-29	1/2	19.865	0.00786	Tc-99	9/2	22.508	0.38174
P-31	1/2	40.481	0.06652	Ru-99	5/2	3.389	0.00113
S-33	3/2	7.670	0.00227	Ru-101	5/2	4.941	0.00159
Cl-35	3/2	9.798	0.00472	Rh-103	1/2	3.712	0.00003
Cl-37	3/2	8.156	0.00272	Pd-105	5/2	4.576	0.00113
K-39	3/2	4.667	0.00051	Ag-107	1/2	4.046	0.00007
K-40	4	5.810	0.00523	Ag-109	1/2	4.652	0.00010
K-41	3/2	2.561	0.00008	Cd-111	1/2	21.205	0.00966
Ca-43	7/2	6.728	0.00642	Cd-113	1/2	22.182	0.01106
Sc-45	7/2	24.290	0.30244	In-113	9/2	21.866	0.35121
Ti-47	5/2	5.637	0.00210	In-115	9/2	21.914	0.35248
Ti-49	7/2	5.638	0.00378	Sn-115	1/2	32.699	0.03561
V-50	6	9.970	0.05571	Sn-117	1/2	35.625	0.04605
V-51	7/2	26.289	0.38360	Sn-119	1/2	37.272	0.05273
Cr-53	3/2	5.652	0.00091	Sb-121	5/2	23.930	0.16302
Mn-55	5/2	24.664	0.17881	Sb-123	7/2	12.959	0.04659
Fe-57	1/2	3.231	0.00003	Te-123	1/2	26.207	0.01837
Co-59	7/2	23.614	0.27841	Te-125	1/2	31.596	0.03220
Ni-61	3/2	8.936	0.00359	I-127	5/2	20.007	0.09540
Cu-63	3/2	26.505	0.09342	Xe-129	1/2	27.660	0.02162

Xe-131	3/2	8.199	0.00282	Hf-177	7/2	3.120	0.00140
Cs-133	7/2	13.117	0.04838	Hf-179	9/2	1.869	0.00055
Ba-135	3/2	9.934	0.00500	Ta-181	9	9.599	0.10610
Ba-137	3/2	11.113	0.00700	Ta-181	7/2	11.970	0.03744
La-138	5	13.193	0.09404	W-183	1/2	4.161	0.00008
La-139	7/2	14.126	0.06058	Re-185	5/2	22.513	0.13780
Pr-141	5/2	29.291	0.33483	Re-187	5/2	22.744	0.14300
Nd-143	7/2	5.347	0.00339	Os-187	1/2	2.282	0.00001
Nd-145	7/2	3.346	0.00079	Os-189	3/2	7.758	0.00244
Pm-147	7/2	13.510	0.04827	Ir-191	3/2	1.718	0.00003
Sm-147	7/2	4.128	0.00152	Ir-193	3/2	1.871	0.00004
Sm-149	7/2	3.289	0.00085	Pt-195	1/2	21.499	0.01039
Eu-151	5/2	24.801	0.17929	Au-197	3/2	1.712	0.00003
Eu-153	5/2	10.951	0.01544	Hg-199	1/2	17.827	0.00594
Gd-155	3/2	3.819	0.00015	Hg-201	3/2	6.599	0.00149
Gd-157	3/2	4.774	0.00033	Tl-203	1/2	57.149	0.19598
Tb-159	3/2	22.678	0.06945	Tl-205	1/2	57.708	0.20182
Dy-161	5/2	3.294	0.00048	Pb-207	1/2	20.921	0.00955
Dy-163	5/2	4.583	0.00130	Bi-209	9/2	16.069	0.14433
Ho-165	7/2	20.513	0.20423	Ac-227	3/2	13.1	0.01131
Er-167	7/2	2.890	0.00050	Pa-231	3/2	12.0	0.06903
Tm-169	1/2	8.271	0.00057	U-235	7/2	1.790	0.00015
Yb-171	1/2	17.613	0.00552	Np-237	5/2	11.25	0.13264
Yb-173	5/2	4.852	0.00135	Pu-239	1/2	3.63	0.00038
Lu-175	7/2	11.407	0.03128	Am-241	5/2	5.76	0.01446
Lu-176	7	8.105	0.03975				

*　同一磁場条件での相対感度（等原子核数）

NMR相対感度B

核種	スピン	共鳴周波数 (2.3488 T)	相対感度*	核種	スピン	共鳴周波数 (2.3488 T)	相対感度*
H-3	1/2	106.663	1.21354	P-31	1/2	40.481	0.06652
H-1	1/2	100.000	1.00000	La-139	7/2	14.126	0.06058
F-19	1/2	94.077	0.83400	V-50	6	9.970	0.05571
Nb-93	9/2	24.442	0.48821	Sn-119	1/2	37.272	0.05273
He-3	1/2	76.178	0.44421	Cs-133	7/2	13.117	0.04838
V-51	7/2	26.289	0.38360	Pm-147	7/2	13.510	0.04827
Tc-99	9/2	22.508	0.38174	Sb-123	7/2	12.959	0.04659
In-115	9/2	21.914	0.35248	Sn-117	1/2	35.625	0.04605
In-113	9/2	21.866	0.35121	Lu-176	7	8.105	0.03975
Pr-141	5/2	29.291	0.33483	Ta-181	7/2	11.970	0.03744
Sc-45	7/2	24.290	0.30244	Sn-115	1/2	32.699	0.03561
Li-6	3/2	38.863	0.29356	Te-125	1/2	31.596	0.03220
Co-59	7/2	23.614	0.27841	Lu-175	7/2	11.407	0.03128
Al-27	5/2	26.057	0.20689	O-17	5/2	13.557	0.02910
Ho-165	7/2	20.513	0.20423	N-15	1/2	10.133	0.02910
Tl-205	1/2	57.708	0.20182	As-75	3/2	17.126	0.02536
Tl-203	1/2	57.149	0.19598	Xe-129	1/2	27.660	0.02162
Eu-151	5/2	24.801	0.17929	B-10	3	10.746	0.01985
Mn-55	5/2	24.664	0.17881	Te-123	1/2	26.207	0.01837
Rb-87	3/2	32.721	0.17703	C-13	1/2	25.144	0.01591
B-11	3/2	32.084	0.16522	Eu-153	5/2	10.951	0.01544
Sb-121	5/2	23.930	0.16302	Am-241	5/2	5.76	0.01446
Bi-209	9/2	16.069	0.14433	Be-9	3/2	14.053	0.01388
Re-187	5/2	22.744	0.14300	Ac-227	3/2	13.1	0.01131
Ga-71	3/2	30.495	0.14300	Cd-113	1/2	22.182	0.01106
Re-185	5/2	22.513	0.13780	Rb-85	5/2	9.655	0.01061
Np-237	5/2	11.25	0.13264	Pt-195	1/2	21.499	0.01039
Cu-65	3/2	28.394	0.11484	Cd-111	1/2	21.205	0.00966
Ta-181	9	9.599	0.10610	H-2	1	15.351	0.00965
Br-81	3/2	27.006	0.09951	Pb-207	1/2	20.921	0.00955
I-127	5/2	20.007	0.09540	Zr-91	5/2	9.330	0.00949
La-138	5	13.193	0.09404	Li-6	1	14.716	0.00850
Cu-63	3/2	26.505	0.09342	Si-29	1/2	19.865	0.00786
Na-23	3/2	26.451	0.09270	Se-77	1/2	19.092	0.00703
Br-79	3/2	25.053	0.07945	Ba-137	3/2	11.113	0.00700
Ga-69	3/2	24.003	0.06971	Ca-43	7/2	6.728	0.00642
Tb-159	3/2	22.678	0.06945	Hg-199	1/2	17.827	0.00594
Pa-231	3/2	12.0	0.06903	Yb-171	1/2	17.613	0.00552

K-40	4	5.810	0.00523	Ru-99	5/2	3.389	0.00113
Ba-135	3/2	9.934	0.00500	N-14	1	7.224	0.00101
Cl-35	3/2	9.798	0.00472	Cr-53	3/2	5.652	0.00091
Ti-49	7/2	5.638	0.00378	Sm-149	7/2	3.289	0.00085
Ni-61	3/2	8.936	0.00359	Nd-145	7/2	3.346	0.00079
Mo-97	5/2	6.652	0.00349	Tm-169	1/2	8.271	0.00057
Nd-143	7/2	5.347	0.00339	Hf-179	9/2	1.869	0.00055
Mo-95	5/2	6.514	0.00327	K-39	3/2	4.667	0.00051
Zn-67	5/2	6.254	0.00287	Er-167	7/2	2.890	0.00050
Xe-131	3/2	8.199	0.00282	Dy-161	5/2	3.294	0.00048
Sr-87	9/2	4.333	0.00272	Pu-239	1/2	3.63	0.00038
Cl-37	3/2	8.156	0.00272	Gd-157	3/2	4.774	0.00033
Mg-25	5/2	6.120	0.00268	U-235	7/2	1.790	0.00015
Ne-21	3/2	7.894	0.00246	Gd-155	3/2	3.819	0.00015
Os-189	3/2	7.758	0.00244	Y-89	1/2	4.899	0.00012
S-33	3/2	7.670	0.00227	Ag-109	1/2	4.652	0.00010
Ti-47	5/2	5.637	0.00210	K-41	3/2	2.561	0.00008
Kr-83	9/2	3.847	0.00190	W-183	1/2	4.161	0.00008
Ru-101	5/2	4.941	0.00159	Ag-107	1/2	4.046	0.00007
Sm-147	7/2	4.128	0.00152	Ir-193	3/2	1.871	0.00004
Hg-201	3/2	6.599	0.00149	Fe-57	1/2	3.231	0.00003
Ge-73	9/2	3.488	0.00141	Rh-103	1/2	3.712	0.00003
Hf-177	7/2	3.120	0.00140	Au-197	3/2	1.712	0.00003
Yb-173	5/2	4.852	0.00135	Ir-191	3/2	1.718	0.00003
Dy-163	5/2	4.583	0.00130	Os-187	1/2	2.282	0.00001
Pd-105	5/2	4.576	0.00113				

NMR絶対感度A

核種	スピン	共鳴周波数 (2.3488 T)	絶対感度*	核種	スピン	共鳴周波数 (2.3488 T)	相対感度*
H-1	1/2	100.000	5680	Zn-67	5/2	6.254	0.67
H-2	1	15.351	0.00821	Ga-69	3/2	24.003	238
He-3	1/2	76.178	0.00326	Ga-71	3/2	30.495	320
Li-6	1	14.716	3.58	Ge-73	9/2	3.488	0.622
Li-6	3/2	38.863	1540	As-75	3/2	17.126	144
Be-9	3/2	14.053	78.8	Se-77	1/2	19.092	3.01
B-10	3	10.746	22.1	Br-79	3/2	25.053	228
B-11	3/2	32.084	754	Br-81	3/2	27.006	279
C-13	1/2	25.144	1	Kr-83	9/2	3.847	1.24
N-14	1	7.224	5.69	Rb-85	5/2	9.655	43.4
N-15	1/2	10.133	0.0219	Rb-87	3/2	32.721	279
O-17	5/2	13.557	0.0611	Sr-87	9/2	4.333	1.08
F-19	1/2	94.077	4730	Y-89	1/2	4.899	0.675
Ne-21	3/2	7.894	0.0359	Zr-91	5/2	9.330	6.04
Na-23	3/2	26.451	525	Nb-93	9/2	24.442	2770
Mg-25	5/2	6.120	1.54	Mo-95	5/2	6.514	2.92
Al-27	5/2	26.057	1170	Mo-97	5/2	6.652	1.87
Si-29	1/2	19.865	2.09	Ru-99	5/2	3.389	0.827
P-31	1/2	40.481	377	Ru-101	5/2	4.941	1.56
S-33	3/2	7.670	0.0973	Rh-103	1/2	3.712	0.179
Cl-35	3/2	9.798	20.2	Pd-105	5/2	4.576	1.43
Cl-37	3/2	8.156	3.78	Ag-107	1/2	4.046	0.197
K-39	3/2	4.667	2.69	Ag-109	1/2	4.652	0.279
K-40	4	5.810	0.00356	Cd-111	1/2	21.205	6.97
K-41	3/2	2.561	0.00329	Cd-113	1/2	22.182	7.67
Ca-43	7/2	6.728	0.00492	In-113	9/2	21.866	83.8
Sc-45	7/2	24.290	1720	In-115	9/2	21.914	1890
Ti-47	5/2	5.637	0.867	Sn-115	1/2	32.699	0.693
Ti-49	7/2	5.638	1.18	Sn-117	1/2	35.625	19.54
V-50	6	9.970	0.759	Sn-119	1/2	37.272	25.2
V-51	7/2	26.289	2170	Sb-121	5/2	23.930	520
Cr-53	3/2	5.652	0.489	Sb-123	7/2	12.959	111
Mn-55	5/2	24.664	997	Te-123	1/2	26.207	0.89
Fe-57	1/2	3.231	0.00442	Te-125	1/2	31.596	12.5
Co-59	7/2	23.614	1570	I-127	5/2	20.007	530
Ni-61	3/2	8.936	0.0231	Xe-129	1/2	27.660	31.8
Cu-63	3/2	26.505	366	Xe-131	3/2	8.199	3.31
Cu-65	3/2	28.394	201	Cs-133	7/2	13.117	269

Ba-135	3/2	9.934	1.83	Lu-175	7/2	11.407	156
Ba-137	3/2	11.113	4.41	Lu-176	7	8.105	5.8
La-138	5	13.193	0.43	Hf-177	7/2	3.120	0.88
La-139	7/2	14.126	336	Hf-179	9/2	1.869	0.27
Pr-141	5/2	29.291	1620	Ta-181	7/2	11.970	204
Nd-143	7/2	5.347	2.43	W-183	1/2	4.161	0.0589
Nd-145	7/2	3.346	0.393	Re-185	5/2	22.513	280
Sm-147	7/2	4.128	1.28	Re-187	5/2	22.744	490
Sm-149	7/2	3.289	0.665	Os-187	1/2	2.282	0.00114
Eu-151	5/2	24.801	464	Os-189	3/2	7.758	2.13
Eu-153	5/2	10.951	45.7	Ir-191	3/2	1.718	0.023
Gd-155	3/2	3.819	0.124	Ir-193	3/2	1.871	0.05
Gd-157	3/2	4.774	0.292	Pt-195	1/2	21.499	19.1
Tb-159	3/2	22.678	3940	Au-197	3/2	1.712	0.06
Dy-161	5/2	3.294	0.509	Hg-199	1/2	17.827	5.42
Dy-163	5/2	4.583	1.79	Hg-201	3/2	6.599	1.08
Ho-165	7/2	20.513	1160	Tl-203	1/2	57.149	289
Er-167	7/2	2.890	0.665	Tl-205	1/2	57.708	769
Tm-169	1/2	8.271	3.21	Pb-207	1/2	20.921	11.8
Yb-171	1/2	17.613	4.05	Bi-209	9/2	16.069	777
Yb-173	5/2	4.852	1.14	U-235	7/2	1.790	0.0054

* C-13 基準の天然同位体組成時の元素等モルにおけるシグナル強度比

NMR絶対感度B

核種	スピン	共鳴周波数 (2.3488 T)	絶対感度*	核種	スピン	共鳴周波数 (2.3488 T)	相対感度*
H-1	1/2	100.000	5680	Be-9	3/2	14.053	78.8
F-19	1/2	94.077	4730	Eu-153	5/2	10.951	45.7
Tb-159	3/2	22.678	3940	Rb-85	5/2	9.655	43.4
Nb-93	9/2	24.442	2770	Xe-129	1/2	27.660	31.8
V-51	7/2	26.289	2170	Sn-119	1/2	37.272	25.2
In-115	9/2	21.914	1890	B-10	3	10.746	22.1
Sc-45	7/2	24.290	1720	Cl-35	3/2	9.798	20.2
Pr-141	5/2	29.291	1620	Sn-117	1/2	35.625	19.54
Co-59	7/2	23.614	1570	Pt-195	1/2	21.499	19.1
Li-6	3/2	38.863	1540	Te-125	1/2	31.596	12.5
Al-27	5/2	26.057	1170	Pb-207	1/2	20.921	11.8
Ho-165	7/2	20.513	1160	Cd-113	1/2	22.182	7.67
Mn-55	5/2	24.664	997	Cd-111	1/2	21.205	6.97
Bi-209	9/2	16.069	777	Zr-91	5/2	9.330	6.04
Tl-205	1/2	57.708	769	Lu-176	7	8.105	5.8
B-11	3/2	32.084	754	N-14	1	7.224	5.69
I-127	5/2	20.007	530	Hg-199	1/2	17.827	5.42
Na-23	3/2	26.451	525	Ba-137	3/2	11.113	4.41
Sb-121	5/2	23.930	520	Yb-171	1/2	17.613	4.05
Re-187	5/2	22.744	490	Cl-37	3/2	8.156	3.78
Eu-151	5/2	24.801	464	Li-6	1	14.716	3.58
P-31	1/2	40.481	377	Xe-131	3/2	8.199	3.31
Cu-63	3/2	26.505	366	Tm-169	1/2	8.271	3.21
La-139	7/2	14.126	336	Se-77	1/2	19.092	3.01
Ga-71	3/2	30.495	320	Mo-95	5/2	6.514	2.92
Tl-203	1/2	57.149	289	K-39	3/2	4.667	2.69
Re-185	5/2	22.513	280	Nd-143	7/2	5.347	2.43
Br-81	3/2	27.006	279	Os-189	3/2	7.758	2.13
Rb-87	3/2	32.721	279	Si-29	1/2	19.865	2.09
Cs-133	7/2	13.117	269	Mo-97	5/2	6.652	1.87
Ga-69	3/2	24.003	238	Ba-135	3/2	9.934	1.83
Br-79	3/2	25.053	228	Dy-163	5/2	4.583	1.79
Ta-181	7/2	11.970	204	Ru-101	5/2	4.941	1.56
Cu-65	3/2	28.394	201	Mg-25	5/2	6.120	1.54
Lu-175	7/2	11.407	156	Pd-105	5/2	4.576	1.43
As-75	3/2	17.126	144	Sm-147	7/2	4.128	1.28
Sb-123	7/2	12.959	111	Kr-83	9/2	3.847	1.24
In-113	9/2	21.866	83.8	Ti-49	7/2	5.638	1.18

Yb-173	5/2	4.852	1.14	Hf-179	9/2	1.869	0.27
Hg-201	3/2	6.599	1.08	Ag-107	1/2	4.046	0.197
Sr-87	9/2	4.333	1.08	Rh-103	1/2	3.712	0.179
C-13	1/2	25.144	1	Gd-155	3/2	3.819	0.124
Te-123	1/2	26.207	0.89	S-33	3/2	7.670	0.0973
Hf-177	7/2	3.120	0.88	O-17	5/2	13.557	0.0611
Ti-47	5/2	5.637	0.867	Au-197	3/2	1.712	0.06
Ru-99	5/2	3.389	0.827	W-183	1/2	4.161	0.0589
V-50	6	9.970	0.759	Ir-193	3/2	1.871	0.05
Sn-115	1/2	32.699	0.693	Ne-21	3/2	7.894	0.0359
Y-89	1/2	4.899	0.675	Ni-61	3/2	8.936	0.0231
Zn-67	5/2	6.254	0.67	Ir-191	3/2	1.718	0.023
Sm-149	7/2	3.289	0.665	N-15	1/2	10.133	0.0219
Er-167	7/2	2.890	0.665	H-2	1	15.351	0.00821
Ge-73	9/2	3.488	0.622	U-235	7/2	1.790	0.0054
Dy-161	5/2	3.294	0.509	Ca-43	7/2	6.728	0.00492
Cr-53	3/2	5.652	0.489	Fe-57	1/2	3.231	0.00442
La-138	5	13.193	0.43	K-40	4	5.810	0.00356
Nd-145	7/2	3.346	0.393	K-41	3/2	2.561	0.00329
Gd-157	3/2	4.774	0.292	He-3	1/2	76.178	0.00326
Ag-109	1/2	4.652	0.279	Os-187	1/2	2.282	0.00114

核種別熱中性子の吸収断面積

核種	核種別熱中性子の吸収断面積 σ (mbarn)	生成する放射性核種および核反応	核種	核種別熱中性子の吸収断面積 σ (mbarn)	生成する放射性核種および核反応
Gd-157	2.54×10^{8}		Au-197	9.87×10^{4}	
Gd-155	6.1×10^{7}		Tm-169	9.8×10^{4}	(Tm-170)
Cd-113	2.06×10^{7}		U-234	9.6×10^{4}	
Eu-151	6.0×10^{6}	(Eu-152)	U-235	9.5×10^{4}	
Os-184	3.3×10^{6}		Xe-131	9.0×10^{4}	
Eu-151	3.15×10^{6}	(Eu-152 m_2)	In-115	8.8×10^{4}	(In-116 m_1)
Hg-196	3.0×10^{6}	(Hg-197)	Ag-109	8.7×10^{4}	(Ag-110)
Yb-168	2.4×10^{6}		Os-186	8.0×10^{4}	
Lu-176	2.1×10^{6}	(Lu-177)	Yb-174	7.4×10^{4}	(Yb-175)
Hg-199	2.0×10^{6}		In-115	7.3×10^{4}	(In-116 m_2)
Dy-164	1.7×10^{6}		Re-187	7.2×10^{4}	(Re-188)
Dy-164	1.0×10^{6}		Se-76	6.3×10^{4}	(Se-77)
B-10	9.4×10^{5}	α粒子放出	Gd-154	6.0×10^{4}	
Gd-152	7.0×10^{5}		Dy-160	6.0×10^{4}	
Er-167	7.0×10^{5}		Hg-200	$<6.0\times10^{4}$	
Ir-191	6.6×10^{5}	(Ir-192 m)	Hg-201	$<6.0\times10^{4}$	
Dy-161	6.0×10^{5}		Ho-165	5.8×10^{4}	(Ho-166)
Hf-174	6.0×10^{5}		La-138	5.7×10^{4}	
U-235	5.86×10^{5}	核分裂	Sm-147	5.6×10^{4}	
Hf-177	3.75×10^{5}	(Hf-178)	Yb-171	5.3×10^{4}	
Nd-143	3.3×10^{5}		Hf-178	5.3×10^{4}	(Hf-179 m)
Eu-153	3.0×10^{5}		Se-74	5.0×10^{4}	
Ir-191	2.2×10^{5}	(Ir-192)	Ta-181	5.0×10^{4}	(Ta-182)
Sm-152	2.06×10^{5}		Nd-145	4.7×10^{4}	
Pa-231	2.01×10^{5}		Yb-174	4.6×10^{4}	(Yb-175 m)
Os-187	2.0×10^{5}		Hf-179	4.0×10^{4}	(Hf-180)
Kr-83	1.83×10^{5}		In-115	4.4×10^{4}	(In-116)
Dy-162	1.7×10^{5}		Cl-35	4.37×10^{4}	
Pt-190	1.5×10^{5}		Dy-157	4.3×10^{4}	
Xe-124	1.37×10^{5}	(Xe-125)	Se-77	4.2×10^{4}	
Rh-103	1.34×10^{5}	(Rh-104)	Sm-149	4.01×10^{4}	
Dy-163	1.2×10^{5}		Os-189	4.0×10^{4}	(Os-190)
Re-185	1.1×10^{5}	(Re-186)	W-186	3.7×10^{4}	
Ir-193	1.1×10^{5}	(Ir-194)	Ag-107	3.5×10^{4}	(Ag-108)
Hg-196	1.05×10^{5}	(Hg-197 m)	Dy-156	3.3×10^{4}	
Sm-150	1.02×10^{5}		Hf-178	3.2×10^{4}	(Hf-179)

K-40	3.0×10^4		Lu-175	8000	(Lu-176)
Xe-124	2.8×10^4	(Xe-125 m)	Ti-48	7900	
Pt-195	2.8×10^4		Pr-141	7500	(Pr-142)
Cs-133	2.77×10^4	(Cs-134)	Sm-154	7500	
Tb-159	2.32×10^4		Th-232	7370	
Se-76	2.2×10^4	(Se-77 m)	Kr-80	7000	(Kr-81)
Pd-105	2.2×10^4		Kr-82	7000	(Kr-83)
Xe-129	2.2×10^4		Te-124	7000	(Te-125)
V-50	2.1×10^4		Zn-67	6900	
Co-59	2.07×10^4	(Co-60 m)	Ce-136	6500	(Ce-137)
W-182	2.0×10^4		I-127	6150	
Nd-142	1.9×10^4		Ca-43	6000	
Er-162	1.9×10^4		Kr-78	6000	(Kr-79)
Cr-53	1.8×10^4		Er-180	6000	
Sc-45	1.7×10^4	(Sc-46)	Ir-193	6000	(Ir-194 m)
Co-59	1.7×10^4	(Co-60)	Pt-192	6000	(Pt-193)
Sr-87	1.6×10^4		Ru-100	5800	
Yb-173	1.6×10^4		Ba-135	5800	(Ba-136)
Lu-175	1.6×10^4	(Lu-176 m)	Sb-121	5600	(Sb-122)
Cr-50	1.58×10^4		Ar-36	5000	
Ni-62	1.5×10^4		Ru-101	5000	
Ge-73	1.5×10^4		In-113	5000	(In-114 m_2)
Er-166	1.5×10^4	(Er-167 m)	Ba-137	5000	
K-41	1.46×10^4		Er-166	5000	(Er-167)
Kr-82	1.4×10^4	(Kr-83 m)	Os-188	5000	
Mo-95	1.34×10^4		V-51	4900	
Mn-55	1.33×10^4		Hg-202	4900	
Er-164	1.3×10^4		Ga-71	4700	
Hf-180	1.3×10^4		Ni-58	4600	
Yb-170	1.2×10^4		Kr-80	4600	(Kr-81 m)
Rh-103	1.1×10^4	(Rh-104 m)	Cu-63	4500	
Cd-110	1.1×10^4	(Cd-111)	As-75	4400	
Tl-203	1.1×10^4		Ag-109	4200	(Ag-110 m)
W-183	1.05×10^4		Sb-123	4000	(Sb-124)
Sc-45	1.0×10^4	(Sc-46 m)	Pr-141	4000	(Pr-142 m)
Ba-132	9700	(Ba-133)	Eu-151	4000	(Eu-152 m_1)
La-139	9200		W-180	4000	
Os-190	9000	(Os-190 m)	Os-190	4000	(Os-190)
Pd-108	8500	(Pd-109)	In-113	3900	(In-114)
Br-79	8200	(Br-80)	Nd-144	3600	
Ru-98	8000		Pt-198	3600	(Pt-199)
Ba-130	8000	(Ba-131)	Cd-111	3500	
Tm-169	8000	(Tm-170 m)	Pd-102	3200	

In-113	3100	(In-114 m_1)	Yb-172	1300	
Ho-165	3100	(Ho-166 m)	Y-89	1250	(Y-90)
Yb-176	3100		Zr-91	1200	
Xe-126	3000	(Xe-127)	Ru-102	1200	
Os-192	3000		Ca-48	1100	
Ni-60	2900		Sn-117	1100	
Fe-54	2700		Pt-194	1100	(Pt-195)
Ge-70	2700	(Ge-71)	Cd-108	1000	
Cs-133	2700	(Cs-134 m)	Ba-130	1000	(Ba-131 m)
U-238	2700		Ce-136	1000	(Ce-137 m)
Fe-56	2600		Ce-138	1000	(Ce-139)
Fe-57	2500		Nd-150	1000	
Ni-61	2500		Hf-177	1000	(Hf-178 m)
Br-79	2500	(Br-80 m)	Ce-142	970	
Mo-97	2500		Zn-66	900	
Br-81	2400	(Br-82 m)	Ge-72	900	
Te-122	2400		Nb-93	860	(Nb-94 m)
Nd-148	2400		Ba-132	840	(Ba-133 m)
Sm-148	2400		Sr-86	810	
Gd-158	2300		Ar-38	800	
Cd-112	2200	(Cd-113)	Ca-44	800	
Cu-65	2170		Cr-52	800	
K-39	2100		Zn-68	800	(Zn-69)
Sn-119	2000		Te-126	800	(Te-127)
Te-120	2000	(Te-121)	Zn-64	740	
Gd-156	2000		Ne-21	700	
Er-168	2000		Ca-46	700	
Lu-176	2000	(Lu-177 m)	Pd-110	700	(Pd-111)
W-184	2000	(W-185)	Pb-207	700	
Re-187	2000	(Re-188 m)	Pb-204	680	
Pt-192	2000	(Pt-193 m)	Ca-42	650	
Hg-198	2000	(Hg-199)	Ar-40	640	
Ti-49	1900		Ti-46	600	
N-14	1830	陽子放出	Sr-84	600	(Sr-85 m)
Ti-47	1700		Ce-140	580	
Ga-69	1680		Ta-180	560	
Ni-64	1600		S-32	550	
Te-125	1600		Pt-196	550	(Pt-197)
Sm-144	1600		Na-23	530	
Nd-146	1500		Mo-96	500	
Gd-160	1500		Ru-104	490	
Fe-58	1300		Xe-128	480	
Ba-134	1300	(Ba-135)	S-33	460	

Xe-126	450	(Xe-127 m)	Si-28	170	
Xe-130	450		P-31	170	
Ba-136	440	(Ba-137)	Kr-78	170	(Kr-79 m)
Ca-40	430		Sn-112	150	(Sn-113 m)
Hf-179	430	(Hf-180 m)	Sn-122	150	(Sn-123 m)
Ba-138	410		Ge-74	140	(Ge-75 m)
Ru-99	400		Zr-90	140	
Sn-112	400	(Sn-113)	Mo-98	140	
Sb-121	400	(Sb-122 m)	Sn-120	130	(Sn-121)
Xe-132	400	(Xe-133)	Sn-124	130	(Sn-125 m)
Hg-204	400		Sn-114	120	
Cl-37	380	(Cl-38)	Te-126	120	(Te-127 m)
Rb-85	380	(Rb-86)	Tl-205	110	
Ag-107	370	(Ag-108 m)	Si-30	107	
Te-123	370		Si-29	100	
Cr-54	360		Rb-87	100	
Se-80	350	(Se-81)	Ba-134	100	(Ba-135 m)
H-1	332		Pt-194	100	(Pt-195 m)
Re-185	330	(Re-186 m)	Ge-76	90	(Ge-77 m)
Se-78	320	(Se-79 m)	Kr-84	90	(Kr-85 m)
B-10	300		Zn-70	83	(Zn-71)
S-34	300		N-14	80	
Ge-70	300	(Ge-71 m)	Zn-68	72	(Zn-69 m)
Cd-114	290	(Cd-115)	Ge-76	60	(Ge-77)
Ge-74	280	(Ge-75)	Se-80	60	(Se-81 m)
Pd-106	280	(Pd-107)	Rb-85	60	(Rb-86 m)
Xe-136	260		Mo-92	60	
Te-120	250	(Te-121 m)	Cd-110	60	(Cd-111 m)
Br-81	240	(Br-82)	Gd-154	60	
Nb-93	240	(Nb-94)	Mg-24	53	
Al-27	233		Cd-116	52	(Cd-117)
S-36	230		Ne-22	51	
Ru-96	230		Cl-37	50	(Cl-38 m)
Se-78	200	(Se-79)	Te-124	50	(Te-125 m)
Sr-84	200	(St-85)	Xe-132	50	(Xe-133)
Zr-92	200		Zr-94	49	
Cd-106	200		Li-7	45	
Te-128	200	(Te-129)	Pt-196	45	(Pt-197 m)
Te-130	200	(Te-131)	Cd-114	40	(Cd-115 m)
Mo-100	190		Sb-123	40	(Sb-124 m_2)
Pd-108	190	(Pd-109 m)	Li-6	39	
Ti-50	179		Ne-20	39	
Mg-25	170		Se-82	39	(Se-83 m)

Mg-26	36		Sn-115	6	
Pd-110	33	(Pd-111 m)	Sn-116	6	(Sn-117 m)
Te-130	30	(Te-131 m)	Sr-88	5.8	
Pb-206	30		Se-82	5.2	(Se-83)
Pt-198	27	(Pt-199 m)	B-11	5	
Cd-116	26	(Cd-117 m)	Sn-124	5	(Sn-125)
Hf-176	23		Sn-118	4	
Bi-209	23	(Bi-210)	C-12	3.5	
Kr-84	22	(Kr-85)	Kr-86	3	
Zr-96	20		W-184	2	(W-185 m)
Mo-94	20		C-13	1.4	
Sb-123	20	(Sb-124 m_1)	Y-89	1	(Y-90 m)
Ce-138	18	(Ce-139 m)	Sn-120	1	(Sn-121 m)
Hg-198	17	(Hg-199 m)	Sn-122	1	(Sn-123)
Te-128	16	(Te-129 m)	O-17	0.54	
Sn-116	14	(Sn-117)	H-2	0.51	
Ba-135	14	(Ba-136 m)	Pb-208	0.49	
Pd-106	13	(Pd-107 m)	Os-189	0.26	(Os-190 m)
Cd-112	12	(Cd-113 m)	O-16	0.18	
Ta-181	12	(Ta-182 m)	O-18	0.16	
Bi-209	11	(Bi-210 m)	He-3	0.05	
Ba-136	10	(Ba-137 m)	N-15	0.04	
F-19	9.5		U-238	0.003	核分裂
Be-9	8.84		He-4	0	
Zn-70	8.1	(Zn-71 m)	Pd-104	no data	

核種別熱外中性子の共鳴積分

核種	熱外中性子の共鳴積分 (mbarn)	生成する放射性核種および核反応	核種	熱外中性子の共鳴積分 (mbarn)	生成する放射性核種および核反応
Yb-168	2.0×10^{7}		U-234	6.6×10^{5}	
Hf-177	7.17×10^{6}	(Hf-178)	Ta-181	6.5×10^{5}	(Ta-182)
Te-123	4.5×10^{6}		Hf-179	6.2×10^{5}	(Hf-180)
Ir-191	4.2×10^{6}	(Ir-192)	Xe-124	6.0×10^{5}	(Xe-125 m)
Eu-151	4.0×10^{6}	(Eu-152)	W-182	6.0×10^{5}	
Xe-124	3.0×10^{6}	(Xe-125)	Lu-175	5.5×10^{5}	(Lu-176 m)
Sm-152	3.0×10^{6}		Se-74	5.2×10^{5}	
Er-167	2.97×10^{6}		W-186	5.1×10^{5}	
Dy-162	2.755×10^{6}		Os-187	5.0×10^{5}	
Eu-151	2.0×10^{6}	(Eu-152 m_1)	Er-162	4.8×10^{5}	
Eu-153	1.8×10^{6}		Hg-199	4.35×10^{5}	
Re-185	1.7×10^{6}	(Re-186)	B-10	4.22×10^{5}	α 粒子放出
Dy-163	1.6×10^{6}		Tb-159	4.2×10^{5}	
Au-197	1.55×10^{6}		Dy-164	4.2×10^{5}	
Gd-155	1.54×10^{6}		La-138	4.1×10^{5}	
In-115	1.5×10^{6}	(In-116 m_1)	Hg-196	4.1×10^{5}	(Hg-197)
Tm-169	1.5×10^{6}	(Tm-170)	Hf-174	4.0×10^{5}	
Hf-178	1.5×10^{6}	(Hf-179)	Cd-113	3.9×10^{5}	
Ag-109	1.41×10^{6}	(Ag-110)	Cs-133	3.9×10^{5}	(Cs-134)
Os-184	1.4×10^{6}		Pt-195	3.65×10^{5}	
Ir-193	1.4×10^{6}	(Ir-194)	Hf-178	3.4×10^{5}	(Hf-179 m)
Ta-180	1.35×10^{6}		W-183	3.4×10^{5}	
In-115	1.2×10^{6}	(In-116 m_2)	Yb-170	3.2×10^{5}	
Rh-103	1.1×10^{6}	(Rh-104)	Yb-171	3.15×10^{5}	
Dy-160	1.1×10^{6}		Yb-173	3.15×10^{5}	
Dy-161	1.1×10^{6}		Re-187	3.1×10^{5}	(Re-188)
Lu-176	1.1×10^{6}	(Lu-177)	Os-186	2.8×10^{5}	
Ir-191	1.1×10^{6}	(Ir-192 m)	U-238	2.77×10^{5}	
Dy-156	1.0×10^{6}		U-235	2.75×10^{5}	核分裂
Xe-131	9.0×10^{5}		Lu-175	2.7×10^{5}	(Lu-176)
Gd-157	8.0×10^{5}		Nd-145	2.6×10^{5}	
Pa-231	7.5×10^{5}		Xe-129	2.5×10^{5}	
Sm-147	7.1×10^{5}		Pd-108	2.4×10^{5}	(Pd-109)
In-115	7.0×10^{5}	(In-116)	Ga-154	2.3×10^{5}	
Gd-152	7.0×10^{5}		In-113	2.2×10^{5}	(In-114 m_1)
Hf-176	7.0×10^{5}		Sm-150	2.09×10^{5}	
Os-189	6.7×10^{5}	(Os-190)	Ba-130	2.0×10^{5}	(Ba-131)

Ru-99	1.95×10^5		Br-79	3.6×10^4	(Br-80 m)
Sb-121	1.92×10^5	(Sb-122)	Co-59	3.5×10^4	(Co-60)
Kr-83	1.83×10^5		Cd-110	3.4×10^4	(Cd-111)
Os-188	1.5×10^5		Nd-142	3.4×10^4	
I-127	1.48×10^5		Cs-133	3.2×10^4	(Cs-134 m)
U-235	1.44×10^5		Sm-154	3.2×10^4	
Ba-135	1.31×10^5	(Ba-136)	Hf-180	3.2×10^4	
Kr-82	1.3×10^5	(Kr-83)	Ga-71	3.1×10^4	
Nd-143	1.28×10^5		Se-76	3.1×10^4	(Se-77)
Dy-157	1.2×10^5		Se-77	3.0×10^4	
Sb-123	1.19×10^5	(Sb-124)	Hg-201	3.0×10^4	
Sr-87	1.18×10^5		Sn-115	2.9×10^4	
Ru-101	1.1×10^5		Sm-148	2.7×10^4	
Mo-95	1.09×10^5		Er-180	2.6×10^4	
Ag-107	1.05×10^5	(Ag-108)	Zn-67	2.5×10^4	
Er-164	1.05×10^5		Ba-130	2.5×10^4	(Ba-131 m)
Gd-156	1.04×10^5		Yb-172	2.5×10^4	
Dy-164	1.0×10^5		Ba-132	2.4×10^4	(Ba-133)
Br-79	9.6×10^4	(Br-80)	Os-190	2.2×10^4	(Os-190 m)
Er-166	9.6×10^4	(Er-167)	Te-125	2.1×10^4	
In-113	9.0×10^4	(In-114)	W-180	2.1×10^4	
Th-232	8.5×10^4		Cl-35	2.0×10^4	
Rh-103	8.0×10^4	(Rh-104 m)	Kr-78	2.0×10^4	(Kr-79)
Te-122	8.0×10^4		Sn-112	1.9×10^4	(Sn-113)
Gd-158	7.3×10^4		Ba-134	1.8×10^4	(Ba-135)
Ag-109	7.0×10^4	(Ag-110 m)	Mo-96	1.7×10^4	
Pt-190	7.0×10^4		Ga-69	1.6×10^4	
Hg-198	7.0×10^4	(Hg-199)	Pd-104	1.6×10^4	
Ho-165	6.7×10^4	(Ho-166)	Cd-114	1.6×10^4	(Cd-115)
Ge-73	6.6×10^4		Sn-117	1.6×10^4	
As-75	6.1×10^4		Xe-130	1.6×10^4	
Pd-105	6.0×10^4		Cd-112	1.5×10^4	(Cd-113)
Ce-136	5.8×10^4	(Ce-137)	W-184	1.5×10^4	(W-185)
Kr-80	5.7×10^4	(Kr-81)	Mn-55	1.42×10^4	
Hg-196	5.3×10^4	(Hg-197 m)	K-41	1.4×10^4	
Cd-111	5.1×10^4		Mo-97	1.4×10^4	
V-50	5.0×10^4		Cd-108	1.4×10^4	
Yb-174	4.7×10^4	(Yb-175)	Pr-141	1.4×10^4	(Pr-142)
Br-81	4.3×10^4	(Br-82 m)	Nd-150	1.4×10^4	
Tl-203	4.1×10^4		K-40	1.3×10^4	
Co-59	3.9×10^4	(Co-60 m)	Sb-121	1.3×10^4	(Sb-122 m)
Xe-128	3.8×10^4		Nd-148	1.3×10^4	
Er-168	3.7×10^4		Yb-174	1.3×10^4	(Yb-175 m)

La-139	1.2×10^4		Hg-202	4500	
Pt-192	1.15×10^4	(Pt-193)	Ru-102	4300	
Ru-100	1.1×10^4		Sr-86	4000	
Sn-116	1.1×10^4	(Sn-117)	Cd-106	4000	
Pd-102	1.0×10^4		Ba-137	4000	
Cr-53	9000		Pt-194	4000	(Pt-195 m)
Se-76	9000	(Se-77 m)	Ca-43	3900	
Sr-84	9000	(Sr-85 m)	Nd-144	3900	
Re-187	9000	(Re-188 m)	Xe-132	3700	(Xe-133)
Te-126	8200	(Te-127)	Ti-48	3600	
Cr-50	8000		Se-78	3600	(Se-79 m)
Br-81	8000	(Br-82)	Mo-100	3600	
Pd-110	8000	(Pd-111)	Sm-149	3100	
Sn-112	8000	(Sn-113 m)	Nd-146	3000	
Sn-124	8000	(Sn-125 m)	Lu-176	3000	(Lu-177 m)
Xe-126	8000	(Xe-127 m)	Zn-68	2900	(Zn-69)
Yb-176	8000		Sn-119	2900	
Os-190	8000	(Os-190)	V-51	2700	
Mo-98	7200		Kr-84	2400	(Kr-85)
Rb-85	7000	(Rb-86)	Sm-144	2400	
Ru-96	7000		Rb-87	2300	
Pt-196	7000	(Pt-197)	Ni-58	2200	
Ni-62	6800		Cu-65	2200	
Hf-179	6800	(Hf-180 m)	Nb-93	2200	(Nb-94)
Sc-45	6400	(Sc-46)	Hg-200	2100	
Nb-93	6300	(Nb-94 m)	Ar-36	2000	
Ru-104	6000		Pd-108	2000	(Pd-109 m)
Cd-110	6000	(Cd-111 m)	Pb-204	2000	
Gd-160	6000		Zn-66	1800	
Os-192	6000		Hg-198	1700	(Hg-199 m)
Sc-45	5600	(Sc-46 m)	Ti-47	1600	
Ba-134	5600	(Ba-135 m)	Fe-57	1600	
Pt-198	5600	(Pt-199)	Ni-60	1500	
Pd-106	5500	(Pd-107)	Ni-61	1500	
Zr-91	5300		Te-128	1500	(Te-129)
Te-124	5200	(Te-125)	Ba-136	1500	(Ba-137)
Xe-126	5200	(Xe-127)	Ce-138	1500	(Ce-139 m)
Ce-138	5200	(Ce-139)	Fe-56	1400	
Zr-96	5100		Zn-64	1400	
Cu-63	5000		Fe-54	1300	
Sn-114	5000		Fe-58	1300	
Sn-118	4700		Ge-76	1300	(Ge-77 m)
Ba-132	4700	(Ba-133 m)	Ce-142	1300	

Ti-49	1200		Pb-207	380	
Ag-107	1200	(Ag-108 m)	Se-80	360	(Se-81 m)
Cd-116	1200	(Cd-117)	Te-130	340	(Te-131)
Sn-120	1200	(Sn-121)	Na-23	320	
Ni-64	1000		Ne-21	310	
Se-78	1000	(Se-79)	Zr-94	300	
Se-80	1000	(Se-81)	S-36	260	
Sr-84	1000	(St-85)	Cl-37	260	(Cl-38)
Y-89	1000	(Y-90)	S-32	250	
Sb-123	1000	(Sb-124 m_1)	Cr-54	250	
Te-120	1000	(Te-121)	Ca-40	230	
K-39	900		Ge-70	230	(Ge-71)
Ca-46	900		S-33	210	
Zn-70	900	(Zn-71)	Zn-68	200	(Zn-69 m)
Xe-132	900	(Xe-133 m)	Zr-90	200	
N-14	820	陽子放出	Pd-106	200	(Pd-107 m)
Sn-122	810	(Sn-123)	Bi-209	190	(Bi-210)
Ge-72	800		Al-27	170	
Mo-92	800		H-1	149	
Mo-94	800		B-10	130	
Hg-204	800		S-34	130	
Rb-85	700	(Rb-86 m)	Ti-50	120	
Pd-110	700	(Pd-111 m)	Si-28	110	
Xe-136	700		Ba-136	100	(Ba-137 m)
Si-30	620		Pb-206	100	
Cr-52	600		Mg-25	98	
Ge-74	600	(Ge-75)	Si-29	80	
Ge-76	600	(Ge-77)	P-31	80	
Tl-205	600		Te-128	80	(Te-129 m)
Ca-44	560		Te-130	80	(Te-131 m)
Ca-48	500		Sr-88	70	
Zr-92	500		Cl-37	40	(Cl-38 m)
Sn-116	500	(Sn-117 m)	Se-82	39	(Se-83)
Ce-140	500		N-14	34	
Pt-198	500	(Pt-199 m)	Mg-24	32	
Ba-135	470	(Ba-136 m)	Mg-26	25	
Ar-40	410		Ne-22	23	
Ar-38	400		Li-7	20	
Ti-46	400		F-19	20	
Ge-74	400	(Ge-75 m)	Ne-20	18	
Ba-138	400		Li-6	17	
Ta-181	400	(Ta-182 m)	Os-189	13	(Os-190 m)
Ca-42	390		Y-89	6	(Y-90 m)

Be-9	3.9		Cd-116	no data	(Cd-117 m)
B-11	2		In-113	no data	(In-114 m_2)
Pb-208	2		Sn-120	no data	(Sn-121 m)
C-13	1.7		Sn-122	no data	(Sn-123 m)
C-12	1.6		Sn-124	no data	(Sn-125)
U-238	1.54	核分裂	Sb-123	no data	(Sb-124 m_2)
Kr-86	1		Te-120	no data	(Te-121 m)
O-18	0.85		Te-124	no data	(Te-125 m)
O-17	0.39		Te-126	no data	(Te-127 m)
O-16	0.36		Ce-136	no data	(Ce-137 m)
H-2	0.23		Pr-141	no data	(Pr-142 m)
N-15	0.11		Eu-151	no data	(Eu-152 m_2)
Zn-70	no data	(Zn-71 m)	Gd-154	no data	
Ge-70	no data	(Ge-71 m)	Ho-165	no data	(Ho-166 m)
He-3	no data		Er-166	no data	(Er-167 m)
He-4	no data		Tm-169	no data	(Tm-170 m)
Se-82	no data	(Se-83 m)	Hf-177	no data	(Hf-178 m)
Kr-78	no data	(Kr-79 m)	W-184	no data	(W-185 m)
Kr-80	no data	(Kr-81 m)	Re-185	no data	(Re-186 m)
Kr-82	no data	(Kr-83 m)	Ir-193	no data	(Ir-194 m)
Kr-84	no data	(Kr-85 m)	Pt-192	no data	(Pt-193 m)
Ru-98	no data		Pt-194	no data	(Pt-195)
Cd-112	no data	(Cd-113 m)	Pt-196	no data	(Pt-197 m)
Cd-114	no data	(Cd-115 m)	Bi-209	no data	(Bi-210 m)

元素単位での中性子吸収断面積と中性子共鳴積分A

元素	天然同位体組成の熱中性子の吸収断面積 (barn)	熱外中性子の共鳴積分 (barn)	元素	天然同位体組成の熱中性子の吸収断面積 (barn)	熱外中性子の共鳴積分 (barn)
$_{1}$H	0.232	0.149	$_{37}$Rb	0.40	6
$_{2}$He	0.05	no data	$_{38}$Sr	1.2	10
$_{3}$Li	71	32	$_{39}$Y	1.25	1.0
$_{4}$Be	8.1	0.0039	$_{40}$Zr	0.18	0.95
$_{5}$B	761	343	$_{41}$Nb	1.11	8.5
$_{6}$C	0.0035	0.0016	$_{42}$Mo	2.5	26
$_{7}$N	1.9	0.85	$_{44}$Ru	2.6	48
$_{8}$O	2.8×10^{-4}	4.0×10^{-4}	$_{45}$Rh	145	1200
$_{9}$F	0.095	0.0021	$_{46}$Pd	7	82
$_{10}$Ne	0.04	0.019	$_{47}$Ag	63	767
$_{11}$Na	0.525	0.32	$_{48}$Cd	2520	73
$_{12}$Mg	0.083	0.038	$_{49}$In	197	3300
$_{13}$Al	0.230	0.17	$_{50}$Sn	0.61	8
$_{14}$Si	0.17	0.12	$_{51}$Sb	5.1	169
$_{15}$P	0.16	0.08	$_{52}$Te	4.7	47
$_{16}$S	0.54	0.24	$_{53}$I	6.15	148
$_{17}$Cl	33.6	15	$_{54}$Xe	24	263
$_{18}$Ar	0.66	0.42	$_{55}$Cs	29	422
$_{19}$K	2.1	1.0	$_{56}$Ba	1.3	10
$_{20}$Ca	0.43	0.23	$_{57}$La	6	12
$_{21}$Sc	27.2	12	$_{58}$Ce	0.64	0.71
$_{22}$Ti	6.1	2.8	$_{59}$Pr	11.5	14
$_{23}$V	5	2.8	$_{60}$Nd	51	49
$_{24}$Cr	3.1	1.7	$_{62}$Sm	5600	1400
$_{25}$Mn	13.3	14	$_{63}$Eu	4570	3800
$_{26}$Fe	2.56	1.4	$_{64}$Gd	4.88×10^{4}	400
$_{27}$Co	37.19	74	$_{65}$Tb	23.1	420
$_{28}$Ni	4.5	2.3	$_{66}$Dy	940	1500
$_{29}$Cu	3.8	4.1	$_{67}$Ho	64	670
$_{30}$Zn	1.1	2.8	$_{68}$Er	170	730
$_{31}$Ga	2.9	22	$_{69}$Tm	105	1500
$_{32}$Ge	2.2	6	$_{70}$Yb	45	52
$_{33}$As	4.3	61	$_{71}$Lu	77	830
$_{34}$Se	11.7	14	$_{72}$Hf	106	1970
$_{35}$Br	6.8	92	$_{73}$Ta	20	650
$_{36}$Kr	24	39	$_{74}$W	18	360

$_{75}$Re	90	840	$_{81}$Tl	3.3	12.5
$_{76}$Os	18	150	$_{82}$Pb	0.171	0.14
$_{77}$Ir	420	2800	$_{83}$Bi	0.034	0.19
$_{78}$Pt	10	130	$_{90}$Th	7.4	85
$_{79}$Au	98.7	1550	$_{92}$U	3.4	280
$_{80}$Hg	370	87			

元素単位での中性子吸収断面積 B

元素	天然同位体組成の熱中性子の吸収断面積 (barn)	元素	天然同位体組成の熱中性子の吸収断面積 (barn)
$_{64}$Gd	4.88×10^{4}	$_{51}$Sb	5.1
$_{62}$Sm	5600	$_{23}$V	5
$_{63}$Eu	4570	$_{52}$Te	4.7
$_{48}$Cd	2520	$_{28}$Ni	4.5
$_{66}$Dy	940	$_{33}$As	4.3
$_{5}$B	761	$_{29}$Cu	3.8
$_{77}$Ir	420	$_{92}$U	3.4
$_{80}$Hg	370	$_{81}$Tl	3.3
$_{49}$In	197	$_{24}$Cr	3.1
$_{68}$Er	170	$_{31}$Ga	2.9
$_{45}$Rh	145	$_{44}$Ru	2.6
$_{72}$Hf	106	$_{26}$Fe	2.56
$_{69}$Tm	105	$_{42}$Mo	2.5
$_{79}$Au	98.7	$_{32}$Ge	2.2
$_{75}$Re	90	$_{19}$K	2.1
$_{71}$Lu	77	$_{7}$N	1.9
$_{3}$Li	71	$_{56}$Ba	1.3
$_{67}$Ho	64	$_{39}$Y	1.25
$_{47}$Ag	63	$_{38}$Sr	1.2
$_{60}$Nd	51	$_{41}$Nb	1.11
$_{70}$Yb	45	$_{30}$Zn	1.1
$_{27}$Co	37.19	$_{18}$Ar	0.66
$_{17}$Cl	33.6	$_{58}$Ce	0.64
$_{55}$Cs	29	$_{50}$Sn	0.61
$_{21}$Sc	27.2	$_{16}$S	0.54
$_{36}$Kr	24	$_{11}$Na	0.525
$_{54}$Xe	24	$_{20}$Ca	0.43
$_{65}$Tb	23.1	$_{37}$Rb	0.40
$_{73}$Ta	20	$_{1}$H	0.232
$_{74}$W	18	$_{13}$Al	0.230
$_{76}$Os	18	$_{40}$Zr	0.18
$_{25}$Mn	13.3	$_{82}$Pb	0.171
$_{34}$Se	11.7	$_{14}$Si	0.17
$_{59}$Pr	11.5	$_{15}$P	0.16
$_{78}$Pt	10	$_{9}$F	0.095
$_{4}$Be	8.1	$_{12}$Mg	0.083
$_{90}$Th	7.4	$_{2}$He	0.05
$_{46}$Pd	7	$_{10}$Ne	0.04
$_{35}$Br	6.8	$_{83}$Bi	0.034
$_{53}$I	6.15	$_{6}$C	0.0035
$_{22}$Ti	6.1	$_{8}$O	2.8×10^{-4}
$_{57}$La	6		

元素単位での中性子共鳴積分 B′

元素	熱外中性子の共鳴積分 (barn)	元素	熱外中性子の共鳴積分 (barn)
$_{63}$Eu	3800	$_{25}$Mn	14
$_{49}$In	3300	$_{34}$Se	14
$_{77}$Ir	2800	$_{59}$Pr	14
$_{72}$Hf	1970	$_{81}$Tl	12.5
$_{79}$Au	1550	$_{21}$Sc	12
$_{66}$Dy	1500	$_{57}$La	12
$_{69}$Tm	1500	$_{38}$Sr	10
$_{62}$Sm	1400	$_{56}$Ba	10
$_{45}$Rh	1200	$_{41}$Nb	8.5
$_{75}$Re	840	$_{50}$Sn	8
$_{71}$Lu	830	$_{32}$Ge	6
$_{47}$Ag	767	$_{37}$Rb	6
$_{68}$Er	730	$_{29}$Cu	4.1
$_{67}$Ho	670	$_{22}$Ti	2.8
$_{73}$Ta	650	$_{23}$V	2.8
$_{55}$Cs	422	$_{30}$Zn	2.8
$_{65}$Tb	420	$_{28}$Ni	2.3
$_{64}$Gd	400	$_{24}$Cr	1.7
$_{74}$W	360	$_{26}$Fe	1.4
$_{5}$B	343	$_{19}$K	1.0
$_{92}$U	280	$_{39}$Y	1.0
$_{54}$Xe	263	$_{40}$Zr	0.95
$_{51}$Sb	169	$_{7}$N	0.85
$_{76}$Os	150	$_{58}$Ce	0.71
$_{53}$I	148	$_{18}$Ar	0.42
$_{78}$Pt	130	$_{11}$Na	0.32
$_{35}$Br	92	$_{16}$S	0.24
$_{80}$Hg	87	$_{20}$Ca	0.23
$_{90}$Th	85	$_{83}$Bi	0.19
$_{46}$Pd	82	$_{13}$Al	0.17
$_{27}$Co	74	$_{1}$H	0.149
$_{48}$Cd	73	$_{82}$Pb	0.14
$_{33}$As	61	$_{14}$Si	0.12
$_{70}$Yb	52	$_{15}$P	0.08
$_{60}$Nd	49	$_{12}$Mg	0.038
$_{44}$Ru	48	$_{10}$Ne	0.019
$_{52}$Te	47	$_{4}$Be	0.0039
$_{36}$Kr	39	$_{9}$F	0.0021
$_{3}$Li	32	$_{6}$C	0.0016
$_{42}$Mo	26	$_{8}$O	4.0×10^{-4}
$_{31}$Ga	22	$_{2}$He	no data
$_{17}$Cl	15		

核種別吸収断面積

核種	熱中性子の吸収断面積 σ (mbarn)	熱外中性子の共鳴積分 I (mbarn)	生成核種壊変方式	核種	熱中性子の吸収断面積 σ (mbarn)	熱外中性子の共鳴積分 I (mbarn)	生成核種壊変方式
H-1	332	149		Cl-37	380	260	(Cl-38)
H-2	0.51	0.23		Ar-36	5000	2000	
He-3	0.05	no data		Ar-38	800	400	
He-4	0	no data		Ar-40	640	410	
Li-6	39	17		K-39	2100	900	
Li-7	45	20		K-40	3.0×10^{4}	1.3×10^{4}	
Be-9	8.84	3.9		K-41	1.46×10^{4}	1.4×10^{4}	
B-10	300	130		Ca-40	430	230	
B-10	9.4×10^{5}	4.22×10^{5}	α 粒子放出	Ca-42	650	390	
B-11	5	2		Ca-43	6000	3900	
C-12	3.5	1.6		Ca-44	800	560	
C-13	1.4	1.7		Ca-46	700	900	
N-14	80	34		Ca-48	1100	500	
N-14	1830	820	陽子放出	Sc-45	1.0×10^{4}	5600	(Sc-46 m)
N-15	0.04	0.11		Sc-45	1.7×10^{4}	6400	(Sc-46)
O-16	0.18	0.36		Ti-46	600	400	
O-17	0.54	0.39		Ti-47	1700	1600	
O-18	0.16	0.85		Ti-48	7900	3600	
F-19	9.5	20		Ti-49	1900	1200	
Ne-20	39	18		Ti-50	179	120	
Ne-21	700	310		V-50	2.1×10^{4}	5.0×10^{4}	
Ne-22	51	23		V-51	4900	2700	
Na-23	530	320		Cr-50	1.58×10^{4}	8000	
Mg-24	53	32		Cr-52	800	600	
Mg-25	170	98		Cr-53	1.8×10^{4}	9000	
Mg-26	36	25		Cr-54	360	250	
Al-27	233	170		Mn-55	1.33×10^{4}	1.4×10^{4}	
Si-28	170	110		Fe-54	2700	1300	
Si-29	100	80		Fe-56	2600	1400	
Si-30	107	620		Fe-57	2500	1600	
P-31	170	80		Fe-58	1300	1300	
S-32	550	250		Co-59	2.07×10^{4}	3.9×10^{4}	(Co-60 m)
S-33	460	210		Co-59	1.7×10^{4}	3.5×10^{4}	(Co-60)
S-34	300	130		Ni-58	4600	2200	
S-36	230	260		Ni-60	2900	1500	
Cl-35	4.37×10^{4}	2.0×10^{4}		Ni-61	2500	1500	
Cl-37	50	40	(Cl-38 m)	Ni-62	1.5×10^{4}	6800	

Ni-64	1600	1000		Kr-84	22	2400	(Kr-85)
Cu-63	4500	5000		Kr-86	3	1	
Cu-65	2170	2200		Rb-85	60	700	(Rb-86 m)
Zn-64	740	1400		Rb-85	380	7000	(Rb-86)
Zn-66	900	1800		Rb-87	100	2300	
Zn-67	6900	2.5×10^4		Sr-84	600	9000	(Sr-85 m)
Zn-68	72	200	(Zn-69 m)	Sr-84	200	1000	(St-85)
Zn-68	800	2900	(Zn-69)	Sr-86	810	4000	
Zn-70	8.1	no data	(Zn-71 m)	Sr-87	1.6×10^4	1.18×10^5	
Zn-70	83	900	(Zn-71)	Sr-88	5.8	70	
Ga-69	1680	1.6×10^4		Y-89	1	6	(Y-90 m)
Ga-71	4700	3.1×10^4		Y-89	1250	1000	(Y-90)
Ge-70	300	no data	(Ge-71 m)	Zr-90	140	200	
Ge-70	2700	230	(Ge-71)	Zr-91	1200	5300	
Ge-72	900	800		Zr-92	200	500	
Ge-73	1.5×10^4	6.6×10^4		Zr-94	49	300	
Ge-74	140	400	(Ge-75 m)	Zr-96	20	5100	
Ge-74	280	600	(Ge-75)	Nb-93	860	6300	(Nb-94 m)
Ge-76	90	1300	(Ge-77 m)	Nb-93	240	2200	(Nb-94)
Ge-76	60	600	(Ge-77)	Mo-92	60	800	
As-75	4400	6.1×10^4		Mo-94	20	800	
Se-74	5.0×10^4	5.2×10^4		Mo-95	1.34×10^4	1.09×10^5	
Se-76	2.2×10^4	9000	(Se-77 m)	Mo-96	500	1.7×10^4	
Se-76	6.3×10^4	3.1×10^4	(Se-77)	Mo-97	2500	1.4×10^4	
Se-77	4.2×10^4	3.0×10^4		Mo-98	140	7200	
Se-78	320	3600	(Se-79 m)	Mo-100	190	3600	
Se-78	200	1000	(Se-79)	Ru-96	230	7000	
Se-80	60	360	(Se-81 m)	Ru-98	<8	no data	
Se-80	350	1000	(Se-81)	Ru-99	400	1.95×10^5	
Se-82	39	no data	(Se-83 m)	Ru-100	5800	1.1×10^4	
Se-82	5.2	39	(Se-83)	Ru-101	5000	1.1×10^5	
Br-79	2500	3.6×10^4	(Br-80 m)	Ru-102	1200	4300	
Br-79	8200	9.6×10^4	(Br-80)	Ru-104	490	6000	
Br-81	2400	4.3×10^4	(Br-82 m)	Rh-103	1.1×10^4	8.0×10^4	(Rh-104 m)
Br-81	240	8000	(Br-82)	Rh-103	1.34×10^5	1.1×10^6	(Rh-104)
Kr-78	170	no data	(Kr-79 m)	Pd-102	3200	1.0×10^4	
Kr-78	6000	2.0×10^4	(Kr-79)	Pd-104	no data	1.6×10^4	
Kr-80	4600	no data	(Kr-81 m)	Pd-105	2.2×10^4	6.0×10^4	
Kr-80	7000	57000	(Kr-81)	Pd-106	13	200	(Pd-107 m)
Kr-82	1.4×10^4	no data	(Kr-83 m)	Pd-106	280	5500	(Pd-107)
Kr-82	7000	1.3×10^4	(Kr-83)	Pd-108	190	2000	(Pd-109 m)
Kr-83	1.83×10^5	1.83×10^5		Pd-108	8500	2.4×10^5	(Pd-109)
Kr-84	90	no data	(Kr-85 m)	Pd-110	33	700	(Pd-111 m)

Pd-110	700	8000	(Pd-111)	Te-120	250	no data	(Te-121 m)
Ag-107	370	1200	(Ag-108 m)	Te-120	2000	1000	(Te-121)
Ag-107	3.5×10^{4}	1.05×10^{5}	(Ag-108)	Te-122	2400	8.0×10^{4}	
Ag-109	4200	7.0×10^{4}	(Ag-110 m)	Te-123	370	4.5×10^{6}	
Ag-109	8.7×10^{4}	1.4×10^{6}	(Ag-110)	Te-124	50	no data	(Te-125 m)
Cd-106	200	4000		Te-124	7000	5200	(Te-125)
Cd-108	1000	1.4×10^{4}		Te-125	1600	2.1×10^{4}	
Cd-110	60	6000	(Cd-111 m)	Te-126	120	no data	(Te-127 m)
Cd-110	1.1×10^{4}	3.4×10^{4}	(Cd-111)	Te-126	800	8200	(Te-127)
Cd-111	3500	5.1×10^{4}		Te-128	16	80	(Te-129 m)
Cd-112	12	no data	(Cd-113 m)	Te-128	200	1500	(Te-129)
Cd-112	2200	1.5×10^{4}	(Cd-113)	Te-130	30	80	(Te-131 m)
Cd-113	2.06×10^{7}	3.9×10^{5}		Te-130	200	340	(Te-131)
Cd-114	40	no data	(Cd-115 m)	I-127	6150	1.48×10^{5}	
Cd-114	290	1.6×10^{4}	(Cd-115)	Xe-124	2.8×10^{4}	6.0×10^{5}	(Xe-125 m)
Cd-116	26	no data	(Cd-117 m)	Xe-124	1.37×10^{5}	3.0×10^{6}	(Xe-125)
Cd-116	52	1200	(Cd-117)	Xe-126	450	8000	(Xe-127 m)
In-113	3100	2.2×10^{5}	(In-114 m_1)	Xe-126	3000	5200	(Xe-127)
In-113	5000	no data	(In-114 m_2)	Xe-128	480	3.8×10^{4}	
In-113	3900	9.0×10^{4}	(In-114)	Xe-129	2.2×10^{4}	2.5×10^{5}	
In-115	8.8×10^{4}	1.5×10^{6}	(In-116 m_1)	Xe-130	450	1.6×10^{4}	
In-115	7.3×10^{4}	1.2×10^{6}	(In-116 m_2)	Xe-131	9.0×10^{4}	9.0×10^{5}	
In-115	4.4×10^{4}	7.0×10^{5}	(In-116)	Xe-132	50	900	(Xe-133 m)
Sn-112	150	8000	(Sn-113 m)	Xe-132	400	3700	(Xe-133)
Sn-112	400	1.9×10^{4}	(Sn-113)	Xe-136	260	700	
Sn-114	120	5000		Cs-133	2700	3.2×10^{4}	(Cs-134 m)
Sn-115	6	2.9×10^{4}		Cs-133	2.77×10^{4}	3.9×10^{5}	(Cs-134)
Sn-116	6	500	(Sn-117 m)	Ba-130	1000	2.5×10^{4}	(Ba-131 m)
Sn-116	14	1.1×10^{4}	(Sn-117)	Ba-130	8000	2.0×10^{5}	(Ba-131)
Sn-117	1100	1.6×10^{4}		Ba-132	840	4700	(Ba-133 m)
Sn-118	4	4700		Ba-132	9700	2.4×10^{4}	(Ba-133)
Sn-119	2000	2900		Ba-134	100	5600	(Ba-135 m)
Sn-120	1	no data	(Sn-121 m)	Ba-134	1300	1.8×10^{4}	(Ba-135)
Sn-120	130	1200	(Sn-121)	Ba-135	14	470	(Ba-136 m)
Sn-122	150	no data	(Sn-123 m)	Ba-135	5800	1.31×10^{5}	(Ba-136)
Sn-122	1	810	(Sn-123)	Ba-136	10	100	(Ba-137 m)
Sn-124	130	8000	(Sn-125 m)	Ba-136	440	1500	(Ba-137)
Sn-124	5	no data	(Sn-125)	Ba-137	5000	4000	
Sb-121	400	1.3×10^{4}	(Sb-122 m)	Ba-138	410	400	
Sb-121	5600	1.92×10^{5}	(Sb-122)	La-138	5.7×10^{4}	4.1×10^{5}	
Sb-123	20	1000	(Sb-124 m_1)	La-139	9200	1.2×10^{4}	
Sb-123	40	no data	(Sb-124 m_2)	Ce-136	1000	no data	(Ce-137 m)
Sb-123	4000	1.19×10^{5}	(Sb-124)	Ce-136	6500	5.8×10^{4}	(Ce-137)

Ce-138	18	1500	(Ce-139 m)	Er-162	1.9×10^4	4.8×10^5	
Ce-138	1000	5200	(Ce-139)	Er-164	1.3×10^4	1.05×10^5	
Ce-140	580	500		Er-166	1.5×10^4	no data	(Er-167 m)
Ce-142	970	1300		Er-166	5000	9.6×10^4	(Er-167)
Pr-141	4000	no data	(Pr-142 m)	Er-167	7.0×10^5	2.97×10^6	
Pr-141	7500	1.4×10^4	(Pr-142)	Er-168	2000	3.7×10^4	
Nd-142	1.9×10^4	3.4×10^4		Er-180	6000	2.6×10^4	
Nd-143	3.3×10^5	1.28×10^5		Tm-169	8000	no data	(Tm-170 m)
Nd-144	3600	3900		Tm-169	9.8×10^4	1.5×10^6	(Tm-170)
Nd-145	4.7×10^4	2.6×10^5		Yb-168	2.4×10^6	2.0×10^7	
Nd-146	1500	3000		Yb-170	1.2×10^4	3.2×10^5	
Nd-148	2400	1.3×10^4		Yb-171	5.3×10^4	3.15×10^5	
Nd-150	1000	1.4×10^4		Yb-172	1300	2.5×10^4	
Sm-144	1600	2400		Yb-173	1.6×10^4	3.15×10^5	
Sm-147	5.6×10^4	7.1×10^5		Yb-174	4.6×10^4	1.3×10^4	(Yb-175 m)
Sm-148	2400	2.7×10^4		Yb-174	7.4×10^4	4.7×10^4	(Yb-175)
Sm-149	4.01×10^4	3100		Yb-176	3100	8000	
Sm-150	1.02×10^5	2.09×10^5		Lu-175	1.6×10^4	5.5×10^5	(Lu-176 m)
Sm-152	2.06×10^5	3.0×10^6		Lu-175	8000	2.7×10^5	(Lu-176)
Sm-154	7500	3.2×10^4		Lu-176	2000	3000	(Lu-177 m)
Eu-151	4000	2.0×10^6	(Eu-152 m_1)	Lu-176	2.1×10^6	1.1×10^6	(Lu-177)
Eu-151	3.15×10^6	no data	(Eu-152 m_2)	Hf-174	6.0×10^5	4.0×10^5	
Eu-151	6.0×10^6	4.0×10^6	(Eu-152)	Hf-176	23	7.0×10^5	
Eu-153	3.0×10^5	1.8×10^6		Hf-177	1000	no data	(Hf-178 m)
Gd-152	7.0×10^5	7.0×10^5		Hf-177	3.75×10^5	7.17×10^6	(Hf-178)
Gd-154	60	no data		Hf-178	5.3×10^4	3.4×10^5	(Hf-179 m)
Gd-154	6.0×10^4	2.3×10^5		Hf-178	3.2×10^4	1.5×10^6	(Hf-179)
Gd-155	6.1×10^7	1.54×10^6		Hf-179	430	6800	(Hf-180 m)
Gd-156	2000	1.04×10^5		Hf-179	4.6×10^4	6.2×10^5	(Hf-180)
Gd-157	2.54×10^8	8.0×10^5		Hf-180	1.3×10^4	3.2×10^4	
Gd-158	2300	7.3×10^4		Ta-180	560	1.35×10^6	
Gd-160	1500	6000		Ta-181	12	400	(Ta-182 m)
Tb-159	2.32×10^4	4.2×10^5		Ta-181	5.0×10^4	6.5×10^5	(Ta-182)
Dy-156	3.3×10^4	1.0×10^6		W-180	4000	2.1×10^4	
Dy-157	4.3×10^4	1.2×10^5		W-182	2.0×10^4	6.0×10^5	
Dy-160	6.0×10^4	1.1×10^6		W-183	1.05×10^4	3.4×10^5	
Dy-161	6.0×10^5	1.1×10^6		W-184	2	no data	(W-185 m)
Dy-162	1.7×10^5	2.755×10^6		W-184	2000	1.5×10^4	(W-185)
Dy-163	1.2×10^5	1.6×10^6		W-186	3.7×10^4	5.1×10^5	
Dy-164	1.7×10^6	4.2×10^5		Re-185	330	no data	(Re-186 m)
Dy-164	1.0×10^6	1.0×10^5		Re-185	1.1×10^5	1.7×10^6	(Re-186)
Ho-165	3100	no data	(Ho-166 m)	Re-187	2000	9000	(Re-188 m)
Ho-165	5.8×10^4	6.7×10^4	(Ho-166)	Re-187	7.2×10^4	3.1×10^5	(Re-188)

Os-184	3.3×10^{6}	1.4×10^{6}		Hg-196	1.05×10^{5}	5.3×10^{4}	(Hg-197 m)
Os-186	8.0×10^{4}	2.8×10^{5}		Hg-196	3.0×10^{6}	4.1×10^{5}	(Hg-197)
Os-187	2.0×10^{5}	5.0×10^{5}		Hg-198	17	1700	(Hg-199 m)
Os-188	5000	1.5×10^{5}		Hg-198	2000	7.0×10^{4}	(Hg-199)
Os-189	0.26	13	(Os-190 m)	Hg-199	2.0×10^{6}	4.35×10^{5}	
Os-189	4.0×10^{4}	6.7×10^{5}	(Os-190)	Hg-200	6.0×10^{4}	2100	
Os-190	9000	2.2×10^{4}	(Os-190 m)	Hg-201	6.0×10^{4}	3.0×10^{4}	
Os-190	4000	8000	(Os-190)	Hg-202	4900	4500	
Os-192	3000	6000		Hg-204	400	800	
Ir-191	6.6×10^{5}	1.1×10^{6}	(Ir-192 m)	Tl-203	1.1×10^{4}	4.1×10^{4}	
Ir-191	2.2×10^{5}	4.2×10^{6}	(Ir-192)	Tl-205	110	600	
Ir-193	6000	no data	(Ir-194 m)	Pb-204	680	2000	
Ir-193	1.1×10^{5}	1.4×10^{6}	(Ir-194)	Pb-206	30	100	
Pt-190	1.5×10^{5}	7.0×10^{4}		Pb-207	700	380	
Pt-192	2000	no data	(Pt-193 m)	Pb-208	0.49	2	
Pt-192	6000	1.15×10^{4}	(Pt-193)	Bi-209	11	no data	(Bi-210 m)
Pt-194	100	4000	(Pt-195 m)	Bi-209	23	190	(Bi-210)
Pt-194	1100	no data	(Pt-195)	Th-232	7370	8.5×10^{4}	
Pt-195	2.8×10^{4}	3.65×10^{5}		Pa-231	2.01×10^{5}	7.5×10^{5}	
Pt-196	45	no data	(Pt-197 m)	U-234	9.6×10^{4}	6.6×10^{3}	
Pt-196	550	7000	(Pt-197)	U-235	9.5×10^{4}	1.44×10^{5}	
Pt-198	27	500	(Pt-199 m)	U-235	5.86×10^{5}	2.79×10^{5}	核分裂
Pt-198	3600	5600	(Pt-199)	U-238	2700	2.77×10^{5}	
Au-197	9.87×10^{4}	1.55×10^{6}		U-238	0.003	1.54	核分裂

放射化分析（主として β 線放出核種を利用するもの）

元素	測定核種	半減期	β 線			γ 線		
			壊変形式	エネルギー	分岐比	壊変形式	エネルギー	分岐比
H	H-3	12.33 yr	β^-	18.6	100	no γ		
N	N-16	7.13 sec	β^-	4270	68	γ	6129.2	68.8
F	F-20	11 sec	β^-	5400	100	γ	1632.6	100
Na	Na-24	15.02 hr	β^-	1390	100	γ	1368.6	100
Mg	Mg-27	9.46 min	β^-	1750	58	γ	843.8	73.1
Al	Al-28	2.24 min	β^-	2865	100	γ	1778.7	100
Si	Si-31	2.62 hr	β^-	1490	99.9	γ	1266.2	0.07
P	P-32	14.28 day	β^-	1710	100	no γ		
S	S-35	87.4 day	β^-	167	100	no γ		
Cl	Cl-38	37.3 min	β^-	4910	58	γ	2167.6	42
Ar	Ar-41	1.83 hr	β^-	1200	99.2	γ	1293.6	99.2
K	K-42	12.36 hr	β^-	3520	81	γ	1524.6	18.8
Ca	Ca-49	8.72 min	β^-	1950	88	γ	3084.4	92
Sc	Sc-46	83.8 day	β^-	357	100	γ	889.3	100
Ti	Ti-51	5.8 min	β^-	2130	92	γ	319.7	93.4
V	V-52	3.76 min	β^-	2470	99	γ	1434.1	100
Cr	Cr-51	27.7 day	EC		100	γ	320	10.2
Mn	Mn-56	2.579 hr	β^-	2840	47	γ	846.8	98.9
Fe	Fe-59	44.6 day	β^-	475	51	γ	1099.2	56.5
Co	Co-60 m	10.47 min	IT		99.8	γ	58.6	100
Ni	Ni-65	2.52 hr	β^-	2140	58	γ	1481.5	23.5
Cu	Cu-66	5.1 min	β^-	2630	92	γ	1039.2	8
Zn	Zn-69 m	140 hr	IT		100	γ	438.7	94.8
Ga	Ga-72	14.1 hr	β^-	640	40	γ	834	95.6
Ge	Ge-75	82.8 min	β^-	1180	87	γ	364.6	11
As	As-76	26.3 hr	β^-	2970	50	γ	559.1	45
Se	Se-77	118.5 day	EC			γ	264.6	58
Br	Br-82	35.34 hr	β^-	440	99	γ	554.3	70.7
Rb	Rb-86	18.8 day	β^-	1780	91	γ	1076.6	8.8
Sr	Sr-89	64.8 day	EC		100	γ	514	99.3
Y	Y-90	64.1 hr	β^-	2280	99	no γ		
Zr	Zr-95-Nb-95*1	64 day	β^-	366	54	γ	724.2	43.1
Nb	Nb-94 m	6.26 min	IT			γ	2086	
Mo	Mo-99-Tc-99 m*2	66 hr	β^-	1210	84	no γ		
Mo	Mo-101-Tc-101*3	14.6 min	β^-	223	100	γ	1012.5	13.3
Ru	Ru-103	39.4 day	β^-	225	91	γ	497.1	89
Rh	Rh-104 m	4.34 min	IT			γ	51.4	48.3

Pd	Pd-109	13.43	hr	β^-	1030	100	γ	88	3.6
Ag	Ag-110 m	252	day	β^-	530	36	γ	657.7	94.4
Cd	Cd-115-In-115 m*4	53.4	hr	β^-	1110	58	γ	527.7	34
In	116 m	54.1	min	β^-	1000	51	γ	1293.5	85
Sn	Sn-121	27.1	hr	β^-	380	100	no γ		
Sb	Sb-122	2.68	day	β^-	1410	67	γ	563.9	70
Te	Sb-124	60.2	day		2320	21	γ	1691	49
I	I-128	24.99	min	β^-	2120	76	γ	4742.9	16
Cs	Cs-144	2.062	yr	β^-	2.059	70	γ	609.4	97.6
Ba	Ba-131	12.0	day	EC		100	γ	496.2	42
La	La-140	40.3	hr	β^-	1365	46	γ	1596.5	95
Ce	Ce-141	32.5	day	β^-	440	70	γ	145.4	48.4
Ce	Ce-143	33.0	hr	β^-	1400	37	γ	293.3	42
Pr	Pr-142	19.2	hr	β^-	2160	93	γ	1575.9	3.7
Nd	Nd-147	11.0	day	β^-	810	83	γ	531	12
Sm	Sm-153	46.8	hr	β^-	710	49	γ	103.2	28.3
Eu	Eu-152 m	9.3	hr	β^-	1890	68	γ	344.3	2
Eu	Eu-152	13.0	yr	EC		73	γ	121.8	31
Gd	Gd-159	18.6	hr	β^-	950	63	γ	363.6	10
Tb	Tb-160	72.1	day	β^-	570	40	γ	879.4	30
Dy	Dy-165	2.33	hr	β^-	1300	80	γ	94.7	3.6
Ho	Ho-166	26.80	day	β^-	1855	51	γ	80.6	6.2
Er	Er-171	7.52	hr	β^-	1065	90	γ	308.2	64.4
Tm	Tm-170	128.6	day	β^-	970	76	γ	84.3	3.2
Yb	Yb-169	32	day	EC		100	γ	63.1	43.8
Yb	Yb-175	4.19	day	β^-	470	87	γ	396.3	6
Lu	lu-177	6.71	day	β^-	500	90	γ	84.3	3.2
Hf	Hf-179 m	18.7	sec	IT		100	γ	215.3	95.2
Hf	Gf-181	42.4	day	β^-	410	93	γ	482	81
Ta	Ta-182	115	day	β^-	520	65	γ	67.7	41
W	W-183	23.9	hr	β^-	1310	25	γ	985.8	26
Re	Re-186	90.6	hr	β^-	1070	77	γ	122.6	0.6
Re	Re-188	16.9	hr	β^-	2120	79	γ	155	15.2
Os	Os-191	15.4	day	β^-	140	100	γ	129.4	26
Os	Os-193	30.6	hr	β^-	1130	42	γ	138.9	4.3
Ir	Ir-192	74.2	day	β^-	670	46	γ	316.5	82.9
Ir	Ir-194	19.2	hr	β^-	2240	89	γ	328.4	13
Pt	Ot-197	18.3	hr	β^-	640	80	γ	77.4	17
Au	Au-198	2.696	day	β^-	960	99	γ	411.8	95
Hg	Hg-197 m	23.8	hr	IT		93	γ	134	34.3
Hg	Hg-197	64.1	hr	EC		100	γ	77.3	19
Th	Th-233	22.3	min	β^-	1245	87	γ	86.5	2.6
U	U-239	23.5	min	β^-	1210	80	γ	74.7	50

娘核種の β 線エネルギーと分岐比

＊1　Nb-95　765.38

＊2　Tc-99m　140.5　89

＊3　Tc-101　306.8　88

＊4　In-115m　336.2　45.9

適当な核種なし：He, Li, Be, B, C, O, Ne, Kr, Xe, Tl, Pb, Bi, Po, At, Ac

核種自体が放射性：Tc, Pm, Rn, Fr, Ra, Pa, Np, Pu, Am, Cm, Bk, Cf, Es, Fm, Md, No, Lr, Rf, Db, Sg, Bh, Hs, Mt

元素 1 μg 当たりの飽和放射能

原子炉熱中性子束 1×10^{13}n/cm^2・s で照射した場合

標的核種	測定核種	熱中性子放射化断面積 σ (barn)	熱外中性子共鳴積分 *I* (barn)	半減期 $T_{1/2}$	飽和放射能 (dps/μg)
Eu-151	Eu-152	6000	3300	13 yr	1.1×10^{8}
Eu-151	Eu-152 m$_1$	3200		9.3 hr	6.1×10^{7}
Dy-164	Dy-165 m	1700		1.26 min	1.8×10^{7}
Dy-164	Dy-165	1000	340	2.33 hr	1.0×10^{7}
Rh-103	Rh-104	134	1000	43.3 sec	7.8×10^{6}
Eu-153	Eu-154	380	1600	8.5 yr	7.8×10^{6}
Ir-191	Ir-192	620	3000	74.2 day	7.2×10^{6}
In-115	In-116 m$_1$	75	2600	54.1 min	3.8×10^{6}
Tm-169	Tm-170	105	1720	128.6 day	3.7×10^{6}
Au-197	Au-198	98.8	1560	2.696 day	3.0×10^{6}
Sc-45	Sc-46	17	12	83.8 day	2.3×10^{6}
Ho-165	Ho-166	62	640	26.80 hr	2.3×10^{6}
Ag-109	Ag-110	88	1370	24.4 day	2.2×10^{6}
Sm-152	Sm-153	208	3000	46.8 hr	2.2×10^{6}
In-115	In-115	41	670	14.1 sec	2.1×10^{6}
Co-59	Co-60 m	20	39	10.5 min	2.0×10^{6}
Co-59	Co-60	17	35	5.271 yr	1.7×10^{6}
Mn-55	Mn-56	13.3	14.2	2.579 hr	1.5×10^{6}
Re-187	Re-188	74	300	16.9 hr	1.5×10^{6}
Re-185	Re-186	111	1700	90.6 hr	1.3×10^{6}
Cs-133	Cs-134	27	390	2.062 yr	1.2×10^{6}
Ag-107	Ag-108	38	96	2.4 min	1.1×10^{6}
Rb-159	Tb-160	23.5	400	72.1 day	8.9×10^{5}
Hf-180	Hf-181	13.0	34.0	42.4 day	7.2×10^{5}
Ta-181	Ta-182	21.5	720	115 day	7.2×10^{5}
Rh-103	Rh-104 m	11	80	4.34 min	6.4×10^{5}
V-51	V-52	4.91	2.7	3.76 min	5.8×10^{5}
Lu-175	Lu-176	16	890	3.68 hr	5.4×10^{5}
Hf-178	Hf-179 m$_1$	53	1900	18.7 sec	4.8×10^{5}
La-139	La-140	8.94	11.4	40.3 hr	3.9×10^{5}
W-186	W-187	38	500	23.9 hr	3.6×10^{5}
As-75	As-76	4.4	61	26.3 hr	3.5×10^{5}
Pr-141	Pr-142	7.5	14.1	19.2 hr	3.2×10^{5}
Br-79	Br-80	8.2	98	17.6 min	3.1×10^{5}
Cu-63	Cu-64	4.4	4.9	12.7 hr	2.9×10^{5}
I-127	I-128	6.2	150	24.99 min	2.9×10^{5}
Lu-176	Lu-177	300		6.71 day	2.7×10^{5}
Ir-193	Ir-194	11	1300	19.2 hr	2.2×10^{5}
Yb-174	Yb-175	19	30	4.19 day	2.1×10^{5}

Th-232	Th-233	7.4	85	22.6 min	1.9×10^{5}
Pd-108	Pd-109	12	200	13.43 hr	1.8×10^{5}
Sb-121	Sb-122	6.2	200	2.68 day	1.8×10^{5}
Er-166	Er-167 m	15	100	2.28 sec	1.8×10^{5}
Ga-71	Ga-72	4.5	32	14.10 hr	1.6×10^{5}
Yb-168	Yb-169	3500	31000	32.0 day	1.6×10^{5}
Se-76	Se-77 m	21	16	17.4 sec	1.4×10^{5}
Hg-196	Hg-197	3100	410	64.1 hr	1.4×10^{5}
Cs-133	Cs-134 m	2.6	31	2.90 hr	1.2×10^{5}
Ag-109	Ag-110 m	4.4	80	252 day	1.1×10^{5}
Ar-40	Ar-41	0.65	0.41	1.83 hr	9.8×10^{4}
Br-81	Br-82	0.26	8	35.35 hr	9.70×10^{4}
Ru-102	Ru-103	5	80	39.4 day	9.4×10^{4}
Br-81	Br-82 m	2.4	42	6.1 min	8.9×10^{4}
Sb-123	Sb-124	4.2	130	60.2 day	8.9×10^{4}
Cr-50	Cr-51	15.8	7.8	27.7 day	8.0×10^{4}
Os-190	Os-191 m-Ir-191 m	9	20	13.1 hr	7.5×10^{4}
Nb-93	Nb-94 m	1.13	8.6	6.26 min	7.3×10^{4}
U-238	U-239	2.7	270	23.5 min	6.8×10^{4}
Cu-65	Cu-66	2.17	2.2	5.1 min	6.3×10^{4}
Al-27	Al-28	0.233	0.17	2.24 min	5.2×10^{4}
Sm-154	Sm-155	5	30	22.4 min	4.5×10^{4}
Hg-202	Hg-203	4.9	4.8	46.8 day	4.4×10^{4}
Se-74	Se-75	52	600	118.5 day	3.5×10^{4}
Na-23	Na-24	0.13	0.32	15.02 hr	3.4×10^{4}
Zn-64	Zn-65	0.76	1.5	244.1 day	3.4×10^{4}
Os-190	Os-191-Ir-191 m	4	6	15.4 day	3.3×10^{4}
Er-170	Er-171	5.8	21	7.52 hr	3.1×10^{4}
Hf-174	Hf-175	500	500	70 day	2.8×10^{4}
Re-187	Re-188 m	1.3	5	18.7 min	2.6×10^{4}
Os-192	Os-193	2	5	30.6 hr	2.6×10^{4}
Gd-158	Gd-159	2.4	70	18.6 hr	2.3×10^{4}
Ce-140	Ce-141	0.58	0.48	32.5 day	2.2×10^{4}
Rb-85	Rb-86	0.4	7	18.8 day	2.0×10^{4}
Cl-37	Cl-38	0.428	0.32	37.3 min	1.8×10^{4}
Os-184	Os-185	3000	600	93.6 day	1.7×10^{4}
K-41	K-42	1.46	1.3	12.36 hr	1.5×10^{4}
Ba-138	Ba-138	0.4	0.3	82.9 min	1.3×10^{4}
Ge-74	Ge-75	0.36	0.6	82.8 min	1.1×10^{4}
Yb-176	Yb-177	2.4	6	1.9 hr	1.1×10^{4}
Nd-146	Nd-147	1.3	2.8	11.0 day	9.3×10^{3}
Te-126	Te-127	0.9	10	9.4 hr	7.9×10^{3}
Pt-198	Pt-199	3.5	56	30.8 min	7.8×10^{3}
Kr-80	Kr-81 m	4.6	55	13 sec	7.5×10^{3}
Gd-160	Gd-161	0.8	8	3.7 min	6.7×10^{3}
Nd-148	Nd-149	2.5	17	1.73 hr	6.0×10^{3}

Sr-86	Sr-87 m	0.84	5	2.8 hr	5.7×10^{3}
Ru-104	Ru-105	0.5	4.6	4.44 hr	5.6×10^{3}
Pt-196	Pt-197	0.7	8	18.3 hr	5.5×10^{3}
Cd-114	Cd-115-In-115 m	0.3	23	53.4 hr	4.6×10^{3}
Ce-142	Ce-143	0.94	1.1	33.0 hr	4.5×10^{3}
Xe-125	Xe-125	100	2500	17 hr	4.4×10^{3}
Kr-84	Kr-85 m	0.09	3	4.48 hr	3.7×10^{3}
Te-130	Te-131-I-131	0.2	0.5	25 min	3.3×10^{3}
F-19	F-20	0.0095	0.020	11.2 sec	3.0×10^{3}
Pd-108	Pd-109 m	0.2	3	4.69 min	3.0×10^{3}
Te-128	Te-129	0.2	1.5	69 min	3.0×10^{3}
Nd-150	Nd-151	1.2	17	12.4 min	2.8×10^{3}
Rb-85	Rb-86 m	0.05	7	1.02 min	2.5×10^{3}
Rb-87	Rb-88	0.12	2	17.8 min	2.4×10^{3}
Mo-98	Mo-99-Tc-99 m	0.14	6.6	66.02 hr	2.1×10^{3}
Hf-179	Hf-180 m	0.43	600	5.5 hr	2.0×10^{3}
Ni-64	Ni-65	1.49	1	2.52 hr	1.4×10^{3}
Ne-22	Ne-23	0.048	0.020	37.6 sec	1.3×10^{3}
Ti-50	Ti-51	0.177	0.11	5.8 min	1.2×10^{3}
Zn-68	Zn-69 m	0.072	0.21	14.00 hr	1.2×10^{3}
Mo-100	Mo-101-Tc-101	0.2	3.8	14.6 min	1.2×10^{3}
Xe-134	Xe-135	0.25	0.3	9.10 hr	1.2×10^{3}
Mg-26	Mg-27	0.036	0.025	9.46 min	980
Xe-124	Xe-125 m	22	500	57 sec	9.7×10^{2}
Sb-123	Sb-124 m_1	0.04		93 sec	8.4×10^{2}
Hg-204	Hg-205	0.4	0.7	5.2 min	8.3×10^{2}
Gd-152	Gd-153	10	400	241.6 day	7.7×10^{2}
Xe-130	Xe-131 m	0.4	15	11.77 day	7.5×10^{2}
Si-30	Si-31	0.107	0.16	2.62 hr	7.1×10^{2}
Xe-136	Xe-137	0.16	0.5	3.82 min	6.5×10^{2}
Zr-94	Zr-95-Nb-95	0.05	0.3	64.0 day	5.7×10^{2}
Ba-130	Ba-131	11	200	12.0 day	5.1×10^{2}
Sn-124	Sn-125 m	0.13	7	9.5 min	3.7×10^{2}
Sn-122	Sn-123 m	0.16	0.8	40.1 min	3.7×10^{2}
Fe-58	Fe-59	1.16	1.2	44.6 day	3.6×10^{2}
Sn-112	Sn-113	0.7	25	115.1 day	3.6×10^{2}
Ta-181	Ta-182 m_2	0.01	0.3	15.8 min	3.3×10^{2}
Ca-48	Ca-49	1.1	0.5	8.72 min	3.1×10^{2}
Pd-106	Pd-107 m	0.013	0.2	21.3 sec	2.0×10^{2}
Ba-134	Ba-135 m	0.16	20	28.7 hr	1.7×10^{2}
Pd-110	Pd-111 m	0.02	3	5.5 hr	1.3×10^{2}
Ba-130	Ba-131 m	2.5		14.6 min	1.2×10^{2}
Y-89	Y-90 m	0.001	1	3.19 hr	6.8×10^{1}
S-36	S-35	0.15		5.0 min	4.8

元素の γ 線放射化分析検出感度

40 cm^3Ge(Li) 半導体検出器表面より 0.5 cm 離れた位置における γ 線計測による.
照射・検出条件 A：5 min, 200 γpm
B：5 hr, 20 γpm
C：20 hr, 5 γpm

元素	標的核種	測定核種	熱中性子断面積 (barn)	熱外中性子共鳴積分 (barn)	半減期 $T_{1/2}$	条件	飽和放射能 (dps/μg)	感度 (μg)	主なγ線エネルギー (eV)	放出率 (%)	主なγ線エネルギー (eV)	放出率 (%)
Au	Au-197	Au-198	98.8	1560	2.696 day	C	3.0×10^6	0.0000026	412	96	676	1
Dy	Dy-164	Dy-165 m	1700		1.26 min	A	1.8×10^7	0.0000028	108	100	515	51
Re	Re-185	Re-186	111	1700	90.6 hr	C	1.3×10^6	0.000022	137	9		
Ir	Ir-191	Ir-192	620	3000	74.2 day	C	7.2×10^6	0.000023	316	83	468	48
Dy	Dy-164	Dy-165	1000	340	2.33 hr	B	1.0×10^7	0.000054	95	4	546	2
Eu	Eu-151	Eu-152 m_1	3200		9.3 hr	B	6.1×10^7	0.000062	842	13	964	11
Sb	Sb-121	Sb-122	6.2	200	2.68 day	C	1.8×10^5	0.000083	564	70		
Hg	Hg-196	Hg-197	3100	410	64.1 hr	C	1.4×10^5	0.000098	77	19		
Mn	Mn-55	Mn-56	13.3	14.2	2.579 hr	B	1.5×10^6	0.0001	847	99	1811	27
Hf	Hf-178	Hf-179 m_1	53	1900	18.7 sec	A	4.8×10^5	0.00017	214	95		
Lu	Lu-176	Lu-177	300		6.71 day	C	2.7×10^5	0.00026	208	11	113	7
Sc	Sc-45	Sc-46	17	12	83.8 day	C	2.3×10^6	0.0004	889	100	1811	27
Se	Se-76	Se-77 m	21	16	17.4 sec	A	1.4×10^5	0.0004	37	39		
Hf	Hf-180	Hf-181	13.0	34.0	42.4 day	C	7.2×10^5	0.00041	133	43	482	86
Rh	Rh-103	Rh-104 m	11	80	4.34 min	A	6.4×10^5	0.00049	51	48		
Yb	Yb-168	Yb-169	3500	31000	32.0 day	C	1.6×10^5	0.00058	198	36	177	22
Re	Re-187	Re-188	74	300	16.9 hr	B	1.5×10^6	0.00059	155	15		
Sm	Sm-152	Sm-153	208	3000	46.8 hr	B	2.2×10^6	0.00064	42	46	103	28
Lu	Lu-175	Lu-176	16	890	3.68 hr	B	5.4×10^5	0.00068	88	9		
Tm	Tm-169	Tm-170	105	1720	128.6 day	C	3.7×10^6	0.00088	84	3		
Er	Er-166	Er-167 m	15	100	2.28 sec	A	1.8×10^5	0.001	204	42		
Os	Os-190	Os-191-Ir-191 m[*1]	4	6	15.4 day	C	3.3×10^4	0.0011	130	26		
Cs	Cs-133	Cs-134 m	2.6	31	2.90 hr	B	1.2×10^5	0.0013	127	13		
Eu	Eu-151	Eu-152	6000	3300	13 yr	C	1.1×10^8	0.0013	344	27	1408	21
Ru	Ru-102	Ru-103	5	80	39.4 day	C	9.4×10^4	0.0014	497	86	610	6
Tb	Rb-159	Tb-160	23.5	400	72.1 day	C	8.9×10^5	0.0014	879	30	966	25
Rh	Rh-103	Rh-104	134	1000	43.3 sec	A	7.8×10^6	0.0015	556	2		
Ho	Ho-165	Ho-166	62	640	26.80 hr	B	2.3×10^6	0.0016	81	6		
Ar	Ar-40	Ar-41	0.65	0.41	1.83 hr	B	9.8×10^4	0.0018	1294	99		
V	V-51	V-52	4.91	2.7	3.76 min	A	5.8×10^5	0.0018	1434	100		
Hg	Hg-202	Hg-203	4.9	4.8	46.8 day	C	4.4×10^4	0.0021	279	82		
Ce	Ce-140	Ce-141	0.58	0.48	32.5 day	C	2.2×10^4	0.0022	145	48		
Cs	Cs-133	Cs-134	27	390	2.062 yr	C	1.2×10^6	0.0023	605	98	796	85
Sb	Sb-123	Sb-124	4.2	130	60.2 day	C	8.9×10^4	0.0025	603	98	1691	49
Ag	Ag-109	Ag-110	88	1370	24.4 day	C	2.2×10^6	0.0028	658	5		
Yb	Yb-174	Yb-175	19	30	4.19 day	C	2.1×10^5	0.0028	396	6	114	2
Ta	Ta-181	Ta-182	21.5	720	115 day	C	7.2×10^5	0.0032	1121	35	1221	27
Nd	Nd-146	Nd-147	1.3	2.8	11.0 day	C	9.3×10^3	0.0034	91	28	531	12

In	In-115	In-116 m$_1$	75	2600	54.1 min	A	3.8×10^{6}	0.0036	1097	56	1294	85
Br	Br-79	Br-80	8.2	98	17.6 min	A	3.1×10^{5}	0.004	37	39		
Se	Se-74	Se-75	52	600	118.5 day	C	3.5×10^{4}	0.0042	136	54	265	58
Ga	Ga-71	Ga-72	4.5	32	14.10 hr	B	1.6×10^{5}	0.0049	834	96	2202	26
Ba	Ba-138	Ba-138	0.4	0.3	1.37 hr	B	1.3×10^{4}	0.0054	166	22		
As	As-75	As-76	4.4	61	26.3 hr	B	3.5×10^{5}	0.0055	559	45	657	6
Hf	Hf-174	Hf-175	500	500	70 day	C	2.8×10^{4}	0.0059	343	87		
Co	Co-59	Co-60 m	20	39	10.5 min	A	2.0×10^{6}	0.0063	59	2		
Cr	Cr-50	Cr-51	15.8	7.8	27.7 day	C	8.0×10^{4}	0.0064	320	10		
La	La-139	La-140	8.94	11.4	40.3 hr	B	3.9×10^{5}	0.007	478	43	1596	96
Er	Er-170	Er-171	5.8	21	7.52 hr	B	3.1×10^{4}	0.007	296	29	308	64
Co	Co-59	Co-60	17	35	5.271 yr	C	1.7×10^{6}	0.008	1173	100	1333	100
Yb	Yb-176	Yb-177	2.4	6	1.9 hr	C	1.1×10^{4}	0.008	150	20	1080	6
W	W-186	W-187	38	500	23.9 hr	B	3.6×10^{5}	0.0092	479	21	134	9
Ag	Ag-109	Ag-110 m	4.4	80	252 day	C	1.1×10^{5}	0.0097	658	94	885	73
Nd	Nd-148	Nd-149	2.5	17	1.73 hr	B	6.0×10^{3}	0.01	114	22	211	31
Kr	Kr-84	Kr-85 m	0.09	3	4.48 hr	B	3.7×10^{3}	0.012	152	78	305	14
Sr	Sr-86	Sr-87 m	0.84	5	2.8 hr	B	5.7×10^{3}	0.012	388	82		
Ir	Ir-193	Ir-194	11	1300	19.2 hr	B	2.2×10^{5}	0.013	328	13		
U	U-238	U-239	2.7	270	23.5 min	A	6.8×10^{4}	0.013	75	50		
Kr	Kr-80	Kr-81 m	4.6	55	13 sec	A	7.5×10^{3}	0.014	191	67		
Cd	Cd-114	Cd-115-In-115 m[*2]	0.3	23	53.4 hr	C	4.6×10^{3}	0.016	492	10	528	34
Eu	Eu-153	Eu-154	380	1600	8.5 yr	C	7.8×10^{6}	0.016	723	20	1274	36
Pd	Pd-108	Pd-109	12	200	13.43 hr	B	1.8×10^{5}	0.017	88	4		
Ag	Ag-107	Ag-108	38	96	2.4 min	A	1.1×10^{6}	0.017	633	2		
Al	Al-27	Al-28	0.233	0.17	2.24 min	A	5.2×10^{4}	0.019	1779	100		
In	In-115	In-115	41	670	14.1 sec	A	2.1×10^{6}	0.021	1293	1		
Ge	Ge-74	Ge-75	0.36	0.6	1.36 hr	B	1.1×10^{4}	0.022	265	11		
Mo	Mo-98	Mo-99-Tc-99 m[*3]	0.14	6.6	66.02 hr	C	2.1×10^{3}	0.022	181	6	739	13
Os	Os-184	Os-185	3000	600	93.6 day	C	1.7×10^{4}	0.026	646	81	875	7
I	I-127	I-128	6.2	150	24.99 min	A	2.9×10^{5}	0.032	443	16	527	2
Na	Na-23	Na-24	0.13	0.32	15.02 hr	B	3.4×10^{4}	0.038	1370	100	2754	100
Hg	Hg-204	Hg-205	0.4	0.7	5.2 min	A	8.3×10^{2}	0.041	204	2		
Hf	Hf-179	Hf-180 m	0.43	600	5.5 hr	B	2.0×10^{3}	0.043	215	82	443	85
Rb	Rb-85	Rb-86 m	0.05	7	1.02 min	A	2.5×10^{3}	0.051	556	98		
Ba	Ba-130	Ba-131	11	200	12.0 day	C	5.1×10^{2}	0.053	124	28	496	42
Gd	Gd-160	Gd-161	0.8	8	3.7 min	A	6.7×10^{3}	0.059	361	61		
Rb	Rb-85	Rb-86	0.4	7	18.8 day	C	2.0×10^{4}	0.071	1077	9		
Xe	Xe-125	Xe-125	100	2500	17 hr	B	4.4×10^{3}	0.072	188	55	243	13
Pd	Pd-108	Pd-109 m	0.2	3	4.69 min	A	3.00×10^{3}	0.079	189	56		
Zn	Zn-64	Zn-65	0.76	1.5	244.1 day	C	3.4×10^{4}	0.096	1116	51		
Re	Re-187	Re-188 m	1.3	5	18.7 min	A	2.6×10^{4}	0.1	64	16	106	11
Xe	Xe-134	Xe-135	0.25	0.3	9.10 hr	B	1.2×10^{3}	0.12	250	90		
Ru	Ru-104	Ru-105	0.5	4.6	4.44 hr	B	5.6×10^{3}	0.13	469	18	724	48
Pr	Pr-141	Pr-142	7.5	14.1	19.2 hr	B	3.2×10^{5}	0.16	1576	4		
Cu	Cu-65	Cu-66	2.17	2.2	5.1 min	A	6.3×10^{4}	0.18	1039	8		
Te	Te-128	Te-129	0.2	1.5	1.15 hr	B	3.0×10^{3}	0.18	460	7		
Te	Te-130	Te-131-I-131[*4]	0.2	0.5	25 min	A	3.3×10^{3}	0.18	150	68	452	18
Gd	Gd-158	Gd-159	2.4	70	18.6 hr	B	2.3×10^{4}	0.18	363	10		
Sm	Sm-154	Sm-155	5	30	22.4 min	A	4.5×10^{4}	0.19	104	4		

Os	Os-192	Os-193	2	5	30.6	hr	B	2.6×10^4	0.19	139	4	460	
Th	Th-232	Th-233	7.4	85	22.6	min	A	1.9×10^5	0.21	87	3		
Br	Br-81	Br-82	0.26	8	35.35	hr	B	9.7×10^4	0.224	556	71	776	83
F	F-19	F-20	0.0095	0.020	11.2	sec	A	3.0×10^3	0.23	1633	100		
Ti	Ti-50	Ti-51	0.177	0.11	5.8	min	A	1.2×10^3	0.27	320	93		
Xe	Xe-124	Xe-125 m	22	500	57	sec	A	9.7×10^2	0.27	111	19	140	6
Ce	Ce-142	Ce-143	0.94	1.1	33.0	hr	B	4.5×10^3	0.3	293	42		
Zn	Zn-68	Zn-69 m	0.072	0.21	14.00	hr	B	1.2×10^3	0.31	439	95		
Ne	Ne-22	Ne-23	0.048	0.020	37.6	sec	A	1.3×10^3	0.41	440	33		
K	K-41	K-42	1.46	1.3	12.36	hr	B	1.5×10^4	0.42	1525	19		
Y	Y-89	Y-90 m	0.001	1	3.19	hr	B	6.8×10^1	0.59	203	98	480	91
Pd	Pd-106	Pd-107 m	0.013	0.2	21.3	sec	A	2.0×10^2	0.6	214	68		
Cu	Cu-63	Cu-64	4.4	4.9	12.7	hr	B	2.9×10^5	0.62	1346	1		
Gd	Gd-152	Gd-153	10	400	241.6	day	C	7.7×10^2	0.85	98	27	103	19
Nd	Nd-150	Nd-151	1.2	17	12.4	min	A	2.8×10^3	0.87	256	17	1181	15
Ni	Ni-64	Ni-65	1.49	1	2.52	hr	B	1.4×10^3	0.94	1116	15	1482	24
Pt	Pt-196	Pt-197	0.7	8	18.3	hr	B	5.5×10^3	0.99	191	4	77	17
Cl	Cl-37	Cl-38	0.428	0.32	37.3	min	A	1.8×10^4	1.1	1642	40	2168	55
Zr	Zr-94	Zr-95-Nb-95[*5]	0.05	0.3	64.0	day	C	5.7×10^2	1.1	724	44	757	55
Sn	Sn-124	Sn-125 m	0.13	7	9.5	min	A	3.7×10^2	1.2	332	97		
Mo	Mo-100	Mo-101-Tc-101[*6]	0.2	3.8	14.6	min	A	1.2×10^3	1.4	192	20	1013	13
Xe	Xe-130	Xe-131 m	0.4	15	11.77	day	C	7.5×10^2	1.4	164	2		
Fe	Fe-58	Fe-59	1.16	1.2	44.6	day	C	3.6×10^2	1.5	1099	57	1292	43
Xe	Xe-136	Xe-137	0.16	0.5	3.82	min	A	6.5×10^2	1.5	456	31		
Mg	Mg-26	Mg-27	0.036	0.025	9.46	min	A	980	1.6	844	73	1014	29
Sb	Sb-123	Sb-124 m_1	0.04		93	sec	A	8.4×10^2	1.6	603	21	646	21
Pt	Pt-198	Pt-199	3.5	56	30.8	min	A	7.8×10^3	1.8	494	6	543	15
Ta	Ta-181	Ta-182 m_2	0.01	0.3	15.8	min	A	3.3×10^2	2.0	174	47	147	36
Sn	Sn-122	Sn-123 m	0.16	0.8	40.1	min	A	3.7×10^2	2.1	160	86		
Os	Os-190	Os-191 m-Ir-191 m[*7]	9	20	13.1	hr	B	7.5×10^4	2.3	74	0.1		
Nb	Nb-93	Nb-94 m	1.13	8.6	6.26	min	A	7.3×10^4	2.5	871	1		
Te	Te-126	Te-127	0.9	10	9.4	hr	B	7.9×10^3	3.2	418	1		
Ba	Ba-130	Ba-131 m	2.5		14.6	min	A	1.2×10^2	3.4	107	56		
Br	Br-81	Br-82 m	2.4	42	6.1	min	A	8.9×10^4	4.2	776	0.2		
Rb	Rb-87	Rb-88	0.12	2	17.8	min	A	2.4×10^3	6.5	898	14	1836	21
Sn	Sn-112	Sn-113[*8]	0.7	25	115.1	day	C	3.6×10^2	13	225	4		
Ca	Ca-48	Ca-49	1.1	0.5	8.72	min	A	3.1×10^2	15	3084	92		
Ba	Ba-134	Ba-135 m	0.16	20	28.7	hr	B	1.7×10^2	15	276	18		
Pd	Pd-110	Pd-111 m	0.02	3	5.5	hr	B	1.3×10^2	19	391	5		
Si	Si-30	Si-31	0.107	0.16	2.62	hr	B	7.1×10^2	470	1266	0.1		
S	S-36	S-35	0.15		5.0	min	A	4.8	570	3103	94		

＊1 Ir-191 m 4.9 sec (129 eV 24%)
＊2 In-115 m 4.49 hr (336 keV 50%)
＊3 Tc-99 m 6.02 hr (1405 keV 89%)
＊4 I-131 8.04 day (365 keV 81%)
＊5 Nb-95 35 day (no γ)
＊6 Tc-101 14.2 min (307 keV 83%)
＊7 Ir-191 m 4.9 sec (129 keV 24%)
＊8 In-113 m 99.5 min (392 keV 64%)

標準電極電位 A

	酸化形	還元形	標準電極電位 (E/V)		酸化形	還元形	標準電極電位 (E/V)
1 acid	H_3O^+	H_2	0.00	15 base	PO_4^{3-}	HPO_3^-	−1.12
1 acid	H_2	H^-	−2.25	15 base	HPO_3^-	P	−1.73
1 base	H_2O	H_2	0.828	15 base	P	PH_3	−0.89
3	Li^+	Li	−3.04	16 acid	SO_4^{2-}	H_2SO_3	0.16
4 acid	Be^{2+}	Be	−1.97	16 acid	H_2SO_3	$S_2O_3^{2-}$	0.87
5	$B(OH)_3$	B	0.89	16 acid	$S_2O_3^{2-}$	S	0.6
5	BF_4^-	B	−1.284	16 acid	S	S^{2-}	0.14
6 acid	CO_2	CO	−0.106	16 base	SO_4^{2-}	SO_3^{2-}	−0.94
6 acid	CO	C	0.517	16 base	SO_3^{2-}	$S_2O_3^{2-}$	−0.58
6 acid	C	CH_4	0.132	16 base	$S_2O_3^{2-}$	S	−0.74
6 base	CO_2	$HCOO^-$	−1.01	17 acid	ClO_4^-	ClO_3^-	1.201
6 base	$HCOO^-$	HCHO	−1.07	17 acid	ClO_3^-	ClO_2	1.175
6 base	HCHO	CH_3OH	0.59	17 acid	ClO_2	$HClO_2$	1.188
6 base	CH_3OH	CH_4	−0.2	17 acid	$HClO_2$	HClO	1.701
7 acid	NO_3^-	N_2O_4	0.803	17 acid	HClO	Cl_2	1.63
7 acid	N_2O_4	HNO_2	1.07	17 acid	Cl_2	Cl^-	1.35828
7 acid	HNO_2	NO	0.996	17 base	ClO_4^-	ClO_3^-	0.374
7 acid	NO	N_2O	1.59	17 base	ClO_3^-	ClO_2	0.481
7 acid	N_2O	N_2	1.77	17 base	ClO_2	ClO_2^-	1.071
7 base	NO_3^-	N_2O_4	−0.86	17 base	ClO_2^-	ClO^-	0.681
7 base	N_2O_4	NO_2^-	0.867	17 base	ClO^-	Cl_2	0.421
7 base	NO_2^-	NO	0.46	17 base	Cl_2	Cl^-	1.35828
7 base	NO	N_2O	0.76	19	K^+	K	−2.924
7 base	N_2O	N_2	0.94	20	Ca^{2+}	Ca	−2.84
8 acid	O_2	H_2O_2	0.695	21	Sc^{3+}	Sc	−2.03
8 acid	H_2O_2	H_2O	1.763	22 acid	TiO_2	Ti^{3+}	0.1
8 acid	O_2	H_2O	1.229	22 acid	Ti^{3+}	Ti^{2+}	−0.37
8 base	O_2	HO_2^-	−0.0649	22 acid	Ti^{2+}	Ti	−1.63
8 base	HO_2^-	OH^-	0.867	23 acid	VO_2^+	VO_2^+	1.0000
8 base	O_2	OH^-	0.401	23 acid	VO_2^+	V^{3+}	0.337
9	F_2	F^-	2.866	23 acid	V^{3+}	V^{2+}	−0.255
11	Na^+	Na	−2.713	23 acid	V^{2+}	V	−1.53
12 acid	Mg^{2+}	Mg	−2.356	23 base	VO_4^-	V_2O_3	1.366
12 base	$Mg(OH)_2$	Mg	−2.687	23 base	V_2O_3	VO	−0.486
13 acid	Al^{3+}	Al	−1.676	23 base	VO	V	−0.823
13 acid	$[AlF_6]^{3-}$	Al	−2.067	24 acid	$Cr_2O_7^{2-}$	Cr^{3+}	1.38
13 base	$Al(OH)_3$	Al	−2.3	24 acid	CrO_4^{2-}	Cr^{3+}	1.72
13 base	$Al(OH)_4^-$	Al	−2.310	24 acid	Cr^{3+}	Cr^{2+}	0.424
14 acid	SiO_2	SiO	−0.967	24 acid	Cr^{2+}	Cr	−0.9
14 acid	SiO	Si	−0.808	24 base	CrO_4^{2-}	$Cr(OH)_3$	−0.11
15 acid	H_3PO_4	$H_2[PO_3H]$	−0.276	24 base	$Cr(OH)_3$	Cr	−1.33
15 acid	$H_2[PO_3H]$	P	−0.502	25 acid	MnO_4^-	MnO_2	1.70
15 acid	P	PH_3	−0.063	25 acid	MnO_4^-	Mn^{2+}	1.51

25 acid	MnO_2	Mn^{3+}	0.95
25 acid	Mn^{3+}	Mn^{2+}	1.50
25 acid	Mn^{2+}	Mn	−1.18
25 base	MnO_4^-	MnO_4^{2-}	−0.56
25 base	MnO_4^{2-}	MnO_2	0.62
25 base	MnO_2	Mn_2O_3	0.15
25 base	Mn_2O_3	$Mn(OH)_2$	−0.25
25 base	$Mn(OH)_2$	Mn	−1.56
26 acid	Fe^{3+}	Fe^{2+}	0.771
26 acid	Fe^{2+}	Fe	−0.44
26 acid	Fe^{3+}	Fe	−0.04
27 acid	Co^{3+}	Co^{2+}	1.92
27 acid	Co^{2+}	Co	−0.277
27 base	$Co(OH)_3$	$Co(OH)_2$	0.170
27 base	$Co(OH)_2$	Co	−0.733
28 acid	NiO_2	Ni^{2+}	1.678
28 acid	Ni^{2+}	Ni	−0.257
28 base	NiO_2	$Ni(OH)_2$	−0.49
28 base	$Ni(OH)_2$	Ni	−0.72
29 acid	Cu^{2+}	Cu	0.340
29 acid	Cu^{2+}	Cu^+	0.159
29 acid	Cu^+	Cu	0.520
29 base	$Cu(CN)_2$	$Cu(CN)_2^-$	1.12
29 base	$Cu(CN)_2^-$	Cu	−0.44
30 acid	Zn^{2+}	Zn	−0.7626
30 base	$Zn(OH)_2$	Zn	−1.246
30 base	$[Zn(OH)_4]^{2-}$	Zn	−1.285
31 acid	Ga^{3+}	Ga	−0.53
32 acid	Ge^{4+}	GeO	−0.37
32 acid	GeO	Ge	0.255
32 acid	Ge	GeH_4	−0.29
33 acid	H_3AsO_4	$HAsO_2$	0.560
33 acid	$HAsO_2$	As	0.240
33 acid	As	AsH_3	−0.608
33 base	AsO_4^-	AsO_2^-	−0.67
33 base	AsO_2^-	As	−0.68
33 base	As	AsH_3	1.37
34 acid	SeO_4^{2-}	H_2SeO_3	1.1
34 acid	H_2SeO_3	Se	0.74
34 acid	Se	Hg_2Se	−0.11
34 base	SeO_4^{2-}	SeO_3^{2-}	0.03
34 base	SeO_3^{2-}	Se	−0.36
34 base	Se	Se^{2-}	−0.67
35 acid	BrO_4^-	BrO_3^-	1.853
35 acid	BrO_3^-	HBrO	1.447
35 acid	HBrO	Br_2	0.604
35 acid	Br_2	Br^-	1.0652
35 base	BrO_4^-	BrO_3^-	1.025
35 base	BrO_3^-	BrO^-	0.492
35 base	BrO^-	Br_2	0.455
35 base	Br_2	Br^-	1.0652
37	Rb^+	Rb	−2.924
38	Sr^{2+}	Sr	−1.085
39 acid	Y^{3+}	Y	−2.37
39 base	$Y(OH)_3$	Y	−2.85
40	Zr^{4+}	Zr	−1.55
41 acid	Nb_2O_5	Nb^{3+}	−0.1
41 acid	Nb^{3+}	Nb	−1.1
42 acid	H_2MoO_4	MoO_2	0.646
42 acid	MoO_2	Mo^{3+}	−0.008
42 acid	Mo^{3+}	Mo	−0.2
42 base	MoO_4^{2-}	MoO_2	−0.780
42 base	MoO_2	Mo	−0.980
43	TcO_4^-	TcO_4^{2-}	−0.569
43	TcO_4^-	Tc	0.472
43	TcO_4^{2-}	TcO_2	1.39
43	TcO_2	Tc	0.272
44	RuO_4	RuO_4^-	0.99
44	RuO_4^-	RuO_4^{2-}	0.593
44	RuO_4^{2-}	RuO_2	2.0
44	RuO_2	Ru^{3+}	0.86
44	Ru^{3+}	Ru^{2+}	0.249
44	Ru^{2+}	Ru	no data
45	Rh^{3+}	Rh	0.76
46 acid	PdO_2	Pd^{2+}	1.263
46 acid	Pd^{2+}	Pd	0.915
46 base	PdO_2	$Pd(OH)_2$	1.283
46 base	$Pd(OH)_2$	Pd	−0.19
47 acid	Ag^+	Ag	0.7996
47 acid	Ag_2O_3	Ag^{2+}	1.360
47 acid	Ag^{2+}	Ag^+	1.980
47 acid	Ag^+	Ag	0.7991
47 base	Ag_2O_3	AgO	0.793
47 base	AgO	Ag_2O	0.804
47 base	Ag_2O	Ag	0.342
48 acid	Cd^{2+}	Cd	−0.4025
48 base	$Cd(OH)_2$	Cd	−0.824
48 base	$[Cd(NH_3)_4]^{2+}$	Cd	−0.622
48 base	$[Cd(CN)_4]^{2-}$	Cd	−1.09
49 acid	In^{3+}	In	−0.3382
50 acid	SnO_2	SnO	−0.088
50 acid	SnO	Sn	−0.104
50 acid	Sn	SnH_4	−1.071
50 acid	Sn^{4+}	Sn^{2+}	0.15
50 acid	Sn^{2+}	Sn	−0.137
51 acid	SbO^+	Sb	0.204
51 acid	Sb_2O_5	2 SbO^+	0.605
51 base	$[Sb(OH)_6]^-$	$[Sb(OH)_4]^-$	−0.465

51 base	$[Sb(OH)_4]^-$	Sb	−0.639
51 base	Sb	SbH_3	−1.338
52 acid	H_2TeO_4	Te^{4+}	0.93
52 acid	Te^{4+}	Te	0.57
52 base	TeO_4^{2-}	TeO_3^{2-}	0.07
52 base	TeO_3^{2-}	Te	−0.42
52 base	Te	Te^{2-}	−1.14
53 acid	H_5IO_6	IO_3^-	1.60
53 acid	IO_3^-	HIO	1.13
53 acid	HIO	I_2	1.44
53 acid	I_2	I^-	0.535
53 acid	IO_3^-	ICl_2^-	1.21
53 acid	IO_3^-	I_2	1.20
53 acid	ICl_2^-	I_2	1.07
53 base	$H_3IO_6^{2-}$	IO_3^-	0.65
53 base	IO_3^-	IO^-	0.15
53 base	IO^-	I_2	0.42
53 base	I_2	I^-	0.535
54 acid	H_4XeO_6	XeO_3	2.42
54 acid	XeO_3	Xe	0.12
54 base	$[HXeO_6]^-$	$[HXeO_4]:^-$	0.99
54 base	$[HXeO_4]^-$	Xe	1.24
55	Cs^+	Cs	−2.923
56 acid	Ba^{2+}	Ba	−2.92
56 base	$Ba(OH)_2$	Ba	−2.166
57 acid	La^{3+}	La	−2.38
57 base	$La(OH)_3$	La	−2.80
58 acid	Ce^{4+}	Ce^{3+}	1.72
58 acid	Ce^{3+}	Ce	−2.34
58 base	$Ce(OH)_4$	$Ce(OH)_3$	−0.7
58 base	$Ce(OH)_3$	Ce	−2.78
59 acid	Pr^{4+}	Pr^{3+}	3.2
59 acid	Pr^{3+}	Pr	−2.35
59 base	PrO_2	$Pr(OH)_3$	0.8
59 base	$Pr(OH)_3$	Pr	−2.79
60 acid	Nd^{3+}	Nd	−2.6
60 base	$Nd(OH)_3$	Nd	−2.78
61 acid	Pm^{3+}	Pm	−2.29
61 base	$Pm(OH)_3$	Pm	−2.76
62 acid	Sm^{3+}	Sm	−2.30
62 acid	Sm^{3+}	Sm^{2+}	−1.55
62 acid	Sm^{2+}	Sm	−2.67
62 base	$Sm(OH)_3$	Sm	−2.80
63 acid	Eu^{3+}	Eu^{2+}	−0.35
63 acid	Eu^{2+}	Eu	−2.80
63 base	$Eu(OH)_3$	Eu	−2.51
64 acid	Gd^{3+}	Gd	−2.28
64 base	$Gd(OH)_3$	Gd	−2.82
65 acid	Tb^{4+}	Tb^{3+}	3.1
65 acid	Tb^{3+}	Tb	−2.31
65 base	TbO_2	$Tb(OH)_3$	0.9
65 base	$Tb(OH)_3$	Tb	−2.82
66 acid	Dy^{3+}	Dy	−2.29
66 base	$Dy(OH)_3$	Dy	−2.80
67 acid	Ho^{3+}	Ho	−2.33
67 base	$Ho(OH)_3$	Ho	−2.85
68 acid	Er^{3+}	Er	−2.32
68 base	$Er(OH)_3$	Er	−2.84
69 acid	Tm^{3+}	Tm	−2.32
69 base	$Tm(OH)_3$	Tm	−2.83
70 acid	Yb^{3+}	Yb	−2.22
70 acid	Yb^{3+}	Yb^{2+}	−1.05
70 acid	Yb^{3+}	Yb	−2.22
70 base	$Yb(OH)_3$	Yb	−2.74
71 acid	Lu^{3+}	Lu	−2.30
71 base	$Lu(OH)_3$	Lu	−2.83
72	Hf^{4+}	Hf	−1.7
73	Ta_2O_5	Ta	−0.81
74 acid	WO_3	W_2O_5	−0.029
74 acid	W_2O_5	WO_2	−0.031
74 acid	WO_2	W	−0.119
74 base	$[WO_4]^{2-}$	WO_2	−1.259
74 base	WO_2	W	−0.982
75 acid	$[ReO_4]^-$	ReO_3	0.768
75 acid	ReO_3	ReO_2	0.63
75 acid	ReO_2	Re	0.22
75 base	$[ReO_4]^-$	ReO_3	−0.89
75 base	ReO_3	ReO_2	−0.446
75 base	ReO_2	Re	−1.25
76	OsO_4	OsO_2	1.005
76	OsO_2	Os	0.687
76	$[OsCl_6]^{2-}$	$[OsCl_6]^{3-}$	0.45
77	IrO_2	Ir^{3+}	0.223
77	Ir^{3+}	Ir	1.156
77	$[IrCl_6]^{2-}$	$[IrCl_6]^{3-}$	0.867
77	$[IrCl_6]^{3-}$	Ir	0.86
78	PtO_3	PtO_2	2.0
78	PtO_2	PtO	1.045
78	PtO	Pt	0.980
78 acid	$[PtCl_6]^{2-}$	$[PtCl_4]^{2-}$	0.726
78 acid	$[PtCl_4]^{2-}$	Pt	0.758
79 acid	Au^{3+}	Au	1.52
79 acid	Au^{3+}	Au^+	1.36
79 acid	Au^+	Au	1.83
79 acid	$[AuCl]_4^-$	Au	1.002
80 acid	Hg^{2+}	Hg_2^{2+}	−0.911
80 acid	Hg_2^{2+}	Hg	0.769
80 base	HgO	Hg	0.098

81 acid	Tl^{3+}	Tl^{+}	1.25
81 acid	Tl^{+}	Tl	−0.3363
82 acid	Pb^{4+}	Pb^{2+}	1.69
82 acid	Pb^{2+}	Pb	−0.1251
83 acid	Bi^{3+}	Bi	0.317
83 acid	Bi	BiH_3	−0.97
84 acid	PoO_3	PoO_2	1.51
84 acid	PoO_2	Po^{2+}	1.1
84 acid	Po^{2+}	Po	0.37
84 acid	Po	Po^{2-}	ca. −1.0
84 base	PoO_3	$[PoO_3]^{2-}$	1.48
84 base	$[PoO_3]^{2-}$	Po	−0.5
85 acid	$HAtO_3$	$HAtO$	1.4
85 acid	$HAtO$	At_2	0.7
85 acid	At_2	At^{-}	0.2
85 base	AtO_3^{-}	AtO^{-}	0.5
85 base	AtO^{-}	At_2	0
85 base	At_2	At^{-}	0.2
87	Fr^{+}	Fr	−3.09
88	Ra^{2+}	Ra	−2.916
89 acid	Ac^{3+}	Ac	−2.13
89 acid	Ac^{3+}	Ac^{2+}	−4.90
89 acid	Ac^{2+}	Ac	−0.70
89 base	$Ac(OH)_3$	Ac	−2.60
90 acid	Th^{4+}	Th	−1.83
90 base	ThO_2	Th	−2.56
92 acid	UO_2	U^{4+}	−0.027
92 acid	U^{4+}	U^{3+}	−0.52
92 acid	U^{3+}	U	−1.66
92 base	$UO_2(OH)_2$	UO_2	−0.3
92 base	UO_2	$U(OH)_3$	−2.6
92 base	$U(OH)_3$	U	−2.1
93 acid	NpO_3^{+}	NpO_2^{2+}	2.04
93 acid	NpO_2^{2+}	NpO^{2+}	1.24
93 acid	NpO^{2+}	Np^{4+}	0.66
93 acid	Np^{4+}	Np^{3+}	0.18
93 acid	Np^{3+}	Np	−1.79
93 base	$[NpO_5]^{3-}$	$NpO_2(OH)_2$	0.58
93 base	$NpO_2(OH)_2$	$NpO_2(OH)$	0.6
93 base	$Np_2O_2(OH)$	NpO_2	0.3
93 base	NpO_2	$Np(OH)_3$	−2.1
93 base	$Np(OH)_3$	Np	−2.2
94 acid	$[PuO_2]^{2+}$	$[PuO_2]^{+}$	1.02
94 acid	$[PuO_2]^{+}$	Pu^{4+}	1.04
94 acid	Pu^{4+}	Pu^{3+}	1.01
94 acid	Pu^{3+}	Pu	1.584
94 base	$[PuO_5]^{3-}$	$[PuO_2(OH)_3]^{-}$	0.95
94 base	$[PuO_2(OH)_3]^{-}$	$[PuO_2(OH)]$	0.3
94 base	$[PuO_2(OH)]$	PuO_2	0.9
94 base	PuO_2	$Pu(OH)_3$	−1.4
94 base	$Pu(OH)_3$	Pu	2.46
95 acid	AmO_2^{2+}	AmO^{2+}	1.590
95 acid	AmO_2^{+}	Am^{4+}	0.820
95 acid	Am^{4+}	Am^{3+}	2.60
95 acid	Am^{3+}	Am	−2.048
95 acid	Am^{3+}	Am^{2+}	−2.3
95 acid	Am^{2+}	Am	−1.9
95 base	$AmO_2(OH)_2$	$AmO_2(OH)$	0.9
95 base	$AmO_2(OH)$	AmO_2	0.7
95 base	AmO_2	$Am(OH)_3$	0.5
95 base	$Am(OH)_3$	Am	−2.53
96 acid	Cm^{4+}	Cm^{3+}	3.1
96 acid	Cm^{3+}	Cm	−2.06
96 base	CmO_2	$Cm(OH)_3$	0.7
96 base	$Cm(OH)_3$	Cm	−2.53
97 acid	Bk^{4+}	Bk^{3+}	1.67
97 acid	Bk^{3+}	Bk	1.96
98 acid	Cf^{4+}	Cf^{3+}	3.2
98 acid	Cf^{3+}	Cf	−1.97
99 acid	Es^{3+}	Es	−1.98
100 acid	Fm^{3+}	Fm^{2+}	−1.15
100 acid	Fm^{2+}	Fm	−2.5
101 acid	Md^{3+}	Md^{2+}	−1.15
101 acid	Md^{2+}	Md	−2.4
101 acid	Md^{3+}	Md	−1.74
102 acid	No^{3+}	No	−1.2
102 acid	No^{3+}	No^{2+}	1.45
102 acid	No^{2+}	No	−2.5
103	Lr^{3+}	Lr	−2.1 (est.)
104	Rf^{4+}	Rf	−1.8 (est.)
105	Db^{5+}	Db	−0.8 (est.)
106	Sg^{5+}	Sg	−0.6 (est.)
107	Bh^{5+}	Bh	0.1 (est.)
108	Hs^{4+}	Hs	0.4 (est.)
109	Mt^{3+}	Mt	0.8 (est.)

標準電極電位 B

	酸化形	還元形	標準電極電位 (E/V)		酸化形	還元形	標準電極電位 (E/V)
	Fr^{+}	Fr	−3.09		F_2	F^{-}	2.866
	Li^{+}	Li	−3.04	acid	Ac^{3+}	Ac^{2+}	−4.90
	K^{+}	K	−2.924	acid	Ba^{2+}	Ba	−2.92
	Rb^{+}	Rb	−2.924	acid	Eu^{2+}	Eu	−2.80
	Cs^{+}	Cs	−2.923	acid	Sm^{2+}	Sm	−2.67
	Ra^{2+}	Ra	−2.916	acid	Nd^{3+}	Nd	−2.6
	Ca^{2+}	Ca	−2.84	acid	Fm^{2+}	Fm	−2.5
	Na^{+}	Na	−2.713	acid	No^{2+}	No	−2.5
	Lr^{3+}	Lr	−2.1	acid	Md^{2+}	Md	−2.4
	Sc^{3+}	Sc	−2.03	acid	La^{3+}	La	−2.38
	Rf^{4+}	Rf	−1.8 (est.)	acid	Y^{3+}	Y	−2.37
	Hf^{4+}	Hf	−1.7	acid	Mg^{2+}	Mg	−2.356
	Zr^{4+}	Zr	−1.55	acid	Pr^{3+}	Pr	−2.35
	BF_4^{-}	B	−1.284	acid	Ce^{3+}	Ce	−2.34
	Sr^{2+}	Sr	−1.085	acid	Ho^{3+}	Ho	−2.33
	Ta_2O_5	Ta	−0.81	acid	Er^{3+}	Er	−2.32
	Db^{5+}	Db	−0.8 (est.)	acid	Tm^{3+}	Tm	−2.32
	Sg	Sg	−0.6 (est.)	acid	Tb^{3+}	Tb	−2.31
	TcO_4^{-}	TcO_4^{2-}	−0.569	acid	Am^{3+}	Am^{2+}	−2.3
	Bh^{5+}	Bh	0.1 (est.)	acid	Sm^{3+}	Sm	−2.30
	IrO_2	Ir^{3+}	0.223	acid	Lu^{3+}	Lu	−2.30
	Ru^{3+}	Ru^{2+}	0.249	acid	Pm^{3+}	Pm	−2.29
	TcO_2	Tc	0.272	acid	Dy^{3+}	Dy	−2.29
	Hs^{4+}	Hs	0.4 (est.)	acid	Gd^{3+}	Gd	−2.28
	$[OsCl_6]^{2-}$	$[OsCl_6]^{3-}$	0.45	acid	H_2	H^{-}	−2.25
	Ru^{2+}	Ru	0.455	acid	Yb^{3+}	Yb	−2.22
	TcO_4^{-}	Tc	0.472	acid	Ac^{3+}	Ac	−2.13
	RuO_4^{-}	RuO_4^{2-}	0.593	acid	$[AlF_6]^{3-}$	Al	−2.067
	OsO_2	Os	0.687	acid	Cm^{3+}	Cm	−2.06
	Rh^{3+}	Rh	0.76	acid	Am^{3+}	Am	−2.048
	Mt^{3+}	Mt	0.8 (est.)	acid	Es^{3+}	Es	−1.98
	$[IrCl_6]^{3-}$	Ir	0.86	acid	Cf^{3+}	Cf	−1.97
	RuO_2	Ru^{3+}	0.86	acid	Be^{2+}	Be	−1.97
	$[IrCl_6]^{2-}$	$[IrCl_6]^{3-}$	0.867	acid	Am^{2+}	Am	−1.9
	$B(OH)_3$	B	0.89	acid	Th^{4+}	Th	−1.83
	PtO	Pt	0.980	acid	Np^{3+}	Np	−1.79
	RuO_4	RuO_4^{-}	0.99	acid	Md^{3+}	Md	−1.74
	OsO_4	OsO_2	1.005	acid	Al^{3+}	Al	−1.676
	PtO_2	PtO	1.045	acid	U^{3+}	U	−1.66
	Ir^{3+}	Ir	1.156	acid	Ti^{2+}	Ti	−1.63
	TcO_4^{2-}	TcO_2	1.39	acid	Sm^{3+}	Sm^{2+}	−1.55
	RuO_4^{2-}	RuO_2	2.0	acid	V^{2+}	V	−1.53
	PtO_3	PtO_2	2.0	acid	No^{3+}	No	−1.2

acid	Mn^{2+}	Mn	−1.18
acid	Fm^{3+}	Fm^{2+}	−1.15
acid	Md^{3+}	Md^{2+}	−1.15
acid	Nb^{3+}	Nb	−1.1
acid	Sn	SnH_4	−1.071
acid	Yb^{3+}	Yb^{2+}	−1.05
acid	Po	Po^{2-}	−1.0 (est.)
acid	Bi	BiH_3	−0.97
acid	SiO_2	SiO	−0.967
acid	Hg^{2+}	Hg_2^{2+}	−0.911
acid	Cr^{2+}	Cr	−0.9
acid	SiO	Si	−0.808
acid	Zn^{2+}	Zn	−0.7626
acid	Ac^{2+}	Ac	−0.70
acid	As	AsH_3	−0.608
acid	Ga^{3+}	Ga	−0.53
acid	U^{4+}	U^{3+}	−0.52
acid	$H_2[PO_3H]$	P	−0.502
acid	Fe^{2+}	Fe	−0.44
acid	Cd^{2+}	Cd	−0.4025
acid	Ge^{4+}	GeO	−0.37
acid	Ti^{3+}	Ti^{2+}	−0.37
acid	Eu^{3+}	Eu^{2+}	−0.35
acid	In^{3+}	In	−0.3382
acid	Tl^{+}	Tl	−0.3363
acid	Ge	GeH_4	−0.29
acid	Co^{2+}	Co	−0.277
acid	H_3PO_4	$H_2[PO_3H]$	−0.276
acid	Ni^{2+}	Ni	−0.257
acid	V^{3+}	V^{2+}	−0.255
acid	Mo^{3+}	Mo	−0.2
acid	Sn^{2+}	Sn	−0.137
acid	Pb^{2+}	Pb	−0.1251
acid	WO_2	W	−0.119
acid	Se	Hg_2Se	−0.11
acid	CO_2	CO	−0.106
acid	SnO	Sn	−0.104
acid	Nb_2O_5	Nb^{3+}	−0.1
acid	SnO_2	SnO	−0.088
acid	P	PH_3	−0.063
acid	Fe^{3+}	Fe	−0.04
acid	W_2O_5	WO_2	−0.031
acid	WO_3	W_2O_5	−0.029
acid	UO_2	U^{4+}	−0.027
acid	MoO_2	Mo^{3+}	−0.008
acid	H_3O^{+}	H_2	0.00
acid	TiO_2	Ti^{3+}	0.1
acid	XeO_3	Xe	0.12
acid	C	CH_4	0.132
acid	S	S^{2-}	0.14
acid	Sn^{4+}	Sn^{2+}	0.15
acid	Cu^{2+}	Cu^{+}	0.159
acid	SO_4^{2-}	H_2SO_3	0.16
acid	Np^{4+}	Np^{3+}	0.18
acid	At_2	At^{-}	0.2
acid	SbO^{+}	Sb	0.204
acid	ReO_2	Re	0.22
acid	$HAsO_2$	As	0.240
acid	GeO	Ge	0.255
acid	Bi^{3+}	Bi	0.317
acid	VO^{2+}	V^{3+}	0.337
acid	Cu^{2+}	Cu	0.340
acid	Po^{2+}	Po	0.37
acid	Cr^{3+}	Cr^{2+}	0.424
acid	CO	C	0.517
acid	Cu^{+}	Cu	0.520
acid	I_2	I^{-}	0.535
acid	H_3AsO_4	$HAsO_2$	0.560
acid	Te^{4+}	Te	0.57
acid	$S_2O_3^{2-}$	S	0.6
acid	$HBrO$	Br_2	0.604
acid	Sb_2O_5	$2\ SbO^{+}$	0.605
acid	ReO_3	ReO_2	0.63
acid	H_2MoO_4	MoO_2	0.646
acid	NpO^{2+}	Np^{4+}	0.66
acid	O_2	H_2O_2	0.695
acid	$HAtO$	At_2	0.7
acid	$[PtCl_6]^{2-}$	$[PtCl_4]^{2-}$	0.726
acid	H_2SeO_3	Se	0.74
acid	$[PtCl_4]^{2-}$	Pt	0.758
acid	$[ReO_4]^{-}$	ReO_3	0.768
acid	Hg_2^{2+}	Hg	0.769
acid	Fe^{3+}	Fe^{2+}	0.771
acid	Ag^{+}	Ag	0.7991
acid	Ag^{+}	Ag	0.7996
acid	NO_3^{-}	N_2O_4	0.803
acid	AmO^{2+}	Am^{4+}	0.820
acid	H_2SO_3	$S_2O_3^{2-}$	0.87
acid	Pd^{2+}	Pd	0.915
acid	H_2TeO_4	Te^{4+}	0.93
acid	MnO_2	Mn^{3+}	0.95
acid	HNO_2	NO	0.996
acid	VO^{2+}	VO_2^{+}	1.0000
acid	$[AuCl]^{4-}$	Au	1.002
acid	Pu^{4+}	Pu^{3+}	1.01
acid	$[PuO_2]^{2+}$	$[PuO_2]^{+}$	1.02
acid	$[PuO_2]^{+}$	Pu^{4+}	1.04
acid	Br_2	Br^{-}	1.0652

acid	N_2O_4	HNO_2	1.07
acid	ICl_2^-	I_2	1.07
acid	SeO_4^{2-}	H_2SeO_3	1.1
acid	PoO_2	Po^{2+}	1.1
acid	IO_3^-	HIO	1.13
acid	ClO_3^-	ClO_2	1.175
acid	ClO_2	$HClO_2$	1.188
acid	IO_3^-	I_2	1.20
acid	ClO_4^-	ClO_3^-	1.201
acid	IO_3^-	ICl_2^-	1.21
acid	O_2	H_2O	1.229
acid	NpO_2^{2+}	NpO_2^+	1.24
acid	Tl^{3+}	Tl^+	1.25
acid	PdO_2	Pd^{2+}	1.263
acid	Cl_2	Cl^-	1.35828
acid	Au^{3+}	Au^+	1.36
acid	Ag_2O_3	Ag^{2+}	1.360
acid	$Cr_2O_7^{2-}$	Cr^{3+}	1.38
acid	$HAtO_3$	$HAtO$	1.4
acid	HIO	I_2	1.44
acid	BrO_3^-	$HBrO$	1.447
acid	No^{3+}	No^{2+}	1.45
acid	Mn^{3+}	Mn^{2+}	1.50
acid	PoO_3	PoO_2	1.51
acid	MnO_4^-	Mn^{2+}	1.51
acid	Au^{3+}	Au	1.52
acid	Pu^{3+}	Pu	1.584
acid	AmO_2^{2+}	AmO_2^+	1.590
acid	NO	N_2O	1.59
acid	H_5IO_6	IO_3^-	1.60
acid	$HClO$	Cl_2	1.63
acid	Bk^{4+}	Bk^{3+}	1.67
acid	NiO_2	Ni^{2+}	1.678
acid	Pb^{4+}	Pb^{2+}	1.69
acid	MnO_4^-	MnO_2	1.70
acid	$HClO_2$	$HClO$	1.701
acid	Ce^{4+}	Ce^{3+}	1.72
acid	CrO_4^{2-}	Cr^{3+}	1.72
acid	H_2O_2	H_2O	1.763
acid	N_2O	N_2	1.77
acid	Au^+	Au	1.83
acid	BrO_4^-	BrO_3^-	1.853
acid	Co^{3+}	Co^{2+}	1.92
acid	Bk^{3+}	Bk	1.96
acid	Ag^{2+}	Ag^+	1.980
acid	NpO_3^+	NpO_2^{2+}	2.04
acid	H_4XeO_6	XeO_3	2.42
acid	Am^{4+}	Am^{3+}	2.60
acid	Cm^{4+}	Cm^{3+}	3.1
acid	Tb^{4+}	Tb^{3+}	3.1
acid	Cf^{4+}	Cf^{3+}	3.2
acid	Pr^{4+}	Pr^{3+}	3.2
base	$Y(OH)_3$	Y	−2.85
base	$Ho(OH)_3$	Ho	−2.85
base	$Er(OH)_3$	Er	−2.84
base	$Lu(OH)_3$	Lu	−2.83
base	$Tm(OH)_3$	Tm	−2.83
base	$Gd(OH)_3$	Gd	−2.82
base	$Tb(OH)_3$	Tb	−2.82
base	$Dy(OH)_3$	Dy	−2.80
base	$Sm(OH)_3$	Sm	−2.80
base	$La(OH)_3$	La	−2.80
base	$Pr(OH)_3$	Pr	−2.79
base	$Nd(OH)_3$	Nd	−2.78
base	$Ce(OH)_3$	Ce	−2.78
base	$Pm(OH)_3$	Pm	−2.76
base	$Yb(OH)_3$	Yb	−2.74
base	$Mg(OH)_2$	Mg	−2.687
base	UO_2	$U(OH)_3$	−2.6
base	$Ac(OH)_3$	Ac	−2.60
base	ThO_2	Th	−2.56
base	$Am(OH)_3$	Am	−2.53
base	$Cm(OH)_3$	Cm	−2.53
base	$Eu(OH)_3$	Eu	−2.51
base	$Al(OH)_4^-$	Al	−2.310
base	$Al(OH)_3$	Al	−2.3
base	$Np(OH)_3$	Np	−2.2
base	$Ba(OH)_2$	Ba	−2.166
base	$U(OH)_3$	U	−2.1
base	NpO_2	$Np(OH)_3$	−2.1
base	HPO_3^-	P	−1.73
base	$Mn(OH)_2$	Mn	−1.56
base	PuO_2	$Pu(OH)_3$	−1.4
base	Sb	SbH_3	−1.338
base	$Cr(OH)_3$	Cr	−1.33
base	$[Zn(OH)_4]^{2-}$	Zn	−1.285
base	$[WO_4]^{2-}$	WO_2	−1.259
base	ReO_2	Re	−1.25
base	$Zn(OH)_2$	Zn	−1.246
base	Te	Te^{2-}	−1.14
base	PO_4^{3-}	HPO_3^-	−1.12
base	$[Cd(CN)_4]^{2-}$	Cd	−1.09
base	$HCOO^-$	$HCHO$	−1.07
base	CO_2	$HCOO^-$	−1.01
base	WO_2	W	−0.982
base	MoO_2	Mo	−0.980
base	SO_4^{2-}	SO_3^{2-}	−0.94
base	$[ReO_4]^-$	ReO_3	−0.89

base	P	PH_3	−0.89	base	O_2	OH^-	0.401
base	NO_3^-	N_2O_4	−0.86	base	IO^-	I_2	0.42
base	$Cd(OH)_2$	Cd	−0.824	base	ClO^-	Cl_2	0.421
base	VO	V	−0.823	base	BrO^-	Br_2	0.455
base	MoO_4^{2-}	MoO_2	−0.780	base	NO_2^-	NO	0.46
base	$S_2O_3^{2-}$	S	−0.74	base	ClO_3^-	ClO_2	0.481
base	$Co(OH)_2$	Co	−0.733	base	BrO_3^-	BrO^-	0.492
base	$Ni(OH)_2$	Ni	−0.72	base	AmO_2	$Am(OH)_3$	0.5
base	$Ce(OH)_4$	$Ce(OH)_3$	−0.7	base	AtO_3^-	AtO^-	0.5
base	AsO_2^-	As	−0.68	base	I_2	I^-	0.535
base	AsO_4^-	AsO_2^-	−0.67	base	$[NpO_5]^{3-}$	$NpO_2(OH)_2$	0.58
base	Se	Se^{2-}	−0.67	base	$HCHO$	CH_3OH	0.59
base	$[Sb(OH)_4]^-$	Sb	−0.639	base	$NpO_2(OH)_2$	$NpO_2(OH)$	0.6
base	$[Cd(NH_3)_4]^{2+}$	Cd	−0.622	base	MnO_4^{2-}	MnO_2	0.62
base	SO_3^{2-}	$S_2O_3^{2-}$	−0.58	base	$H_3IO_6^{2-}$	IO_3^-	0.65
base	MnO_4^-	MnO_4^{2-}	−0.56	base	ClO_2^-	ClO^-	0.681
base	$[PoO_3]^{2-}$	Po	−0.5	base	CmO_2	$Cm(OH)_3$	0.7
base	NiO_2	$Ni(OH)_2$	−0.49	base	$AmO_2(OH)$	AmO_2	0.7
base	V_2O_3	VO	−0.486	base	NO	N_2O	0.76
base	$[Sb(OH)_6]^-$	$[Sb(OH)_4]^-$	−0.465	base	Ag_2O_3	AgO	0.793
base	ReO_3	ReO_2	−0.446	base	PrO_2	$Pr(OH)_3$	0.8
base	$Cu(CN)_2^-$	Cu	−0.44	base	AgO	Ag_2O	0.804
base	TeO_3^{2-}	Te	−0.42	base	H_2O	H_2	0.828
base	SeO_3^{2-}	Se	−0.36	base	N_2O_4	NO_2^-	0.867
base	$UO_2(OH)_2$	UO_2	−0.3	base	HO_2^-	OH^-	0.867
base	Mn_2O_3	$Mn(OH)_2$	−0.25	base	$AmO_2(OH)_2$	$AmO_2(OH)$	0.9
base	CH_3OH	CH_4	−0.2	base	TbO_2	$Tb(OH)_3$	0.9
base	$Pd(OH)_2$	Pd	−0.19	base	$[PuO_2(OH)]$	PuO_2	0.9
base	CrO_4^{2-}	$Cr(OH)_3$	−0.11	base	N_2O	N_2	0.94
base	O_2	HO_2^-	−0.0649	base	$[PuO_5]^{3-}$	$[PuO_2(OH)_3]^-$	0.95
base	AtO^-	At_2	0	base	$[HXeO_6]^-$	$[HXeO_4]^-$	0.99
base	SeO_4^{2-}	SeO_3^{2-}	0.03	base	BrO_4^-	BrO_3^-	1.025
base	TeO_4^{2-}	TeO_3^{2-}	0.07	base	Br_2	Br^-	1.0652
base	HgO	Hg	0.098	base	ClO_2	ClO_2^-	1.071
base	IO_3^-	IO^-	0.15	base	$Cu(CN)_2$	$Cu(CN)_2^-$	1.12
base	MnO_2	Mn_2O_3	0.15	base	$[HXeO_4]^-$	Xe	1.24
base	$Co(OH)_3$	$Co(OH)_2$	0.170	base	PdO_2	$Pd(OH)_2$	1.283
base	At_2	At^-	0.2	base	Cl_2	Cl^-	1.35828
base	$[PuO_2(OH)_3]^-$	$[PuO_2(OH)]$	0.3	base	VO_4^-	V_2O_3	1.366
base	$Np_2O_2(OH)$	NpO_2	0.3	base	As	AsH_3	1.37
base	Ag_2O	Ag	0.342	base	PoO_3	$[PoO_3]_2^-$	1.48
base	ClO_4^-	ClO_3^-	0.374	base	$Pu(OH)_3$	Pu	2.46

索　引

サ 行

タ 行

ナ 行

ハ 行

マ　行

ヤ　行

ワ　行

編者略歴

山崎（やまざき）　昶（あきら）

1942年　東京都に生まれる
1960年　東京大学理学部化学科卒業
現　在　日本赤十字看護大学教授

化学データブックⅠ
無機・分析編　　定価はカバーに表示

2003年3月20日　初版第1刷

編　者　山　崎　　昶
発行者　朝　倉　邦　造
発行所　株式会社　朝　倉　書　店
東京都新宿区新小川町 6－29
郵便番号　162－8707
電　話　03（3260）0141
FAX　03（3260）0180
http: //www. asakura. co. jp

〈検印省略〉

中央印刷・渡辺製本

ISBN 4-254-14626-4 C 3343　　Printed in Japan

くらしき作陽大 馬淵久夫編

元素の事典

14044-4 C3543　A 5 判 324頁 本体7000円

水素からアクチノイドまでの各元素を原子番号順に配列し，その各々につき起源・存在・性質・利用を平易に詳述。特に利用では身近な知識から最新の知識までを網羅。「一家庭に一冊，一図書館に三冊」の常備事典。〔特色〕元素名は日・英・独・仏に，今後の学術交流の動向を考慮してロシア語・中国語を加えた。すべての元素に，最新の同位体表と元素の数値的属性をまとめたデータ・ノートを付す。多くの元素にトピックス・コラムを設け，社会的・文化的・学問的な話題を供する

前学習院大 高本　進・前東大 稲本直樹・前立教大 中原勝儼・前電通大 山崎　昶編

化合物の辞典

14043-6 C3543　B 5 判 1008頁 本体55000円

工業製品のみならず身のまわりの製品も含めて私達は無機，有機の化合物の世界の中で生活しているといってもよい。そのような状況下で化学を専門としていない人が化合物の知識を必要とするケースも増大している。また研究者でも研究領域が異なると化合物名は知っていてもその物性，用途，毒性等までは知らないという例も多い。本書はそれらの要望に応えるために，無機化合物，有機化合物，さらに有機試薬を含めて約8000化合物を最新データをもとに詳細に解説した総合辞典

日本分析化学会編

分離分析化学事典

14054-1 C3543　A 5 判 488頁 本体18000円

分離，分析に関する事象や現象，方法などについて，約500項目にまとめ，五十音順配列で解説した中項目の事典。〔主な項目〕界面／電解質／イオン半径／緩衝液／水和／溶液／平衡定数／化学平衡／溶解度／分配比／沈殿／透析／クロマトグラフィー／前処理／表面分析／分光分析／ダイオキシン／質量分析計／吸着／固定相／ゾル-ゲル法／水／検量線／蒸留／インジェクター／カラム／検出器／標準物質／昇華／残留農薬／データ処理／電気泳動／脱気／電極／分離度／他

東大 渡辺　正編著
化学者のための基礎講座 6

化学ラボガイド

14588-8 C3343　A 5 判 200頁 本体3200円

化学実験や研究に際し必要な事項をまとめた。〔内容〕試薬の純度／有機溶媒／融点／冷却・加熱／乾燥／酸・塩基／同位体／化学結合／反応速度論／光化学／電気化学／クロマトグラフィー／計算化学／研究用データソフト／データ処理

慶大 大場　茂・奈良女大 矢野重信編著
化学者のための基礎講座12

X線構造解析

14594-2 C3343　A 5 判 184頁 本体3200円

低分子～高分子化合物の構造決定の手段としてのX線構造解析について基礎から実際を解説。〔内容〕X線構造解析の基礎知識／有機化合物や金属錯体の構造解析／タンパク質のX線構造解析／トラブルシューティング／CIFファイル／付録

日本分析化学会X線研究懇談会編

粉末X線解析の実際
―リートベルト法入門―

14059-2 C3043　B 5 判 208頁 本体4800円

物質の構造解析法として重要なX線粉末回折法―リートベルト解析の実際を解説。〔内容〕粉末回折法の基礎／データ測定／データの解析／応用／結晶学／リートベルト法／リートベルト解析のためのデータ測定／実例で学ぶリートベルト解析／他

佐々木義典・山村　博・掛川一幸・山口健太郎・五十嵐香著
基本化学シリーズ12

結晶化学入門

14602-7 C3343　A 5 判 192頁 本体3500円

広範囲な学問領域にわたる結晶化学を図を多用し平易に解説。〔内容〕いろいろな結晶をながめる／結晶構造と対称性／X線を使って結晶を調べる／粉末X線回折の応用／結晶成長／格子欠陥／結晶に関する各種データとその利用法／付表

上記価格（税別）は 2003 年 2 月現在

元　素　の

族 / 周期	1 (1 A)	2 (2 A)	3 (3 A)	4 (4 A)	5 (5 A)	6 (6 A)	7 (7 A)	8 (8)	9 (8)
1	1 **H** 水　素								
2	3 **Li** リチウム	4 **Be** ベリリウム							
3	11 **Na** ナトリウム	12 **Mg** マグネシウム							
4	19 **K** カリウム	20 **Ca** カルシウム	21 **Sc** スカンジウム	22 **Ti** チタン	23 **V** バナジウム	24 **Cr** クロム	25 **Mn** マンガン	26 **Fe** 鉄	27 **Co** コバルト
5	37 **Rb** ルビジウム	38 **Sr** ストロンチウム	39 **Y** イットリウム	40 **Zr** ジルコニウム	41 **Nb** ニオブ	42 **Mo** モリブデン	43 **Tc** テクネチウム	44 **Ru** ルテニウム	45 **Rh** ロジウム
6	55 **Cs** セシウム	56 **Ba** バリウム	57 **La** ランタン ↓ 71 **Lu** ルテチウム	72 **Hf** ハフニウム	73 **Ta** タンタル	74 **W** タングステン	75 **Re** レニウム	76 **Os** オスミウム	77 **Ir** イリジウ
7	87 **Fr** フランシウム	88 **Ra** ラジウム	89 **Ac** アクチニウム ↓ 103 **Lr** ローレンシウム						

ランタノイド	57 **La** ランタン	58 **Ce** セリウム	59 **Pr** プラセオジム	60 **Nd** ネオジム	61 **Pm** プロメチウム	62 **Sm** サマリウム	63 **Eu** ユウロピウム	64 **Gd** ガドリニウム
アクチノイド	89 **Ac** アクチニウム	90 **Th** トリウム	91 **Pa** プロトアクチニウム	92 **U** ウラン	93 **Np** ネプツニウム	94 **Pu** プルトニウム	95 **Am** アメリシウム	96 **Cm** キュリウ